Der Experimentator: Microarrays

Hans-Joachim Müller, Thomas Röder

Der Experimentator:
Microarrays

Zuschriften und Kritik an:
Elsevier GmbH, Spektrum Akademischer Verlag, Verlagsbereich Biologie, Chemie und Geowissenschaften, Dr. Ulrich G. Moltmann, Slevogtstr. 3–5, 69126 Heidelberg

Wichtiger Hinweis für den Benutzer
Der Verlag und der Autor haben alle Sorgfalt walten lassen, um vollständige und akkurate Informationen in diesem Buch zu publizieren. Der Verlag übernimmt weder Garantie noch die juristische Verantwortung oder irgendeine Haftung für die Nutzung dieser Informationen, für deren Wirtschaftlichkeit oder fehlerfreie Funktion für einen bestimmten Zweck. Der Verlag übernimmt keine Gewähr dafür, dass die beschriebenen Verfahren, Programme usw. frei von Schutzrechten Dritter sind. Der Verlag hat sich bemüht, sämtliche Rechteinhaber von Abbildungen zu ermitteln. Sollte dem Verlag gegenüber dennoch der Nachweis der Rechtsinhaberschaft geführt werden, wird das branchenübliche Honorar gezahlt.

Bibliografische Information Der Deutschen Bibliothek
Die Deutsche Bibliothek verzeichnet diese Publikation in der Deutschen Nationalbibliografie; detaillierte bibliografische Daten sind im Internet über http://dnb.ddb.de abrufbar.

Alle Rechte vorbehalten
1. Auflage 2004
© Elsevier GmbH, München
Spektrum Akademischer Verlag ist ein Imprint der Elsevier GmbH.

04 05 06 07 08   5 4 3 2 1 0

Für Copyright in Bezug auf das verwendete Bildmaterial siehe Abbildungsnachweis.

Das Werk einschließlich aller seiner Teile ist urheberrechtlich geschützt. Jede Verwertung außerhalb der engen Grenzen des Urheberrechtsgesetzes ist ohne Zustimmung des Verlages unzulässig und strafbar. Das gilt insbesondere für Vervielfältigungen, Übersetzungen, Mikroverfilmungen und die Einspeicherung und Verarbeitung in elektronischen Systemen.

Planung und Lektorat: Dr. Ulrich G. Moltmann, Martina Mechler
Herstellung: Ute Kreutzer
Satz: Steingraeber Satztechnik, Dossenheim
Druck und Bindung: Krips b. v., Meppel
Umschlaggestaltung: WSP Design, Heidelberg
Titelbild: Das Bild „Hindernis", Öl auf Leinwand, 80 × 80 cm, wurde von Prof. Dr. Diethard Gemsa gemalt. Kontakt: Im Köhlersgrund 10, 35041 Marburg, E-Mail: gemsa@staff.uni-marburg.de

Printed in The Netherlands
ISBN 3-8274-1438-5

Aktuelle Informationen finden Sie im Internet unter www.elsevier.de

Danksagung

Unser besonderer Dank gilt Frau Julia Rondot und Herrn Dr. Stefan Knabel für das Korrekturlesen in Akkordzeit. Trotz der Rechtschreibkorrektur unserer neuen Word-Version birgt die ‚Neue Deutsche Rechtschreibung' immer noch Mysterien, die beide Autoren bisher nicht durchschaut haben. Hinzu kommt ein mangelndes Problembewusstsein in puncto Interpunktion und Grammatik. Julia und Stefan, habt vielen Dank für die mühevolle Übersetzung unseres ‚Kauderwelsches' in die deutsche Sprache. Leider konnten wir Euch nicht alle Kapitel zur Verfügung stellen, da wir sonst unsere Freundschaft auf's Spiel gesetzt hätten. Wir haben uns bemüht, die flapsigsten Ausdrücke zu ersetzen und damit der Wissenschaft alle Ehre zu machen. Das ist uns leider nicht immer gelungen, ... Hallelujah!

Weiterhin danken wir Frau Martina Mechler, Frau Ute Kreutzer und Herrn Dr. Ulrich Moltmann für die immerwährende Unterstützung und Geduld während des letzten Jahres. Falls alle ihre Autoren derartige Verzögerungstaktiken einsetzen, sind Sie um ihren Job nicht zu beneiden. Trotz der ‚unvorhergesehenen' Verzögerungen haben Sie nie die Geduld und Freundlichkeit verloren, weshalb wir Ihnen unseren ‚Herzlichen Dank!' aussprechen.

Last but not least, danken wir unseren Familien, die aufgrund der männlichen ‚Ego-Trips' auf viel Freizeit und nette Abende verzichten ‚mussten'.

Vorwort

Dieses ist nun das dritte Buch aus der Reihe des ‚Experimentators' und es freut uns, dass wir neben der ‚Proteinchemie/Proteomics' und der ‚Molekularbiologie/Genomics' eine Zusammenfassung beider Bereiche hinsichtlich der Microarrays schreiben durften. Wir haben versucht, den Stil des Experimentators der beiden oben genannten Bücher beizubehalten und die trockene Wissenschaft der Microarrays auf etwas leichtere Weise darzustellen und zu erklären, als es in vielen Lehrbüchern der Fall ist. Die von uns verwendeten Begriffe sind diejenigen, die auch im Labor zu hören sind. Für viele Anglizismen (z. B. priming) sind keine überzeugenden Übersetzungen vorhanden, weshalb wir diese unverändert belassen bzw. eingedeutscht haben (z. B. ‚geprimed').

Der Experimentator-Microarray richtet sich an die Leserin bzw. den Leser, die/der bereits Erfahrungen auf den Gebieten der Proteinchemie oder der Molekularbiologie besitzt, aber bisher noch nicht in die Tiefen der Microarray-Applikationen, -Instrumentation und -Software eingestiegen ist. Dieses Buch soll eine Zusammenfassung und einen Überblick über die Microarray-Technologie vermitteln, ohne dass in allen Bereichen detailliert auf jede zu erwägende Nuance eingegangen wird. Vielmehr werden nach unserem (subjektiven?!) Ermessen die Bereiche detailliert dargestellt, die für das Verständnis der Microarray-Technologie erforderlich sind. Wir haben diverse Primär- und Sekundär-Literatur sowie nützliche Web-Seiten zitiert, sodass sich jedes nichterwähnte Microarray-Detail an anderer Stelle nachlesen lässt. Der Experimentator-Microarray ist so aufgebaut, dass die Leserin bzw. der Leser von der Entwicklung der Microarrays Mitte der 90er Jahre über die verschiedenen Fragestellungen der Anwender bis hin zur spezifischen Applikation, Instrumentation und Auswertung geleitet wird. Es werden zusätzlich Begriffe aus unterschiedlichsten Bereichen, von der rekombinanten Biotechnologie bis zur Quantenphysik erklärt, die für das Verständnis der Microarray-Applikationen sowie der Lösung auftretender Probleme hilfreich bis notwendig sind.

Alle Technologien und Produktnamen wurden ohne Rücksicht auf die bestehenden Patente und eingetragenen Warenzeichen erwähnt. Es wird hier explizit darauf hingewiesen, dass sowohl für die Verwendung der Microarray-Applikationen als auch für viele der hier beschriebenen proteinchemischen und molekularbiologischen Methoden eine Lizenz des Patentinhabers erforderlich ist. Der Experimentator muss sich hierfür bei den jeweiligen Anbietern oder Patenteignern ausgiebig über die Patentsituation informieren und absichern.

Alle erwähnten Web-Seiten sind auf den korrekten Link bzw. die ‚online'-Verfügbarkeit im März 2004 überprüft worden. Falls der jeweilige Link nicht mehr erreichbar ist, dann hilft gegebenenfalls die Suche der entsprechenden Seite über eine der vielen Suchmaschinen.

Wir hoffen, dass der Experimentator-Microarray genauso erfolgreich sein wird wie seine beiden Experimentator-Vorgänger. Falls es zu einer zweiten Auflage kommt, freuen wir uns darauf, von Ihnen als Leserin oder Leser konstruktive Kritik und Verbesserungsvorschläge zu erhalten. Fehler und Ungenauigkeiten stecken immer im Detail und lassen sich auch nach mehrmaligem Lesen seitens der Korrektoren und Autoren nicht gänzlich ausmerzen. Gerne würden wir auch weitere von Ihnen gewünschte Microarray-Themen in die nächste Auflage einbauen. Falls Sie uns direkt per E-Mail kontaktieren möchten, erreichen Sie uns über ‚roeder@molekularbiologie.net' oder ‚mueller@molekularbiologie.net'.

Wir wünschen Ihnen jetzt viel Spaß beim Lesen!

März 2004

Thomas Röder　　　　　　　　　　　　　　　　　　　　　　　　　　　Hans-Joachim Müller

Abkürzungen

µg	Mikrogramm	DMF	Di-Methyl-Fluorid
µl	Mikroliter	DMSO	Di-Methyl-Sulfoxid
µW	Mikrowatt	DNA	Desoxy-Ribonucleinsäure (Desoxy-Ribo-Nucleic-Acid)
6-ROX	6-Carboxy-Rhodamine		
6-TAMRA	6-Carboxy-Tetramethyl-Rodamine	dNTP	Desoxy-Nucleosid-5'-Triphosphat
A	Adenosin	DPMA	Deutsches Patent- und Markenamt
A	Alanin		
aadUTP	Amino-Allyl-dUTP	DPSS	Diode-Pumped-Solid-State
Abb.	Abbildung	dsDNA	doppelsträngige DNA
AD-Board	Analog-To-Digital-Konverter	DTT	Dithiothreitol
ADTK	Analog-To-Digital-Konverter	dTTP	Desoxy-Thymidin-5'-Triphosphat
Ar	Argon		
aRNA	amplified RNA	dUMP	Desoxy-Uracil-5'-Monophosphat
ATP	Adenosin-Triphosphat		
bp	Basenpaar	dUTP	Desoxy-Uracil-5'-Triphosphat
BSA	Bovine-Serum-Albumin	EBI	European Bioinformatics Institute
bzw.	beziehungsweise		
C	Cytosin	EDTA	Ethylen-Diamin-Tetra-Acetat
CCD	Charge-Coupled-Devices	EMBL	European Molecular Biology Laboratory
Cd	Cadmium		
cDNA	complementary oder copy DNA	EST	Expressed-Sequence-Tag
CMOS	Complementary-Metal-Oxide-Semiconductor	F&E	Forschung und Entwicklung
		FA	Formamid
		FDA	Federal Drug Administration
cRNA	complementary RNA	fg	Femtogramm
Cy3	Cyanine 3	FIA	Fluorescence-Immuno-Assay
Cy5	Cyanine 5	FITC	Fluorescein-Iso-Thio-Cyanat
D	Aspartat	G	Glycin
dATP	Desoxy-Adenosin-5'-Triphosphat	g	Gramm
		G	Guanidin
dCTP	Desoxy-Cytosin-5'-Triphosphat		
DEPC	Di-Ethyl-Pyrocarbonat	GAMP	Good Automated Manufacturing Practise
dGTP	Desoxy-Guanosin-5'-Triphosphat		
		GB	Gigabyte

ggf.	gegebenenfalls	ml	Milliliter
GHz	GigaHertz	MMLV	Murine-Moloney-Leukemia-Virus
Gif	Graphic interchange format		
GLP	Good Laboratory Practice	mRNA	Messenger RNA
GMP	Good Manufacturing Practice	NCBI	National Center for Biotechnology Information
h	Stunde		
He	Helium	Ne	Neo
HEPA	High Efficiency Particulate Air	ng	Nanogramm
HEPES	4-(2-Hydroxyethyl)-1-Piperazine-Ethane-Sulfonic Acid	nt	Nucleotide
		OD	Optische Dichte
HLA	Human-Leucocyte-Antigen	P	Prolin
HRP	Horseradish-Peroxidase	PC	Personalcomputer
HTS	High-Throughput-Screening	PCR	Polymerase-Chain-Reaction
HUGO	Human Genome Project	PCT	Patent Cooperation Treaty
I	Isoleucin	PEG	Poly-Ethylen-Glykol
i. d. R.	in der Regel	Pfu	Pyrococcus furiosus
ISO	International Organization of Standardization	pg	Picogramm
		PNA	Peptide-Nucleic-Acid
IVD	In-vitro-Diagnostik	PTO	United States Patent and Trademark Office
JPEG	Joint Photographic Experts Group		
		Pwo	Pyrococcus woeseii
Js	Joules	Q	Glutamat
K	Lysin	RACE-PCR	Rapid Amplification of Complementary Ends-PCR
kb	Kilobasenpaar		
KHz	KiloHertz	Rev. Trankr.	Reverse-Transkriptase
Kr	Krypton	RIA	Radio-Immuno-Assay
L	Leucin	RNA	Ribonucleinsäure (Ribo-Nucleic-Acid)
LASER	Light Amplification by Stimulated Emission of Radiation		
		RNase	Ribonuclease
LD-PCR	Long-Distance-PCR	RT	Raumtemperatur
LIMS	Laborinformations- und Management-System	RT-PCR	Reverse-Transkriptase-PCR
		S	Serin
M	Methionin	SAM	Self-Assembled-Monolayers
M	Molar	SDS	Natrium (Sodium)-Dodecyl-Sulfat
MB	Megabyte		
MgCl$_2$	Magnesiumchlorid		
MHz	MegaHertz	Se	Selen
Min.	Minuten	Sek	Sekunde

SELDI	Surface Enhanced Laser Desorption Ionisation	TSA	Tyramide-Signal-Amplification
SMD	Small-Molecule-Drugs	Tth	Thermus thermophilus
SNP	Single Nucleotide Polymorphism	TW	Terawatt
		u	Einheiten
SOM	Self Organizing Map	U	Uracil
SPR	Surface Plasmon Resonance	u. a.	unter anderem
SSC	Standard-Sodium-Citrate	ULPA	Ultra High Efficiency Particulate Air
ssDNA	Einzelstrang (single strand) DNA	Ultra-HTS	Ultra-High-Throughput-Screening
T	Threonin	Upm	Umdrehungen pro Minute
T	Thymidin	UV	Ultraviolett
t	Zeit	VLSIPS	Very Large Scale Immobilized Polymer Synthesis
Tab.	Tabelle		
Taq	Thermus aquaticus	www	world wide web
THz	TeraHertz	xg	Erdanziehungskraft
Tiff	Tagged image file format	Y	Tyrosin
TRF	Time-Resolve-Fluorescence	z. B.	zum Beispiel

Inhaltsverzeichnis

Danksagung   V

Vorwort   VII

Abkürzungen   IX

1 Einleitung   1
   1.1 Terminologie 2
   1.2 Entwicklung der Microarrays 3

2 Anwendungen   7
   2.1 Wissenschaftliche Fragestellung 7
   2.2 Das pharmazeutische Ziel 10
   2.3 Die Anforderungen der biotechnologischen Firmen 12

3 Technologie   15
   3.1 Protein-Microarrays 15
      3.1.1 Gen- und Proteinexpression 15
      3.1.2 Proteinallerlei: vom Molekül zum Biochip 24
      3.1.3 Proteinchips 40
   3.2 Nucleinsäure-Microarrays 54
      3.2.1 Hybridisierungssonden 55
      3.2.2 Geringe RNA-Mengen, was nun? 62
      3.2.3 Herstellung von DNA-Microarrays 70
   3.3 Microarray-Detektion 75
      3.3.1 Licht und Strahlung 76
      3.3.2 Leuchtende Fluorophore 78
      3.3.3 Energiereiches Laserlicht 83
      3.3.4 Funktionsweise der Microarray-Scanner 86
      3.3.5 Funktionsweise der Microarray-Imager 90
      3.3.6 Dynamic Range 91
      3.3.7 Pixel und Spots 92
   3.4 Microarray-Markierungssysteme 94
      3.4.1 Tyramide-Signal-Amplification 94
      3.4.2 Dendrimere 95
      3.4.3 Quantum-Dots 96
      3.4.4 Chemilumineszenz 98
      3.4.5 Radioaktivität 99
      3.4.6 Time-Resolve-Fluorescence 99

4 Instrumentation und Software   105
   4.1 Microarray-Spotter 106
      4.1.1 Mechanisches Contact-Spotting 109

       4.1.2   Piezo-Dispenser-Technologie 112
       4.1.3   Grids und Spots 115
 4.2 Digitalisierung – Die Microarray-Scanner 116
       4.2.1   Der Microarray-Imager 117
       4.2.2   Der Microarray-Scanner 117
 4.3 Microarray-Software und Dokumentation 117
       4.3.1   Dokumentation der Microarray-Experimente 118
       4.3.2   Design des Experiments 120
       4.3.3   Absicherung der Ergebnisse 121
       4.3.4   Microarray-Software 123
       4.3.5   Vergleich von Expressionsdaten 129
       4.3.6   Weitergehende Analyse 130
 4.4 Zusätzliches Labor-Equipment und Laboranforderungen für die Microarray-Applikation 136
       4.4.1   Verbrauchsmaterial 136
       4.4.2   Weitere hilfreiche Laborgeräte 137
 4.5 Reinraum-Technologie 137
       4.5.1   Reinheitsklassen 138
       4.5.2   Reinraum-Systeme 139

5 Die Microarray-Versuchsdurchführung   143
 5.1 Isolierung und Vorbereitung der Nucleinsäuren 143
       5.1.1   Isolierung von RNA 143
       5.1.2   mRNA-Isolierung aus Eukaryoten 144
       5.1.3   mRNA-Isolierung aus Bakterien 144
       5.1.4   Sondenherstellung mithilfe der cDNA-Synthese 145
       5.1.5   Hybridisierung auf dem DNA-Biochip 146
       5.1.6   Prä-Amplifizierung mithilfe der T7-RNA-Polymerase 146
       5.1.7   Konstruktion der Microarray-Proben 148
       5.1.8   Quantifizierungen – Überprüfungen – Sicherheiten 149
       5.1.9   Hybridisieren der Proben 149
       5.1.10 Poly-L-Lysin-Beschichtung 151
 5.2 Proteinarray-Protokolle 151
       5.2.1   Proteinarray-Puffer 152
       5.2.2   Nachweis mit Antikörpern 154
       5.2.3   Proteinkinase-Array: Nachweis mit ^{33}P 155

6 Hochdurchsatz-Screening   157
 6.1 Laborautomation 158
       6.1.1   Laborautomationssoftware 160
       6.1.2   Probenaufbereitung 161
       6.1.3   Analyse und Auswertung 163
 6.2 Drug-Target-Screening 164
 6.3 Klinische Chemie und Genetic-Screening 165

7 Datenbank-Recherche und Patente   169
 7.1 Datenbank-Recherche 169

7.2 Patente 170
    7.2.1 Patent-Recherche 172
    7.2.2 Patentrechtlich geschützte Technologien 179
7.3 Marken und Warenzeichen 182

8 Zukunftsaussichten 185
8.1 Technische Entwicklungen 185
8.2 Anforderungsprofile 187
8.3 Der Schluss vom Schluss 189

9 Appendix 191
9.1 Allgemeine Puffer 191
    9.1.1 Spotting- und Waschpuffer 191
    9.1.2 Blocklösungen 191
    9.1.3 Hybridisierungslösungen 192
9.2 Formeln zur Berechnung der Annealing-Temperatur von Oligonucleotiden 192
    9.2.1 Formel für Oligonucleotide bis 15 Basen 192
    9.2.2 Formel für Oligonucleotide von 20 bis 70 Basen 192
9.3 Mol-Angaben und Berechnungen 192
    9.3.1 Definition des Mols 192
    9.3.2 Definition der molaren Masse und Molarität 192
    9.3.3 pmol-Mengenangaben für Nucleinsäuren 193
    9.3.4 Definition der Einheit ‚Dalton' 194
    9.3.5 pmol-Mengenangaben für Proteine und Peptide 194
9.4 Kalkulation der Microarray-Spot-Fläche 195
9.5 Kalkulation der Microarray-Spot-Dichte 195
    9.5.1 Spot-Dichte bezogen auf Center-To-Center-Distanz 195
    9.5.2 Spot-Dichte bezogen auf Anzahl der absoluten Spots pro cm^2 195
9.6 Kalkulation der Fluorophore- oder Target-Dichte 196

Firmenverzeichnis   197

WEB-Links   201

Sachverzeichnis   203

1 Einleitung

H.-J. Müller

Im Jahre 1995 wurde zum ersten Male das Wort ‚Biochip' in den biotechnologischen Medien verbreitet, und es wurde der Eindruck erweckt, dass die Computerelektronik jetzt in die molekularbiologischen Anwendungen eingestiegen ist. Zu dieser Zeit begann das Mysterium ‚Biochip' in aller molekularbiologischer Munde zu spu(c)ken, ohne dass man als Nicht-Biochip-Anwender genau wusste, worum es eigentlich geht. Publikationen oder gar Handbücher bzw. Produktbeschreibungen gab es kaum.

„Solch ein Biochip müsste wohl darauf basieren, dass die DNA durch elektrische Ladungen an kleine Computerplatinen gebunden wird, der dann wiederum durch geeignete Hybridisierungsverfahren zur Analyse der gebundenen Nucleinsäuresequenzen eingesetzt werden kann."

Das war unsere ‚naive' Vorstellung von den neuartigen Biochips, wobei wir etwas weitaus Komplizierteres erwartet haben, als es sich nach näherer Betrachtung erwies. In unseren Recherchen sind wir, neben dem vermeintlich ersten ‚Microarray-Paper' von Shena et al. aus dem Jahre 1995, immer wieder bei Affymetrix gelandet und haben als visuelle Darstellung ein kleines Fenster mit Tausenden von Punkten auf einer dunklen Matrix erhalten. So sieht also ein Biochip aus! Die Frage nach dem Sinn und Zweck dieser Biochips war allerdings einfach zu beantworten: Hochdurchsatz-Screening, Zeit- und Kostenersparnis! Das war wiederum naiv!! Das Hochdurchsatz-Screening (High-Throughput-Screening – HTS) liegt auf der Hand, da durch die Anordnung von sehr vielen verschiedenen Nucleinsäuresequenzen auf extrem kleinem Raum eine Auswertung der Hybridisierung mit einer spezifischen Sequenz automatisiert werden kann. Die Zeitersparnis ergibt sich, indem durch Automation eine beliebige Vielzahl dieser Biochips beladen, hybridisiert und analysiert werden. Allerdings ist selbst durch ein vollautomatisiertes Pipettier- und Hybridisierungssystem ein Minimum an Inkubationszeiten erforderlich, welches ebenfalls in Mikrotiterplatten zu realisieren ist. Zudem nimmt sowohl das Beladen der Biochips, als auch die anschließende Qualitätskontrolle und die abschließende Auswertung ausgesprochen viel Zeit in Anspruch. Die Kosten für die Biochips bzw. die dafür erforderlichen Investitionen, sind für Laien einfach nicht abzuschätzen. Die ersten Affymetrix-Biochips waren für mehr als eine Million US-Dollar zu haben, was die kommerzielle Ausbreitungsgeschwindigkeit der Biochips verständlicherweise bremste. Die grundsätzliche Frage nach dem Nutzen des Biochipeinsatzes muss daher von jedem Anwender gestellt werden:

Was will ich mit dieser Technologie zusätzlich einführen, beziehungsweise optimieren?

Heute im Jahre 2004 nach vielen ‚Ahas' und ‚Ogottogotts' haben die grundlagenforschenden und kommerziell interessierten Anwender und Anbieter eine sehr schnelle und interessante Entwicklung auf dem Biochip-Markt erarbeitet und erfahren. Dieses spiegelt sich auch in der angestiegenen Zahl der Microarray-Publikationen seit 1995 wieder (Abb. 1-1). Das Angebot der Biochips sowie das dafür erforderliche Equipment ist inzwischen so umfangreich, dass ein Spezialistentum innerhalb dieser relativ neuen Technologie nicht ausgeblieben ist. Die grundsätzliche Frage nach dem Ziel des Biochip-Einsatzes bleibt aber weiterhin bestehen, wobei eine zweite Frage sich der ersten nun zwangsläufig anschließt:

Welches Biochip-System muss ich denn nun anschaffen?

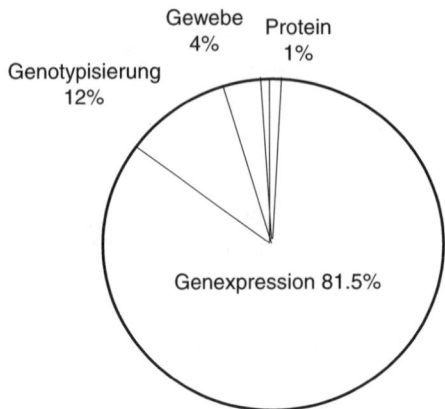

Abb. 1-1: Relativer Anteil der Publikationen einzelner Microarray-Experimente im Zeitraum 1995–2002. Der weit überwiegende Teil der Publikationen behandelte das Gebiet der Expressionsanalyse, gefolgt von der Genotypisierung. Protein-Microarrays spielen in den Publikationen noch eine untergeordnete Rolle, da sich dieses Gebiet erst im Aufbau befindet (entnommen aus Schena 2003).

Mit der Beantwortung dieser beiden Fragen beschäftigt sich dieses Buch. In jeweils abgeschlossenen Kapiteln wird eine umfassende Übersicht über die Einsatzbereiche der Biochip-Technologie sowie über die erforderliche Instrumentation dargestellt. Weiterhin werden bewährte Protokolle für die jeweiligen Biochip-Applikationen aufgeführt. Bevor wir weiter in die Biochip-Welt eintauchen, ist es notwendig, ein paar allgemeine Begriffe sowie die historische Entwicklung der Biochips zu erläutern.

1.1 Terminologie

Warum wurde der Biochip als Biochip bezeichnet? Der Grund dafür war vermutlich, dass wir uns Mitte der 90er in einer Hochphase der Computerchip-Technologie befanden, und der ‚hochtechnologisierten' Biotechnologie wurde ein ähnliches Wachstumspotenzial prognostiziert, sodass die Kombination aus ‚Bio' und ‚Chip' nur noch eine Frage der Zeit war. Nachdem der Biochip das Licht der Mikrowelt erblickte, haben wir einen wahren Boom an Chips erfahren dürfen: DNA-, Protein-, Peptid-, Proteom-, SMD-Chips usw. Als Überbegriff für diese Technologie wurde daraufhin ‚Microarray-Technologie' eingesetzt. Was bedeutet das? ‚Micro' – ist klar! Etwas Kleines halt, aber was bedeutet ‚Array'. Das Dictionary zeigt viele Möglichkeiten auf, aber die wohl treffendste ist die folgende Übersetzung: Array = eine große Aufstellung. Somit wird eine hohe Anzahl bestimmter Moleküle auf einen sehr kleinen Raum aufgestellt bzw. exponiert. Was bedeutet diese ‚hohe Anzahl?' Heutzutage gibt es Microarrays, die auf einem cm^2 mehr als 200.000 (!) separierte Punkte (oder ‚Spots'), oder aber nur wenige hundert Spots pro cm^2 bereitstellen. Dieses hängt sehr stark von den gebundenen Molekülen, der eingesetzten Spotting-Technologie, sowie von der zu beantwortenden Fragestellung ab. Allerdings verwendet inzwischen jeder die Begriffe Biochip und Microarray, sobald es sich in kleineren Dimensionen als das bekannte Mikrotiterplattenformat bewegt.

Tabelle 1-1: Auflistung gebräuchlicher Omics'-Begriffe. Eine ausführliche Beschreibung der hier dargestellten und weiteren ‚Omes' sowie ‚Omics' Begriffe ist im Internet unter ‚www.genomicglossaries.com' nachzulesen.

Begriff	Definition
Biomics	Umfassender Begriff für die biologische ‚Omics'-Familie
Cellomics	Studie der Zellfunktion durch Inkubation mit Wirkstoffen
Degradomics	Studie der Proteasen-Aktivität
Genomics	Studie der Genregulation
Peptidomics	Studie der Peptide
Pharmacogenomics	Studie der Medikamentenwirkung auf das Genom
Pharmacoproteomics	Studie der Medikamentenwirkung auf das Proteom
Proteogenomics	Studie der Genomics und Proteomics
Proteomics	Studie der Zellproteine
Transcriptomics	Studie der mRNA-Expression

Parallel zur Microarray-Entwicklung haben sich mit Durchführung des ‚Human Genome Projects' (HUGO) viele neue Begriffe in der biotechnologischen Welt gebildet. Die Neunziger waren das große Jahrzehnt der ‚Omes- und Omics'. Beginnend mit ‚Genome' und ‚Genomics', für die Analyse der Genregulation, wurden ‚Proteome' und ‚Proteomics' (Analyse der Zellproteine) sowie viele andere ‚Omes' und ‚Omics' geschaffen. In Tabelle 1-1 ist eine Auflistung gebräuchlicher ‚Omes-' und ‚Omics'-Begriffe dargestellt, wobei unter ‚www.genomicglossaries.com' eine umfassende Übersicht vieler publizierter und bekannter ‚Omes'- und ‚Omics'-Bezeichnungen mit der jeweiligen Definition zu ersehen ist.

1.2 Entwicklung der Microarrays

Warum haben sich die Microarrays überhaupt gegenüber den Mikrotiterplatten etabliert? (Von Durchsetzung können wir heute noch nicht sprechen.) Der Anschub wurde, wie auch bei anderen molekularbiologischen Methoden, durch HUGO vollzogen. Mit der Sequenzierung der menschlichen Erbinformation (obwohl wir noch nicht einmal angefangen haben diese Informationen zu entschlüsseln) sahen wir uns auf einmal mit sehr, sehr großen Datenmengen konfrontiert. Parallel dazu haben die ‚SNiPs' (SNP = Single Nucleotide Polymorphism) und die Erkenntnis über die Regulation der Genexpression dazu beigetragen, dass der Ruf nach bezahlbaren Hochdurchsatz-Systemen immer lauter wurde. Es mussten Screening-Methoden her, die es ermöglichten, eine sehr hohe Anzahl verschiedener Moleküle (Nucleinsäuren oder Wirkstoffe für das Drug-Target-Screening (Abschnitt 6.2)) in überschaubarem Zeitrahmen miteinander interagieren zu lassen. Diese Abermillionen Interaktionen konnten nicht mehr mit den kostenintensiven Mikrotiterplattenvolumina durchgeführt werden, da für die Auswertung zusätzliche Reagenzien und Nachweissysteme erforderlich sind. Also war der Weg zu den Microarrays notwendig und folgerichtig. Das Volumen pro Reaktion konnte so auf wenige Pikoliter Reaktionslösung reduziert werden. Vorteil erkannt, Enthusiasmus entbrannt ... jetzt ging der Microarray-Boom richtig los (wir sind noch in den Mittneunzigern). Es mussten Roboter her, die Nano- und Pikoliter auf 100, 10 und < 1µm Durchmesser reproduzierbar spotten bzw. pipettieren oder transferieren konnten. Es mussten Lesegeräte entwickelt werden, die die Microarray-Interaktionen messen und speichern konnten. Es mussten Softwaresysteme entwickelt werden, die diese Ergebnisse analysieren, darstellen und vergleichen lassen. Schlichtweg, all die Systeme, die für Mikrotiterplatten entwickelt worden waren, mussten auf die Microarrays adaptiert werden. Die ‚Mikrotiter-Industrie' reagierte durch die Entwicklung von 384- und 1536-Napf Mikrotiterplatten-Systemen, die ebenfalls eine Verringerung der Reaktionsvolumina und eine Erhöhung des Versuchsdurchsatzes ermöglichte. Allerdings waren und sind die Microarrays einfach zu ‚trendy', weshalb jeder ‚Hightech'-versierte Biotechnologe lieber mit Biochips arbeitet, als mit den ‚unhandlichen' und ‚altmodischen' Mikrotiterplatten.

An dieser Stelle muss angemerkt werden, dass wir Verfechter der Mikrotiterplatten sind ... zumindest für Anwender, die weniger als 1.000 Molekülinkubationen pro Tag durchführen. Microarrays sind etwas für ‚High-Throughput-Screener' (siehe Kapitel 6) mit mehreren Tausend Interaktionen pro Tag. Bei diesem Durchsatz rechnen sich auch die Kosten für die Umstellung auf die Microarray-Technologie. Allerdings lässt sich auch für den ‚Low-Throughput-Screener' argumentieren: ‚Was nicht ist, kann noch werden!'

In den folgenden Kapiteln erhalten Sie einen Überblick über die Microarray-Technologie, den Anwendungen, dem Experimentatornutzen und eine Übersicht über die Hersteller und Vertreiber diverser Microarray-Produkte. Ein Microarray-Experiment umfasst eine enorme Bandbreite unterschiedlicher biotechnologischer Methoden. Es sind Kenntnisse in der Molekularbiologie, Protein-

Abb. 1-2: ‚Flash-Animation' der Microarray-Technologie. Auf der Web-Seite (www.bio.davidson.edu/courses/genomics/chip/chip.html) von ‚Bio Davidson' lässt sich eine sehr veranschauliche ‚Flash-Animation' über die gesamte Prozedur eines Microarray-Experiments ansehen. Die Animation startet mit dem Aufschließen von Hefe-Zellen und führt über die RNA-Reinigung, cDNA-Synthese, Spotting und Hybridisierung zur abschließenden Spot-Analyse.

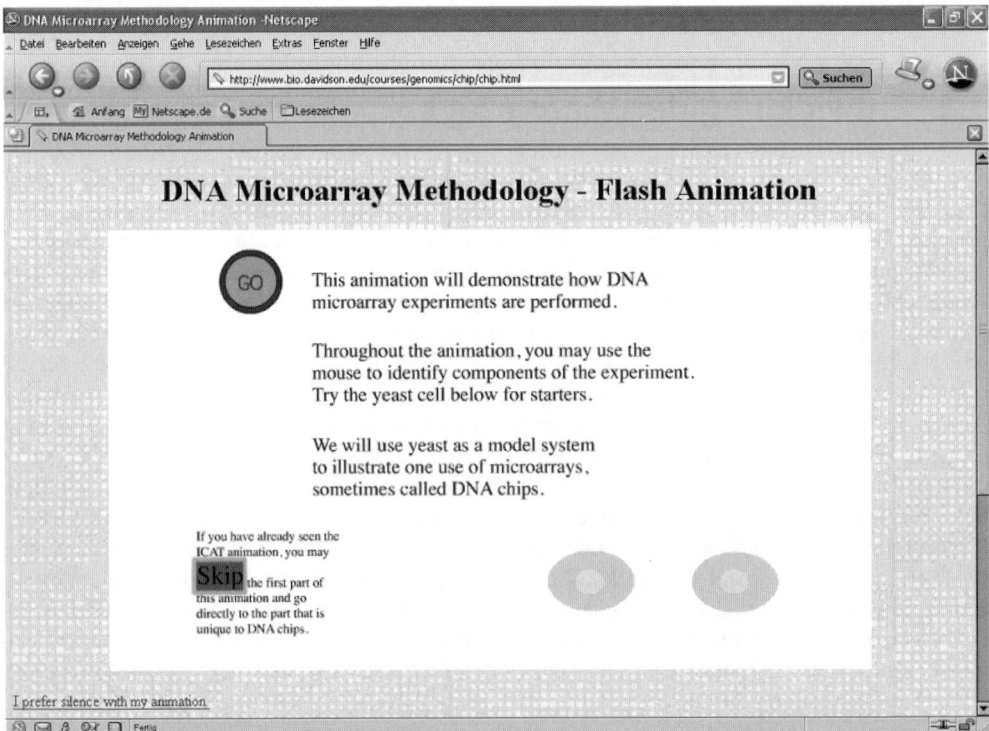

chemie, Zellbiologie und Immunologie erforderlich bzw. hilfreich, damit das Experiment von Anfang bis Ende optimal geplant werden kann. Die Auswertung eines Microarrays lässt sich zudem etwas einfacher gestalten, wenn gute Kenntnisse der Laser- und Scanner-Technologie kombiniert mit einer profunden Erfahrung in der Microarray-Software kombiniert werden können. Aber auch für den Microarray-Neuling wird diese Technologie kein Buch mit sieben Siegeln bleiben, da der erfahrene Experimentator seine ‚Mikrotiter-Kenntnisse' sehr gut auf die Microarray-Dimension anpassen kann.

Wer sich einfach mal einen schnellen Überblick über die Microarray-Technologie beschaffen möchte, der ‚surft' im Internet auf die Web-Seite von ‚Bio Davidson' unter ‚www.bio.davidson.edu/courses/genomics/chip/chip.html', doppelt-klickt auf die Flash-Animation, lehnt sich zurück in seinen Sessel und schaut zu, wie einfach ein gesamtes Microarray-Experiment vorbereitet, durchgeführt und analysiert werden kann (Abb. 1-2). Anschließend befasst sich der geneigte Experimentator mit den einzelnen Kapiteln dieses Buches, und wird den roten Faden leichter verfolgen können. Zusätzlich gibt es viele englischsprachige Bücher, die sich mit den Microarray-Technologien befassen. Ein Standard-Werk ist sicherlich ‚Microarray Analysis' von Mark Shena.

Literatur

Schena, M., Shalon, D., Davis, R.W., Brown, P.O. (1995) Quantitative monitoring of gene expression patterns with a complementary DNA microarray. Science 270: 467-470.

Schena, M. (2003) Microarray Analysis. Verlegt von John Wiley & Sons, Inc. Hoboken, New Jersey, USA.

Web-Seite von ‚Bio Davidson': ‚www.bio.davidson.edu/courses/genomics/chip/chip.html

Web-Seite der ‚Genomics Glossaries': www.genomicglossaries.com

2 Anwendungen

2.1 Wissenschaftliche Fragestellung

T. Röder

Microarrays enstanden vor etwa 10 Jahren (Mitte der 90 Jahre des letzten Jahrhunderts), indem Hybridisierungs- und anderweitige Interaktionsformate vom Großformat (z.B. Macroarrays auf Nylonmembranen) zum ‚Microformat' miniaturisiert wurden. Mikroformat bedeutet heute im Allgemeinen Adaption auf Glasträgerformate, wobei Microarrays nicht auf diese Form der Träger beschränkt sind, und sich in Zukunft eine Reihe weiterer, eher noch kleinerer Formate etablieren werden. Das Format der Microarrays erfreut sich eines stetigen und zeitweise exponentiellen Wachstums an Interesse. Sie stellen eines der wichtigsten experimentellen Gegenstücke zu den zahllosen Genomprojekten dar, indem sie die Informationsflut konkreten Experimenten zugänglich machen. Die Anwendungsmöglichkeiten sind nahezu unbeschränkt und lassen Experimente auf unterschiedlichsten Ebenen zu, solange sie sich mit der Interaktion von Molekülen befassen. Das gilt insbesondere dann, wenn gleichzeitig sehr viele Proben abgefragt werden. Diese vollkommen schwammigen und eigentlich inhaltsleeren Aussagen zeigen das Dilemma aber auch gleichzeitig das Potenzial, mit dem man bei der Beschreibung der Anwendungsmöglichkeiten konfrontiert wird. Der Experimentator, der an der Interaktion zwischen Molekülen nahezu jedweder Art interessiert ist, kann sich ein experimentelles Design ausdenken und es an ein Microarray-Format adaptieren. Dem Gesagten folgend, sind nahezu alle Formate denkbar, die einige Grundvoraussetzungen erfüllen:

- Die Interaktion zwischen den Partnern sollte einigermaßen stabil sein,
- einer der Partner sollte eine Markierung tragen, die eine quantitative Auswertung ermöglicht,
- der andere Partner muss fest (möglichst kovalent) an einen geeigneten Träger zu koppeln sein, und
- es sollte sinnvoll und möglich sein, dass sehr viele Komponenten parallel zu untersuchen sind.

Diese sehr weit gefassten Erfordernisse lassen ganz unterschiedliche Typen von Experimenten zu, die vom Drug-Target-Screening über die Transkriptom-Analyse bis hin zur Identifizierung spezifischer Antikörper reicht.

Derzeit gibt es eine Reihe unterschiedlicher Anwendungsmöglichkeiten, in denen Microarrays zum Einsatz kommen, bzw. zum Einsatz kommen werden. Klassifizieren lassen sich die Microarray-Anwendungen entweder nach der Natur der deponierten Proben (DNA, Protein, PNA, Gewebe, andere Substanzen), nach der Art der wissenschaftlichen Fragestellung, oder aber nach der Natur der verwendeten Proben, die in einem Microarray-Experiment eingesetzt werden. Definiert durch die Architektur des Arrays und der Proben, können Fragestellungen aus verschiedenen Bereichen adressiert werden:

- Analyse der Unterschiede der Transkriptmuster unterschiedlicher Proben (Gewebe), wobei RNA als Informationsträger dient.
- Abfragen der Unterschiede auf genomischer Ebene, wobei die genomische DNA als Informationsträger dient.
- Quantifizierung von Protein-Protein-Interaktionen, wobei die Proteine als Informationsträger dienen.

- Bibliotheken von Gewebsschnitten werden eingesetzt, in denen RNA, DNA oder Proteine als Informationsträger dienen (Kononen et al. 1998).
- Protein-DNA und DNA-Protein Interaktionen lassen sich ebenfalls im großen Stil mithilfe der Biochips quantifizieren.
- Nicht zu vergessen sind die Interaktionen von anderen Substanzen (z.B. Pharmaka) mit relevanten und geeigneten Zielstrukturen, also Interaktionen die der klassischen Pharmakologie zuzuordnen sind.

Die generellen wissenschaftlichen Fragestellung sehen wie folgt aus: Welche Gene werden in Gewebe ‚X' exprimiert, die in Gewebe ‚Y' nicht vorkommen? Die Frage nach einer globalen und umfassenden oder fokussierten Analyse der differentiellen Expression beschreibt die wahrscheinlich gebräuchlichste Form von Microarray-Experimenten. Neben der wissenschaftlichen Relevanz eignen sich derartige Fragestellungen aus methodischen Erwägungen geradezu prototypisch für Microarray-Experimente. Eine absolute Quantifizierung ist im Allgemeinen schwer oder gar unmöglich, aber die Ermittlung relativer Signalstärken (z.B. ist Signal ‚A' 1,84 fach stärker als Signal ‚B') stellt die Stärke dieses experimentellen Formats dar. Normalerweise dient DNA, die aus Genen des zu untersuchenden Organismus abgeleitet (Oligonucleotide) bzw. amplifiziert (PCR) wurde, als immobilisiertes Target. Hybridisiert wird mit Proben, die den Informationsgehalt der mRNA der zu untersuchenden Gewebe repräsentieren. Dabei kann es sich um cDNA handeln, aber auch um markierte RNA. Eine Unzahl von experimentellen Fragen kann durch dieses experimentelle Design beantwortet werden. Zu diesen Fragen gehören:

- Was passiert mit einem entarteten Gewebe?
- Wie ändert sich das Transkriptmuster im Laufe der Entwicklung?
- Was zeichnet ein bestimmtes Organ auf Transkriptebene aus?
- Welchen Einfluss haben Pharmaka oder Umweltgifte auf die Expression?
- Was geschieht im Rahmen zyklischer Variationen (die Frage nach inneren Uhren)?
- Wie reagiert das Immunsystem auf einen eindringenden Erreger?
- Worauf beruhen Erkrankungen wie Fettleibigkeit, Artherisoklerose oder Asthma?

Diese Liste ist nahezu ins Unendliche fortzusetzen. Eine besondere Möglichkeit ergibt sich, wenn mehr als zwei Parameter miteinander verglichen werden. Hierbei handelt es sich z.B. um Zeit- oder Konzentrations-abhängige Fragestellungen oder aber einfach um den Vergleich der Expressionsmuster unterschiedlicher Organe. Dadurch können Synexpressionsgruppen von Genen identifiziert werden, die ähnliche Expressionsverläufe zeigen.

Die zweite Gruppe von Microarray-Applikationen bezieht sich nicht auf Expressionsunterschiede (zumindest nicht manifestiert und analysiert über die mRNA), sondern auf Variationen in der genomischen DNA. Derartige Variationen, die sich in z.B. in Punktmutationen, Deletionen oder Insertionen äußern können, lassen sich mit DNA-Microarrays untersuchen. Es hat sich gezeigt, dass die Suszeptibilität für bestimmte Erkrankungen mit dem Vorhandensein bestimmter Allele korreliert. Besonderes Interesse haben in diesem Zusammenhang die so genannten SNiPs erfahren, da sie einerseits oft die Quelle für diese Variabilität sind, sich aber andererseits auch gut analysieren lassen. Um zu überprüfen, ob bestimmte SNiPs in Populationen mehr oder weniger häufig vorkommen, können entsprechende Oligonucleotid-Microarrays verwendet werden, die an den entsprechenden Positionen jeweils eine der Modifikationen tragen (A, G, C oder T). Die Hybridisierung mit genomischer DNA offenbart durch unterschiedlich stringente Hybridisierung und damit unterschiedliche Signalstärke, welche Modifikation tatsächlich in der genomischen DNA repräsentiert ist. Um alle möglichen SNiPs einer einzelsträngigen DNA von z.B. 10.000 bp Länge zu testen, müssten $4 \times 10.000 = 40.000$ Oligonucleotide deponiert und natürlich geprüft werden. Auf einem Oligonucleotid-Microarray ist das problemlos möglich. Sobald allerdings Insertionen ins

Spiel kommen, wird die Sache kompliziert, da 27.280.000 Oligonucleotide erforderlich sind, um alle möglichen 1–5 bp Insertionen abzudecken, falls wiederum ein DNA-Bereich von 10.000 bp Länge betrachtet wird (Hacia 1999). Eine Besonderheit der Mutationsanalyse ist das so genannte Minisequencing. Hierbei werden entsprechende Primer eingesetzt und die DNAs hybridisiert. Daran anschließend, erfolgt eine Primer-Extension-Reaktion mit unterschiedlich markierten ddNTPs. Dadurch werden jeweils die entsprechenden Basen eingebaut, und es kann durch die spezifische Fluoreszenz ermittelt werden, wo die jeweilige Base inseriert wurde. Durch geschickte Wahl der Primer können so alle relevanten Sequenzabschnitte berücksichtigt werden.

Nachdem wir diese beiden Themenfelder betrachtet haben, gibt es natürlich noch weitere, relevante Bereiche, die sich mit der Interaktion von Proteinen untereinander, aber auch mit der Interaktion von DNA und Proteinen beschäftigen. Die möglichen wissenschaftlichen Anwendungen der relativ neuen Proteinchips aufzulisten wäre vermessen. So können Antikörperbindungsdomänen genauer charakterisiert, und die Spezifität zu testender Proteasen oder die Phosphorylierungsaktivität von Kinasen untersucht werden. Die Deponierung vieler verschiedener Proteine auf einem Chip ermöglicht es, die Interaktionspartner eines jeden, interessierenden Proteins zu identifizieren. Das alles eröffnet, bei vertretbarem Aufwand, güldene Zeiten für den guten alten Proteomiker (siehe Abschnitt 3.1).

Wie schon angesprochen, sind auch andere Anwendungen möglich, bei denen DNA/RNA-Protein-Interaktionen untersucht werden (siehe Abschnitt 3.2). Das mag sich sowohl auf die Identifizierung von Promotorregionen oder auf die Suche nach RNA-bindenden Proteinen als auch auf andere Interaktionen zwischen den Nucleinsäuren und entsprechenden Proteinen beziehen. Auf die Biochips können hierbei sowohl die unterschiedlichen DNA/RNA-Sequenzen als auch die entsprechenden Proteine aufgebracht werden. Das ist insbesondere bei Promotorstudien sehr hilfreich, da durch intelligentes Design, die optimale und essentielle Struktur des Promotorbereichs in lediglich einem einzigen (oder zumindest sehr wenigen) Experimenten zu erfassen ist. Die RNA-Protein-Interaktion erfreut sich eines wachsenden Interesses, da Fragestellungen, die sich mit dem Transport von mRNA in unterschiedliche Bereiche der Zelle (insbesondere der Nervenzelle) befassen, in den Vordergrund gerückt sind.

Der letzte Bereich, der hier anzusprechen ist, umfasst die Interaktion von Biomolekülen (z.B. Proteinen) mit kleineren Molekülen, die pharmakologisch relevant sind. Auch für die Analyse derartiger Interaktionen sind der Fantasie keinerlei (oder zumindest wenige) Grenzen gesetzt. In pharmakologischen Experimenten sucht der geneigte Experimentator nach neuen Leitstrukturen für die Interaktion mit relevanten Proteinen oder anderen pharmakologisch interessanten Targets. Alles was sich entweder einfach an ein Substrat koppeln lässt, bzw. sich dort synthetisieren lässt, ist für diese Zwecke geeignet. Leider Gottes sind die pharmakologisch interessantesten Moleküle sehr oft membranständig und somit ist die Analyse mithilfe von Microarrays erschwert. Das bedeutet allerdings nicht, dass dieses so bleiben muss, und dass zukünftige technologische Entwicklungen diese experimentelle Beschränkung nicht aufheben werden (siehe Kapitel 3).

Zusammengefasst ist anzumerken, dass der Einsatz von Microarrays mit dem Bestreben des Experimentators korreliert, eine möglichst große Anzahl Parallel-geschalteter Experimente durchzuführen. Das allerdings ohne unnötig Material zu verschwenden und um nicht Jahre ins Land gehen zu lassen. Microarrays stellen für dieses Bestreben die prototypische Methode dar, da sie extrem schnelle und umfassende Experimente ermöglichen.

2.2 Das pharmazeutische Ziel

H.-J. Müller

Die Entwicklung maßgeschneiderter Medikamente, die spezifisch und effektiv sowie ohne Nebenwirkung bei jedem Patienten wirken, ist das hochgesteckte Ziel der Pharmaindustrie (BigPharma) des 21. Jahrhundert. Derzeitig werden ca. 200 Millionen Euro pro Medikament investiert, bevor dieses Marktreife erlangt. Davon fallen ungefähr 80 % durch die klinischen Prüfungen, weil sie bei einigen Probanden entweder nicht ausreichend effektiv an ihre biologischen Zielmoleküle (Drug-Targets) binden oder starke Nebenwirkungen zeigen. Die Nebenwirkungen treten in der Regel dadurch auf, dass die eingesetzten Therapeutika auch von anderen Proteinen gebunden werden. Dieses führt zu einer veränderten biologischen Aktivität der ‚fälschlichen' Proteinbindung, sodass das Medikament eine zusätzliche Signalkaskade innerhalb der Zelle bzw. des gesamten Organismus verursacht. Aus diesem Grunde liegt das primäre Interesse der pharmazeutischen Industrie darin, dass die richtigen Targets gefunden und die effektivsten sowie spezifischsten Wirkstoffe entwickelt werden können. Die Medikamentenwirksamkeit ist unter anderem von der individuellen Genausstattung und somit von dem davon abgeleiteten Proteom des jeweiligen Patienten abhängig. Bereits minimale Veränderungen (häufig reicht schon ein Nucleotidaustausch) können die Stoffwechselleistung des Organismus so stark beeinflussen, dass ein Medikament nicht mehr die gewünschte Wirkung zeigt oder die unerwünschten Nebenwirkungen auftreten. Die Untersuchung von SNiPs und ihren Effekten auf die Expression des betroffenen, aber auch auf die Expression anderer Gene, wird deshalb dazu beitragen sowohl Medikamentennebenwirkungen als auch Krankheiten besser zu verstehen.

Das Auffinden der geeigneten Targets wird heutzutage vornehmlich mit molekularbiologischen Methoden durchgeführt. Als Zielmoleküle der potenziellen Wirkstoffe werden häufig Membranrezeptoren in die engere Auswahl genommen, da diese spezifische Signalkaskaden innerhalb der Zelle auslösen, die für eine charakteristische physiologische Reaktion einer intakten Zelle entweder aktiviert oder deaktiviert sein müssen. Die Membranrezeptoren binden ihre Liganden mit hoher Affinität und Spezifität, weshalb sich diese Proteine als erster Ansatzpunkt der Medikamenten-Zielmolekül-Suche (Drug-Target-Screening) sehr gut eignen. Selbstverständlich stellen auch die intrazellulären Proteine potenzielle Drug-Targets dar. Allerdings besteht hier die Schwierigkeit, dass das Medikament erstens unverändert in die Zelle eingebracht werden muss, und zweitens die biologische Aktivität noch schlechter vorausgesagt werden kann, als das es schon bei den Membranrezeptoren der Fall ist. Aus diesem Grunde beschränken wir uns im Folgenden gedanklich auf die Entwicklung von Medikamenten (Wirkstoffen) für Membranrezeptoren.

In Abhängigkeit vom Zelltypus befinden sich ca. 100 bis 1.000 Rezeptoren auf der Zellmembran. Diese Membranrezeptoren binden spezifisch andere Moleküle als Liganden (Hormone, Antikörper, Antigene, Viren etc.), woraufhin sie nach Bindung eine intrazelluläre Signalkaskade induzieren. Einige Zellen erfahren eine permanente Stimulierung durch externe Liganden, sodass dieses z.B. eine unkontrollierte Zellteilung hervorruft (Abb. 2-1: A). Ließe sich ein blockierender Ligand auf den Rezeptor setzen, so könnte das unkontrollierte Wachstum bzw. die pathologische Zellantwort minimiert oder gar eingestellt werden (Abb. 2-1: B). Andererseits kann es sein, dass der notwendige Stimulus nicht vorhanden ist, weshalb ein analoger Wirkstoff den Rezeptor und somit die Signalkaskade derart aktiviert, dass die Zelle ihre biologische Funktion erfüllen kann.

Zur Zeit sind ca. 30.000 Erkrankungen des Menschen bekannt, wobei weniger als 200 dieser Erkrankungen hinsichtlich ihrer Häufigkeit als relevant angesehen werden. Die meisten Krankheiten sind genetisch bedingt, aber nur in den seltensten Fällen lässt sich eine Krankheit mit nur einem

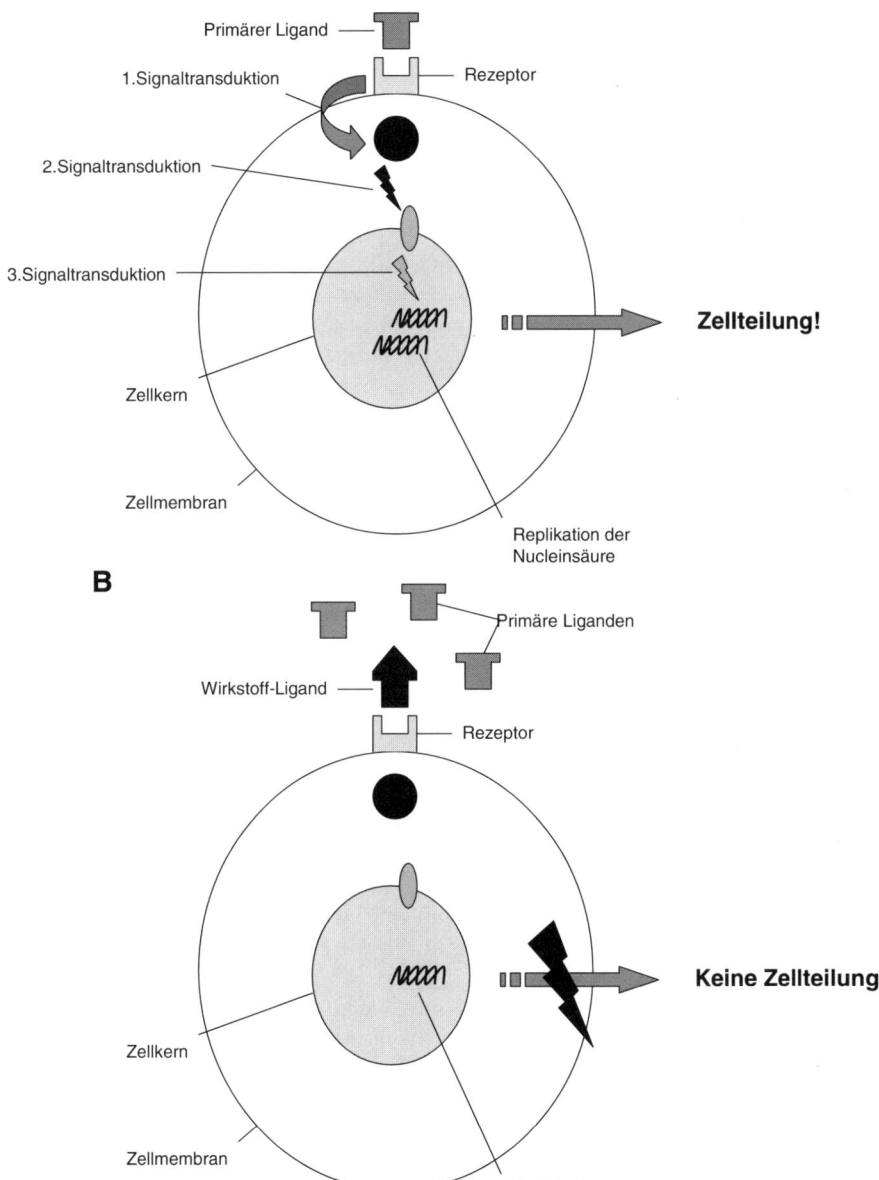

Abb. 2-1: Zelluläre Signalkaskade nach Bindung eines Liganden an einem Membranrezeptor. A) Nach Bindung eines primären Liganden durch den Rezeptor wird eine Signalkaskade initiiert, die hier schematisch in drei Signaltransduktionen (Blitze) demonstriert sind. Abschließend endet die Signalkaskade in der Aktivierung oder Reprimierung einer spezifischen Genregulation, welches in eine Zellteilung (Pfeil) resultiert. **B)** Ein Wirkstoff-Ligand bindet an den Rezeptor und hemmt dadurch die Zellproliferation, indem der primäre Ligand in seiner spezifischen Rezeptorbindung blockiert wird.

singulären Gendefekt assoziieren. Viele Erkrankungen sind hinsichtlich der Genanomalien multifaktoriell, und die Anzahl der Gene, welche an einer Erkrankung beteiligt sind, wird auf fünf bis zehn geschätzt. Angenommen, es wird von jedem dieser Gene ein spezifisches Protein codiert, und diese Proteine interagieren wiederum mit durchschnittlich drei bis fünf anderen Proteinen, die auch als potenzielle Zielmoleküle für neue Wirkstoffe herangezogen werden können, dann ergibt sich eine Anzahl von 3.000 bis 10.000 potenziellen Zielmolekülen (Pressemitteilung_08 der Bayer AG vom 20.06.2000).

Auf der anderen Seite stehen die möglichen Wirkstoffe für jedes der oben beschriebenen Zielmoleküle. Als effektiver und spezifischer Wirkstoff kann jedes Molekül (Hormone, Antikörper, Peptide, Proteine, Nucleinsäuren etc.) dienen, das den gewünschten Effekt bei der zu behandelnden Zelle bzw. dem Organ verursacht. Die Kombinationsmöglichkeiten innerhalb eines Moleküls sind abhängig von der Größe und der sterischen Ausrichtung der jeweiligen Modifikation, aber es lassen sich z.B. bei kleinen Wirkstoffen mit ca. 40 Atomen schon bis zu eine Milliarde Kombinationen entwickeln, wobei längerkettige Moleküle ($> C_{50}$) weitaus mehr theoretische Variationen zulassen, als es Wassertropfen in der Ostsee gibt. Diese unüberschaubaren Variationsmöglichkeiten eines Wirkstoffmoleküls können durch die kombinatorische Chemie nachgestellt werden. Hierbei werden, durch systematische Variation diverser Molekülbausteine Substanzbibliotheken hergestellt, die als primäre Quelle für das Auffinden des geeigneten Wirkstoffes mit dem jeweiligen Drug-Target fungieren. Die einzelnen Moleküle in dieser Substanzbibliothek werden Wirkstoffkandidaten genannt. Es lassen sich durch die kombinatorische Chemie aus z.B. 150 Molekülbausteinen bis zu 125.000 verschiedene Wirkstoffkandidaten herstellen. Allerdings lassen sich aus einer Million getesteter Wirkstoffkandidaten durchschnittlich nur drei bis fünf Leitstrukturen herausfiltern. Diese Leitstrukturen werden mit den potenziellen Drug-Targets inkubiert und durch eine Kombination aus biologischer Prüfung (Messung der Bindungsaffinität und Wirkspezifität in Zellen und Tierversuchen) sowie einem erneuten Molekül-Design optimiert. Mithilfe der chemischen Synthese und des Wirkstoff-Designs am Computer, wird die Leitstruktur soweit verändert, dass eine optimale und effektive Bindung an das Drug-Target erfolgt, und somit der gewünschte zelluläre Effekt gewährleistet wird. Dieser Optimierungsprozess läuft solange ab, bis der richtige Wirkstoff gefunden worden ist. Anschließend werden pharmakologische und toxikologische Prüfungen durchgeführt, wobei sich herausstellt, dass sich aus 100 ausgewählten und analysierten Zielmolekülen gerade mal ein bis drei Prozent der dafür gefundenen Wirkstoffe zur Marktreife gelangen. Diese Entwicklungskandidaten gehen in die klinischen Prüfungen ein, wobei wiederum von ca. 20 anfänglichen Leitstrukturen nur eine als neues Medikament auf dem Gesundheitsmarkt eingeführt werden kann (Pressemitteilung_10 der Bayer AG vom 20.06.2000). Der lange Weg des Drug-Target-Screenings über einen Screening-Treffer bis hin zum klinischen Entwicklungskandidaten kann fünf bis ungefähr 15 Jahre benötigen, wobei die Hoffnung auf das Ultra-Hochdurchsatz-Screening (Ultra-HTS) (Kapitel 6) gerichtet ist, um die Entwicklungszeiten sowie Kosten drastisch zu kürzen.

2.3 Die Anforderungen der biotechnologischen Firmen

Die Definition der biotechnologischen Firmen soll sich im vorliegenden Werk nur auf Firmen beschränken, die Microarray-Anwendungen für ihre Forschung und Entwicklung (F&E) sowie Produktherstellung nutzen bzw. benötigen. Diese Firmen setzen in der Regel die Microarray-Technologie entweder im Rahmen ihrer Dienstleistung (z.B. dem Drug-Target-Screening) gegenüber ihren Auftragsgebern (BigPharma) ein, oder sie benötigen die Microarray-Instrumente für die Produktion und Qualitätskontrolle ihrer kommerziell vertriebenen Microarray-Produkte (z.B.

beschichtete Biochips). Die Anforderungen an die eingesetzten Microarray-Instrumente hinsichtlich Durchsatz und Reproduzierbarkeit sind sehr hoch. Soll entweder Drug-Target-Screening im Ultra-HTS-Format oder die kostengünstige Produktion von Biochips in einem automatisierten System durchgeführt werden, dann müssen alle Komponenten sehr gut aufeinander abgestimmt werden (siehe Kapitel 6). Weiterhin müssen besondere Qualitätsrichtlinien (z.B. ‚Good Manufacturing Practice' = GMP oder ‚Good Laboratory Practice' = GLP) beachtet werden, sodass eine umfassende Dokumentation der einzelnen Microarray-Nutzung erforderlich ist. Gerade für die Herstellung von kommerziellen Biochips sowie bei dem Drug-Target-Screening als Dienstleistungsservice sind ausgewiesene Microarray-Reinräume notwendig (siehe Abschnitt 4.5).

Die Anforderungen an die Microarray-Technologien sind teilweise sehr differenziert, aber letztendlich wird für die Kosten- und Zeitreduktion unter Zuhilfenahme der Biochips jeweils das gleiche Technologieprinzip verwendet. In den folgenden Kapitel gehen wir auf die einzelnen Microarray-Applikationen sowie die dafür erforderlichen Grundvoraussetzungen ein. Allerdings beginnen wir mit einem Exkurs in die Techniken der Protein- und Nucleinsäure-Biochips sowie der Molekularbiologie und Proteinchemie. Daran schließt sich eine Einleitung über die Welt des Lichts, der Fluoreszenzen und Nachweissysteme an, da dieses Grundwissen essentiell für das Verständnis der einzelnen Microarray-Technologien ist.

Literatur

Hacia, J.G. (1999) Resequencing and mutational analysis using oligonucleotide microarrays. Nature Genetics 21: 42-47.

Kononen, J., Bubendorf, K.J., Kallioniemi, A., Barlund, M., Schraml, P., Leighton, S., Torhorst, J., Mihatsch, M.J., Sauter, G., Kallionieme, O.P. (1998) Tissue microarrays for high-throughput molecular profiling of tumor specimens. Nature Med. 4: 844-847.

Pressemitteilung_08 der Bayer AG vom 20.06.2000: www.leverkusen.com/news/tag/000620/Bayer08.count

Pressemitteilung_10 der Bayer AG vom 20.06.2000: www.leverkusen.com/news/tag/000620/Bayer10.count

3 Technologie

3.1 Protein-Microarrays

H.-J. Müller

Nachdem nun fast das erste Jahrzehnt der Microarrays vorübergegangen ist, hat sich die Verringerung der Reaktionsvolumina natürlich auch auf die Proteine ausgewirkt. Die Molekularbiologen haben ihr Wissen bezüglich der Verwendung von Nucleinsäuren auf µm^2 angepasst und auf jede erdenkliche Weise auf verschiedene Matrizes gebannt. Heute lesen wir immer häufiger in den Publikationen und Pressenachrichten, dass die Proteinarrays groß im Kommen sind. Das stimmt, aber leider sind wir technisch noch nicht dort, wo es die Nucleinsäurearrays bereits vor ca. sieben Jahren waren. Warum hinken die Proteinarrays so dramatisch hinterher? Eine Ursache für die vergleichsweise langsame Entwicklung ist die aufwendigere Reinigung und Vervielfältigung der Proteine. Zudem lassen sich die Proteine in ihrer nativen Konformation nicht so ohne weiteres auf die gängigen Biochip-Substrate koppeln. Drittens bereitet die Stabilität der isolierten Proteine sowohl für das Forschungslabor als auch für den Hersteller von Protein-Biochips eine große Herausforderung (... um nicht zu sagen ... Probleme). Eine sehr gute und aktuelle Übersicht über den heutigen Status der Proteinchip-Entwicklungen und der Möglichkeiten zur Produktion ist bei Seong und Choi nachzulesen (Seong & Choi 2003).

3.1.1 Gen- und Proteinexpression

Im Falle der Nucleinsäuren lässt sich das Handhabungs- und Stabilitätsproblem relativ locker betrachten. Die DNA ist sowohl als hochmolekulare genomische Nucleinsäure, als geklonte cDNA, als PCR-Amplifikat oder als synthetisch hergestelltes Oligonucleotid sehr stabil. Diese kann in geeigneter Lösung mehrere Jahre gelagert und gegebenenfalls wiederverwendet werden. Bei der RNA ist es schon ein bisschen kritischer, da der gemeine RNA-fokussierte Molekularbiologe mit einer Armee von ubiquitären und allzeit bereiten RNAsen zu kämpfen hat. Dennoch kann die Langzeitstabilität der RNAs relativ einfach gewährleistet, und für die Hybridisierung mit z.B. Oligo-Biochips eingesetzt werden. Nucleinsäuren lassen sich mehrmals z.B. durch Hitze denaturieren und wieder zurück in die ursprüngliche Konformation einer spezifischen Einzelstrangfaltung oder zu einem komplementären Doppelstrang zurückführen. So etwas ist mit Proteinen in der Regel nicht möglich!

Um zu verstehen, warum das so ist, bedarf es einer kleinen Einführung in die Gen- sowie Proteinexpression und posttranslationale Modifikation.

3.1.1.1 Die Genexpression

Die Kontrolle der Genexpression, und somit der Proteinsynthese, geschieht über ein sehr fein aufeinander abgestimmtes Netzwerk verschiedener Faktoren. Beteiligt sind diverse Proteine, Nucleinsäuren und andere intra- oder extrazelluläre Faktoren (z.B. Hormone, Calcium-Ionen etc.) sowie Umwelteinflüsse.

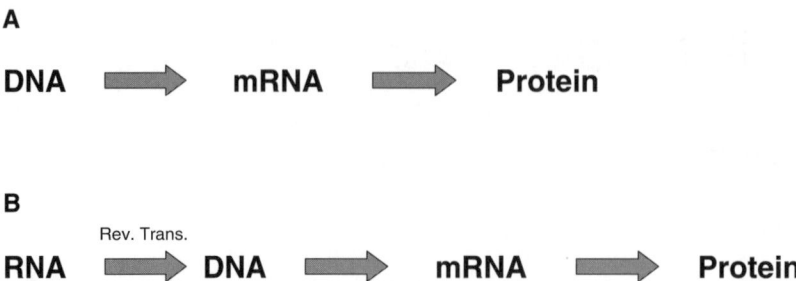

Abb. 3-1: Das ‚Zentrale Dogma' der Molekularbiologie. A) Die genetische Information eines Organismus wird immer nur in eine Richtung weitergeleitet. Ausgehend von der DNA muss die Information erst in mRNA umgeschrieben werden, damit anschließend Proteine gebildet werden können. **B)** Eine gegensätzliche Informationsumwandlung ist nicht möglich. Ausnahme stellen die Retroviren dar, bei denen deren genetische Information als RNA vorliegt und durch ‚Reverse Transkriptasen' (Rev. Transk.) erst in DNA umgeschrieben werden muss, damit das zentrale Dogma wiederum erfüllt wird.

Das zentrale Dogma der Molekularbiologie besagt, dass die genetische Information nur von der DNA über die Boten-Ribonucleinsäure (mRNA) zum Protein fließen kann (Abb. 3-1). Die DNA stellt die replizierbare und stabile Dauerform der genetischen Information dar. Die Information über den Aufbau eines Proteins ist in der Sequenz der genomischen DNA festgelegt, die sich im Einzelstrang der mRNA wiederspiegelt. Jeweils eine Dreierfolge (Triplett) bestimmter Basen codiert für eine Aminosäure. Aus den vier Basen (nämlich die Purine: Adenin und Guanin sowie die Pyrimidine Cytosin und Uracil[1]) ergeben sich somit 64 (3^4) unterschiedliche Tripletts (siehe Tab. 3-1). Diese 64 Tripletts verteilen sich aber nur auf 20 verschiedene Aminosäuren (Tab. 3-2) sowie drei Stopcodons (UGA, UAG, UAA), weshalb man von einem 'degenerierten' Code spricht.

Ausführliche Beschreibungen über den genetischen Code und die Gen- und Proteinexpression lassen sich in Lewin nachlesen (Lewin 1998).

3.1.1.2 Die Proteinexpression

Generell beginnt die Proteinsynthese mit dem Triplett ‚AUG', welches auch als Initiationscodon oder Startcodon bezeichnet wird. Alle nach diesem Triplett folgenden Dreiergruppen repräsentieren die davon abgeleitete Aminosäure, sodass während der Proteinsynthese die Aminosäuren entsprechend der Basenfolge aneinander geknüpft werden. Die Proteinsynthese läuft solange ab, bis eines der Stopcodons (UGA, UAA, UGA) erreicht wird. An diesen Stoptripletts wird keine weitere Aminosäure an die Polypeptidkette geknüpft, sodass die Proteinsynthese endet. Der Bereich zwischen dem Initiationscodon AUG und dem Stopcodon wird auch als ‚offener Leserahmen' (open reading frame = ORF) bezeichnet (Abb. 3-2). Eine Insertion oder Deletion eines Nucleotides verursacht die Verschiebung des ORFs, sodass das ursprüngliche Protein nicht mehr translatiert wird. In der Regel wird darauffolgend kein funktionelles Protein hergestellt.

Damit die Ribosomen unmittelbar an das Initiationscodon (AUG) binden, und nicht ein AUG innerhalb der codierenden Region als vermeintlich erste Aminosäure des Proteins erkennen, gibt es konservierte Basenfolgen, die direkt vor und nach dem Initiationscodon lokalisiert sind. Diese spezifischen Basenfolgen dienen als primäre Ribosomenbindungsstellen und werden bei Bakterien als

---
[1] Im Falle einer RNA wird Uracil anstelle des Thymins wie bei einer DNA eingebaut.

Tabelle 3-1: Degenerierter genetischer Code. Die einzelnen Aminosäuren sind im Einbuchstaben-Code dargestellt (siehe Tab. 3-2). Die Basen (Adenin= A, Guanin= G, Cytosin= C, Uracil= U) sind Fett geschrieben. Als Beispiel für das Lesen des degenerierten Codes soll das Initiations-Codon ‚AUG' dienen: In der linken vertikalen Reihe geht man auf ‚A', in der horizontalen Reihe auf ‚U', und in der rechten vertikalen auf ‚G'. Die im Kreuz liegende Aminosäure ist das Methionin (M).

	U	C	A	G	
U	F	S	Y	C	U
U	F	S	Y	C	C
U	L	S	STOP	STOP	A
U	L	S	STOP	W	G
C	L	P	H	R	U
C	L	P	H	R	C
C	L	P	Q	R	A
C	L	P	Q	R	G
A	I	T	N	S	U
A	I	T	N	S	C
A	I	T	K	R	A
A	M	T	K	R	G
G	V	A	D	G	U
G	V	A	D	G	C
G	V	A	E	G	A
G	V	A	E	G	G

‚Shine Dalgarno'- (AGGAGGnnnnnnnnAUG) und bei Eukaryoten als ‚Kozak'-Sequenzen (GC-CA/GCCAUGG) bezeichnet (Shine & Dalgarno 1975, Kozak, 1990). Die 16S rRNA der Prokaryoten bzw. 18S rRNA der Eukaryoten besitzen an ihrem 3'-Ende zu den Ribosomenbindungsstellen komplementäre Sequenzen, und sind Garant dafür, dass die Proteinsynthese am Initiationscodon ‚AUG' beginnt, ohne dass andere ‚AUG'-Sequenzen innerhalb des ORF als Startcodon von den Ribosomen erkannt werden. Durch diesen Kontrollmechanismus werden die Proteine vollständig translatiert. Für die Translation essentielle Komponenten stellen Ribosomen, Aminoacyl-tRNAs, Elongationsfaktoren, Initiationsfaktoren, GDP, freies Phosphat sowie selbstverständlich die mRNA dar (Abb. 3-3). All diese Komponenten befinden sich in der Regel zu jeder Zeit in der Zelle.

3.1.1.3 Proteinfaltung und Modifikation

So weit so gut. Die Proteine werden nun hergestellt, aber die Verknüpfung einzelner Aminosäuren zu einem langkettigen Proteinmolekül durch die Ribosomen ist noch lange nicht das Endes des Tunnels. Das Protein erfährt eine Faltung, die z.B. in einen helikalen Strang oder in ein globuläres Makromolekül mündet. Man unterscheidet verschiedene Proteinstrukturstadien. Die Sequenzabfolge der Aminosäuren stellt die Primärstruktur eines Proteins dar (Abb. 3-4: A). Die räumliche Anordnung der Aminosäuren, ohne die einzelnen Seitenketten zu berücksichtigen, bezeichnet man als Sekundärstruktur, wie es z.B. bei einer α-Helix und einem β-Faltblatt der Fall ist (Abb. 3-4: B). Aufgrund der flexiblen Peptidbindung zwischen den Aminosäuren nehmen diese wiederum eine spezifische sterische Ausrichtung (Konformation) an, die sich mit wachsender Aminosäurekette ständig verändert, bis die Synthese des Proteins abgeschlossen ist. Als Tertiärstruktur eines

Tabelle 3-2: Darstellung der Aminosäure im Dreibuchstaben- und Einbuchstaben-Code. Die 20 natürlich vorkommenden Aminosäuren sind sowohl im Dreibuchstaben- als auch Einbuchstaben-Code alphabetisch aufgeführt.

Aminosäure	Dreibuchstaben-Code	Einbuchstaben-Code
Alanin	Ala	A
Arginin	Arg	R
Asparagin	Asn	N
Aspartat	Asp	D
Cystein	Cys	C
Glutamin	Gln	Q
Glutamat	Glu	E
Glycin	Gly	G
Histidin	His	H
Isoleucin	Ile	I
Leucin	Leu	L
Lysin	Lys	K
Methionin	Met	M
Phenylalanin	Phe	F
Prolin	Pro	P
Serin	Ser	S
Threonin	Thr	T
Tryptophan	Trp	W
Tyrosin	Tyr	Y
Valin	Val	V

Proteins wird die endgültige Konformation des gesamten Proteins bezeichnet (Abb. 3-4: B). Nun kommt es häufig vor, dass sich bestimmte Proteine zu einem Aggregat zusammenlagern. Diese Zusammenlagerung wird als Quartärstruktur bezeichnet, wobei die einzelnen Proteine nun als Untereinheiten fungieren (Abb. 3-4: C).

In der Zelle wird die mRNA von den Ribosomen gebunden, und die jeweiligen Aminosäuren der Reihe und Triplett-Sequenz nach solange aneinandergefügt, bis ein Stopcodon erkannt wird, und die Ribosomen die Proteintranslation abbrechen. Das Protein faltet sich entsprechend der Aminosäuresequenz und erhält seine spezifische Konformation. Diese Proteinherstellung ist sowohl in vitro als auch in vivo durch rekombinante Technologien durchzuführen (siehe Kapitel 3.1.2.2). Es kann somit eine kontrollierte Proteinproduktion für die Verwendung auf Proteinchips durchgeführt werden. DNA klonieren, transkribieren und in Bakis exprimieren ... Protein ist fertig! Na ja, ganz fertig ist es vielleicht noch nicht, da viele Proteine der unaussprechlichen ‚posttranslationalen Modifikation' unterworfen sind. Diese Modifikation geschieht nach dem Translatieren (Übersetzen) der mRNA in ein Protein. Viele Proteine sind erst dann biologisch aktiv, wenn sie durch z.B. andere Proteine oder während der Passage durch das endoplasmatische Reticulum (ER) bzw. einen Golgi-Apparat verändert worden sind. Am Ende einer posttranslationalen Modifikation wurde das Protein eventuell (um nur wenige Modifikationen zu nennen) acetyliert, phosphoryliert, sylanisiert, glykosyliert, gekürzt oder in eine Membran eingebaut. Bis heute wurden ca. 200 verschiedene posttranslationale Modifikationen beschrieben, wobei diese teilweise erheblichen Einfluss auf die zellulären Prozesse und die Signalkaskaden besitzen (Krishna & Wold 1993). Häufig ist nur

```
      UGGUUGGGGGGAACCAUGGCUGACGUUUACCCGGCCAACGACUCCACGGCGUCUCAGGAC
a     W  L  G  G  T  M  A  D  V  Y  P  A  N  D  S  T  A  S  Q  D  -
b     G  W  G  E  P  W  L  T  F  T  R  P  T  T  P  R  R  L  R  T  -
c     V  G  G  N  H  G  *  R  L  P  G  Q  R  L  H  G  V  S  G  R  -

      GUGGCCAACCGCUUCGCCCGCAAAGGGGCGCUGAGGCAGAAGAACGUGCAUGAGGUGAAA
a     V  A  N  R  F  A  R  K  G  A  L  R  Q  K  N  V  H  E  V  K  -
b     W  P  T  A  S  P  A  K  G  R  *  G  R  R  T  C  M  R  *  K  -
c     G  Q  P  L  R  P  Q  R  G  A  E  A  E  E  R  A  *  G  E  R  -

      AGCCGCCCGGCUCUCCCCGGCACCGCCGCCACCACCGCACCUCAUCAGCACCGCCACCUC
a     S  R  P  A  L  P  G  T  A  A  T  T  A  P  H  Q  H  R  H  L  -
b     A  A  R  L  S  P  A  P  P  P  P  P  H  L  I  S  T  A  T  S  -
c     P  P  G  S  P  R  H  R  R  H  H  R  T  S  S  A  P  P  P  R  -

      GCCGCCGCCCCCGCCCACCCCGGCCCUCCCCGGCUGCUGCUCCCCGGCGGAGGCAAGAGG
a     A  A  A  P  A  H  P  G  P  P  R  L  L  L  P  G  G  G  K  R  -
b     P  P  P  P  T  P  A  L  P  G  C  C  S  P  A  E  A  R  G  -
c     R  R  P  R  P  P  R  P  S  P  A  A  A  P  R  R  R  Q  E  V  -

      UUCUCGUAUGUCAACCCCCAGUUUGUGCACCCAAUCUUGCAAAGUGCAGUAUGAACUCAA
a     F  S  Y  V  N  P  Q  F  V  H  P  I  L  Q  S  A  V  *  T  Q  -
b     S  R  M  S  T  P  S  L  C  T  Q  S  C  K  V  Q  Y  E  L  K  -
c     L  V  C  Q  P  P  V  C  A  P  N  L  A  K  C  S  M  N  S  K  -
```

Abb. 3-2: Beispiel eines offen Leserahmens (ORF). Der ORF beginnt mit dem Initiationscodon AUG (kursiv, fett) und endet mit dem Stopcodon UGA (unterstrichen, fett). Bei dieser Sequenz handelt es sich um eine eukaryotische mRNA, da eine fast perfekte Kozak-Sequenz (*GAACCAUGG*) das AUG umgibt. Ausschlaggebend für die Bindung der Ribosomen ist das drei Basen vor dem AUG liegende Purin (A oder G) und das unmittelbar nach dem AUG folgende G. Bei den anderen AUG-Tripletts (Unterstrichen) ist diese konservierte Basenfolge nicht vorhanden. Die beiden anderen Leserahmen weisen mehrere Stopcodons auf, sodass durch eine Nucleotidinsertion oder –deletion kein Protein translatiert werden wird.

das posttranslational modifizierte Protein in der Lage eine Quartärstruktur mit anderen Proteinen einzugehen oder dessen biologische Funktion z.B. in Kombination mit anderen Interaktionspartnern zu erfüllen. Mit anderen Worten heißt das: ‚Die Funktionalität eines Proteins ist erst dann gewährleistet, wenn alle erforderlichen Modifikationen und Interaktionspartner vorhanden sind!' Dies wiederum bedeutet, dass zwar die codierende mRNA innerhalb einer spezifischen Zelle zu einem gegenwärtigen Zeitpunkt vorhanden sein kann, das davon abgeleitete Protein aber weder sofort translatiert noch biologisch aktiv sein muss.

Wir verlassen nun die Begrifflichkeit und Bedeutung des Genoms, um uns einem weiteren Begriff des funktionalen Zellstadiums zu nähern.

3.1.1.4 Das Proteom

Das Zusammenspiel der Genexpression und -regulation hat uns darüber aufgeklärt, welche Gene gerade an- bzw. abgeschaltet werden. Das Wechselspiel der Genregulation ist hochspezifisch und findet im Prinzip in jeder Zelle auf eine etwas andere Art und Weise statt. Mit anderen Worten: ‚Unser Genom ist der gegenwärtige Abdruck aller beteiligten Gene in einer spezifischen Zelle'. Das Genom ändert sich permanent, um auf äußere Reize/Signale optimal reagieren zu kön-

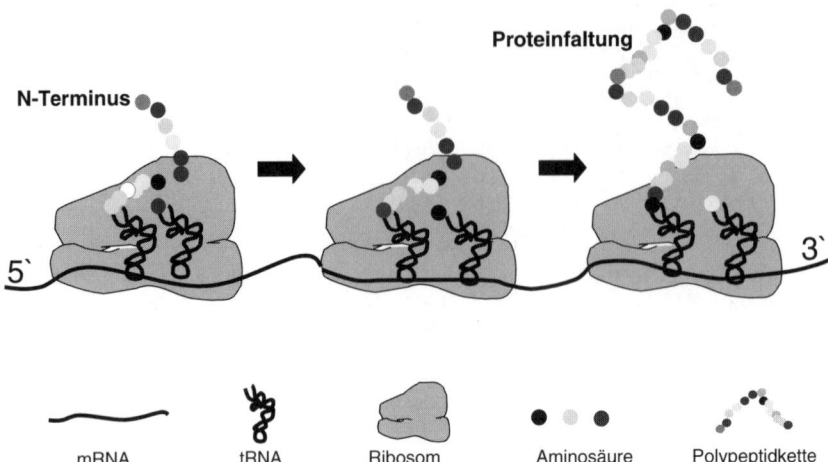

Abb. 3-3: Proteinsynthese nach Bindung der mRNA and die Ribosomen. Die mRNA wird außerhalb des Zellkerns von den Ribosomen gebunden. Entsprechend der mRNA-Sequenz werden dann durch die Ribosomen nacheinander tRNA-Moleküle, an welche die dem genetischen Code entsprechenden Aminosäuren assoziiert sind, miteinander verknüpft, bis es zu einem Abbruch der Proteintranslation aufgrund eines Stopcodons kommt.

nen (Abb. 3-5). Übergreifend wird die Studie der Genexpression und –regulation als ‚Genomics' bezeichnet. Damit war die Welt der ‚omics' entstanden und die Begrifflichkeit wurde in diverse Gruppen aufgesplittet ... z.B. Transcriptomics oder Pharmacogenomics (siehe auch Kapitel 1.1). Im Folgenden wird der Begriff ‚Proteomics' erläutert.

Es wird zu jedem Moment in jeder Zelle ein bestimmtes Set an unterschiedlichen Proteinen translatiert und anschließend posttranslational modifiziert, sodass zu jeder Zeit ein spezifisches aber auch veränderliches Proteinabbild des Genoms vorhanden ist. Dieses Proteinabbild ist aber wiederum den oben beschriebenen Modifikationen unterworfen, sodass sich die Proteine auf eine in der DNA-Sequenz nicht unbedingt vorhersehbaren Art und Weise verändern. Weiterhin ist die Quantität des exprimierten Proteins ebenfalls nicht kalkulierbar. Wenn man also die Gesamtheit aller Proteine und deren Konzentrationen zu einem gegenwärtigen Zeitpunkt innerhalb einer bestimmten Zelle, eines Gewebes oder eines Organismus (z.B. das gute Paramecium als Repräsentant eines Einzellers) zusammenfasst, erhält man ein spezifisches Proteinabbild. Dieses Abbild ist sehr stark von äußeren Einwirkungen (Stress, Infektion, Medikamente etc.) abhängig und verändert sich fortlaufend.

In Anlehnung an den Terminus Genom wurde für das momentane Proteinabbild die Bezeichnung des Proteoms abgeleitet, und das nächste Mitglied der ‚omics'-Familie war geboren: ‚Proteomics'.

Innerhalb des Genoms wurde durch das ‚Human Genome Project' eine Unzahl von vermeintlich krankheitsrelevanten Punktmutationen, den bereits erwähnten SNiPs entdeckt. Die Auswirkungen der SNiPs auf die biologische Aktivität der aus den Genen abgeleiteten Proteine, ist zur Zeit Gegenstand der medizinischen und biologischen Forschung, aber bisher fehlt uns das umfassende Verständnis bezüglich diverser Krankheitsbilder. Ab diesem Zeitpunkt half das computergestützte dreidimensionale Errechnen der potenziellen Proteinstrukturen nicht mehr aus. Man musste an das native Protein heran. Allerdings verhält es sich bei diesen so ähnlich wie bei den Genen. In der Re-

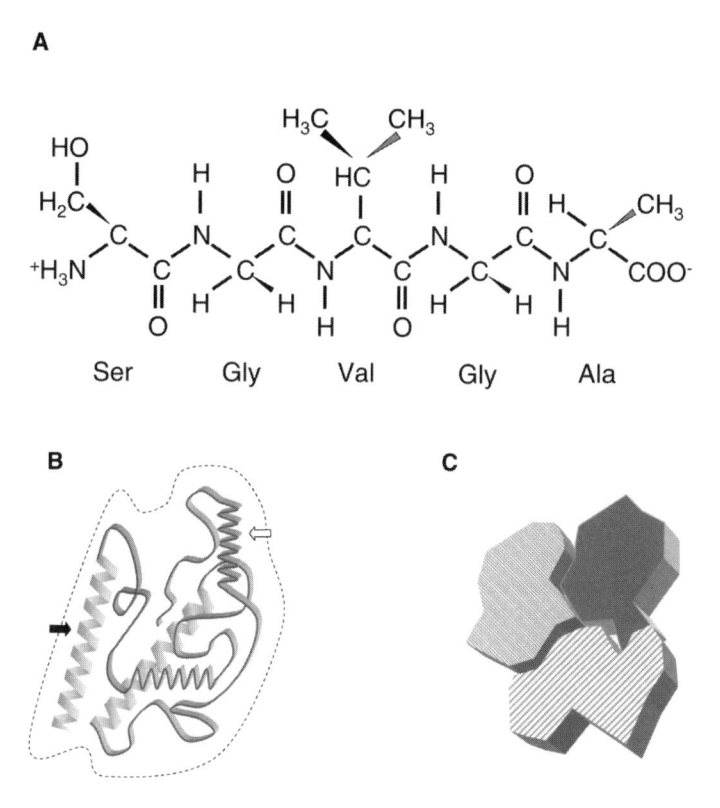

Abb. 3-4: Strukturen und Konformation der Proteine. A) Die Primärstruktur eines Proteins ist durch die Aminosäuresequenz definiert. **B)** Als Sekundärstruktur wird die räumliche Ausrichtung einer Aminosäuresequenz bezeichnet, wobei es in Form einer Helix (schwarzer Pfeil) oder als Faltblattstruktur (weißer Pfeil) geschehen kann. Die Tertiärstruktur ist hier durch eine Abfolge von Helices und Faltblattstrukturen zum Beispiel zu einem globulären Protein definiert. **C)** Die nächsthöhere Ebene stellt die Quartärstruktur dar, welche ein Aggregat aus mehreren Proteinen repräsentiert.

gel ist nicht nur ein Protein für das Auftreten einer bestimmten Krankheit, sondern gleich mehrere Proteine dafür verantwortlich.

Die Analyse des Proteoms

Das Spektrum eines Proteoms innerhalb einer einzelnen Zelle ist einmalig und nur sehr schwer (wenn überhaupt) vollständig zu analysieren (Zhu 2003). Heutzutage wird die zweidimensionale Gelelektrophorese (2D-GE) sehr häufig zur Auftrennung eines Proteoms hinsichtlich der elektrischen Ladung und der Größe eines Proteins herangezogen (O'Farrell et al. 1977). Zuerst wird eine isoelektrische Fokussierung mit einer darauffolgenden orthogonalen Trennung der Proteine nach Molekulargewicht durchgeführt (Abb. 3-6). Dadurch erhält man ein zweidimensionales Bild, das eher an einen durch Hustenanfall verschmutzten Spiegel erinnert, als an die Auflösung eines spezifischen Proteingemisches. Mehrere Tausend visuell dargestellte Punkte repräsentieren vielleicht nur 70–80 % aller Proteine, die in der Ausgangszelle zum gegenwärtigen Zeitpunkt vorhanden waren. Die fehlenden 20–30 % liegen außerhalb des nachweisbaren Bereiches (z.B. sehr kleine oder überlagerte bzw. nicht solubilisierte Proteine etc.). 2D-Gele sind nicht einfach zu handhaben und

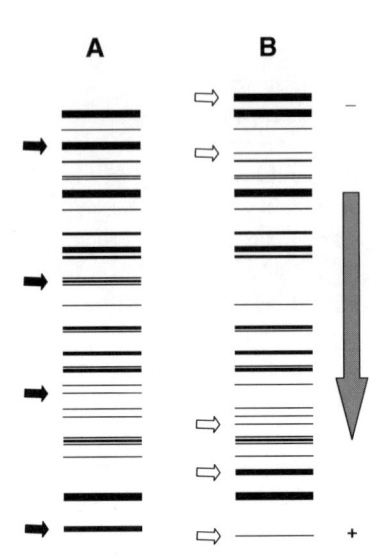

Abb. 3-5: Schematische Darstellung eines zellspezifischen Genoms. A) Dargestellt ist ein Fingerprint eines gesunden Gewebes. Durch Amplifikation mittels PCR wurden die erhalten Fragmente in einem Agarosegel der Größe nach separiert. **B)** Bei Verwendung der gleichen PCR-Primer könnte eine veränderte Zelle ein leicht differentes Genomabbild aufweisen, welches darauf hinweist, dass einzelne Gene in der mutierten Zelle an- bzw. abgeschaltet worden sind. Wildtyp-spezifische Gene sind durch einen schwarzen und zellveränderungsspezifische Gene durch einen weißen Pfeil markiert. Die Laufrichtung von der Kathode (–) zur Anode (+) des Agarosegels ist durch den grauen Pfeil verdeutlicht.

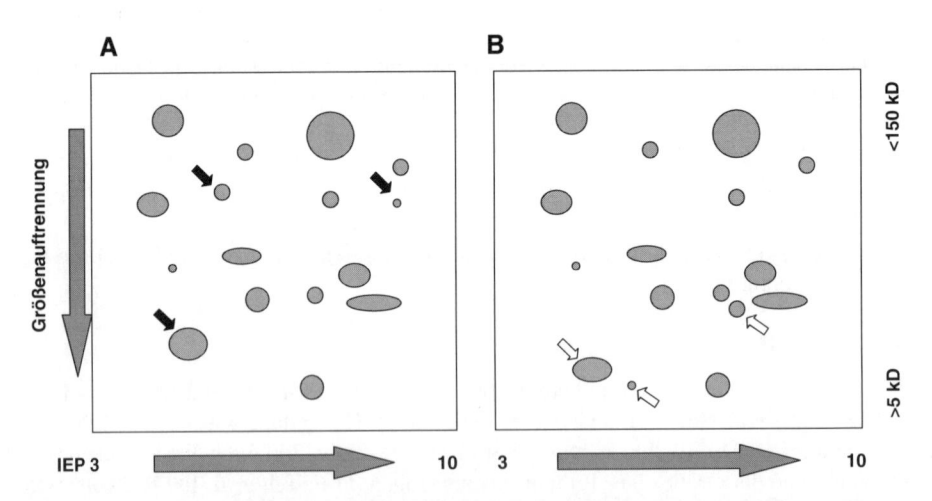

Abb. 3-6: Schematische Darstellung eines zellspezifischen Proteoms. A) Zur Veranschaulichung des Proteoms einer normalen Zelle ist eine zweidimensionale Gelelektrophorese (2D-GE) vorgestellt. Zuerst werden die Proteine in horizontaler Richtung bezüglich ihres isolektrischen Punktes (IEF) aufgetrennt. Anschließend werden diese durch eine SDS-Gelelektrophorese der Größe nach separiert. Generell muss erwähnt werden, dass durch die 2D-GE nur ein Ausschnitt aller vorhandenen Proteine detektiert werden kann. Sehr kleine (< 5 kD) und sehr große (> 150 kD) sowie außerhalb des IEF (< 3,0 und > 10) liegende Proteine sind nicht nachweisbar. **B)** In einer veränderten Zelle könnten im Gegensatz zu den Wildtyp-spezifischen Proteinen (schwarze Pfeile) zellveränderungsspezifische Proteine (weiße Pfeile) synthetisiert werden.

weisen eine geringe ‚Dynamic Range' auf, da nur ab einer Mindestquantität (ca. 1,0 ng/Spot) ein gering exprimiertes Protein nachgewiesen werden kann, und es bei ‚Überladung' eines ubiquitär auftretenden Proteins (z.B. Serumalbumin) zu einem dicken Spot kommt, der alle anderen überdeckt. Nichtsdestotrotz ist die 2D-GE eine gute Methode, Tausende Proteine zu separieren, um das erhaltene Proteommuster mit anderen Proteomen direkt zu vergleichen (Abb. 3-6). Allerdings sagt die 2D-GE nichts über die Identität bzw. Aminosäuresequenz eines Proteins aus, weshalb im zweiten Schritt eine weitere Analyse der aufgetrennten Proteine erforderlich ist. Diese werden aus dem Gel heraus eluiert, durch Ionisierung innerhalb eines Massenspektrometers zerlegt, und die Aminosäurenzusammensetzung dann anhand von Standards bestimmt.

Die herkömmlichen Methoden des Drug-Targetscreenings basieren auf den Vergleich unterschiedlicher Proteome genau definierter Zellzustände. Die nativen Proteine werden hierzu aus humanem Gewebe oder Zellkulturen isoliert und in 2D-Gelelektrophoresen hinsichtlich Größe und isoelektrischen Punkt aufgetrennt. Proteine, die nur unter bestimmten Bedingungen in einer Zelle exprimiert wurden, werden in nachfolgenden Vergleichen erkannt. Über Massenspektroskopie lassen sich dann die weiteren Daten ermitteln, die für die Proteinidentifikation notwendig sind. Mithilfe der Bioinformatik ist es möglich, die entdeckten Proteine anschließend näher zu charakterisieren. Die Funktionen dieser Proteine können aber durch statistische Informationen nicht völlig beschrieben werden. Die Analyse von Proteininteraktionen ist deshalb der nächste Schritt, wenn man die identifizierten Proteine näher untersuchen und ihre bislang unbekannten Funktionen aufklären möchte. Hierfür ist es erforderlich, dass ein funktionelles Proteom zur Verfügung steht.

Massenspektrometrie

Mithilfe der Massenspektrometrie ist es möglich geworden, sowohl einzelne Proteine als auch Proteinkomplexe zu identifizieren (Figeys et al. 2001). Die ‚Time of flight' (TOF), ‚Matrix assisted laser desorption ionization' (MALDI) und die ‚Electrospray ionization' (ESI) haben sich hierbei als schonende Ionisierungsmethoden ganzer Proteine und Proteinkomplexe erwiesen (Beavis & Chait 1996, Loo 1997). Die ESI lässt sich auch mit anderen Reinigungsmethoden wie z.B. der Flüssigchromatographie (LC) und der Hochdruck-Flüssigchromatographie (HPLC) und einem Tandemmassenspektrometer (MSMS) kombinieren, sodass eine effiziente ‚online'-Analyse von einzelnen Peptiden oder Proteingemischen ermöglicht wird (Ducret et al. 1998). Durch kombinierte LC-MS Analysen konnten z.B. bis zu 1.500 Hefeproteine in einem einzelnen Experiment identifiziert werden (Washburn et al. 2001).

Nachdem im letzten Vierteljahrhundert die Molekularbiologen die biochemische und biotechnologische Forschung dominiert haben, erfuhren nun die Proteinchemiker eine ungeahnte Renaissance. Proteomics ist der Begriff der 2000er Jahre. Es gibt kein Labor und keine Firma, die nicht explizit auf ihre Proteomics-Forschung oder Proteomic-Produktpalette hinweist. Damit die enorme Vielfalt der einzelnen Proteome identifiziert und charakterisiert werden konnte, boten sich die Microarray-Technologien an. Ab sofort wollte alle Welt mit den Proteinchips arbeiten, und für die jeweilige experimentelle Fragestellung einsetzen. Ja, an diesem Punkt waren wir vor ein paar Absätzen schon einmal, allerdings haben wir es mit der Komplexität eines Proteoms zutun, und um die letzte Hürde im Verständnis dieser Komplexität zu nehmen, muss nochmals ein kleiner Exkurs in die Proteinchemie durchgeführt werden.

3.1.2 Proteinallerlei: vom Molekül zum Biochip

Eine ‚etwas größere' und sehr umfassende Einführung in die Proteinchemie wurde von Hubert Rehm ebenfalls in der ‚Experimentator'-Reihe publiziert (Rehm 2002). Im vorliegenden Experimentator wird deshalb nur auf die für die Microarray-Technologie wesentliche Proteinchemie eingegangen. Dieses Kapitel widmet sich der Proteinreinigung, der Kopplung der Proteine auf eine bestimmte Matrix, der Ligandenbindung sowie Bindungsaffinität zwischen Proteinen und ihren Interaktionspartnern und abschließend der Proteinstabilität auf diesen Matrizes.

3.1.2.1 Proteinreinigung

Dieses Thema füllt Bibliotheken mit dicken Schmökern. Es gibt von diversen Herstellern sehr gute und hilfreiche ‚Arbeitsanleitungen', die kostenlos zu erhalten sind. Weiterhin kann man viele nützliche Tipps und Protokolle aus dem Internet herunterladen. Unter Verwendung einer Suchmaschine und dem Suchbegriff ‚Proteinreinigung' werden mehrere hundert WEB-Seiten teilweise mit Links auf PDF-Dateien angeboten.

Sehr bekannte Firmen wie z.B. Pharmacia verdanken der Proteinreinigung einen nicht unwesentlichen alljährlichen Umsatz. Wer von uns hat noch nicht sein Säulchen gepackt und Tausende von Fraktionen gesammelt, um am Ende herauszufinden, dass gerade die wichtige Fraktion unserem Fraktionssammler entkommen ist, und im Kühllabor auf dem Boden ‚dümpelt'. Genauso erbaulich ist es, wenn trotz Sicherheitsschleife die über Nacht beladene Säule unseres MonoQ-Großansatzes am Morgen aussieht wie eingetrockneter Gries. Heutzutage gibt es vielleicht seltener die Sicherheitsschleife, aber trotz Einsatz einer FPLC oder HPLC liegt nach Murphys Gesetz die wichtige Fraktion wieder auf dem Boden. Bevor wir nun unsere wichtige Proteinlösung auf den Laborboden verteilen, müssen wir zuallererst eine Strategie zur Proteinreinigung erstellen. Damit das Problem eines herzustellenden Proteinchips vereinfacht wird, sei die Annahme erlaubt, dass nur ein bestimmtes Protein aus einer spezifischen Zelle isoliert werden soll.

Als erstes muss das Ausgangsmaterial gewählt und gegebenenfalls vorab isoliert und gereinigt werden. Gehen wir nun von der Annahme aus, das eine 50 kD Proteinkinase aus T-Lymphozyten isoliert und zur Homogenität gereinigt werden soll. Dieses nicht-membranassoziierte Protein ist glykosyliert und phosphoryliert. Beginnend mit einer Blutentnahme und der Isolierung von T-Lymphozyten z.B. über einem Ficoll-Gradienten und der Passage durch Nylonwolle, liegen die gereinigten T-Lymphozyten vor. Diese müssen anschließend mit gängigen Methoden (Detergenzien, N_2-Kammer etc.) ‚aufgeschlossen' werden. Der Proteinüberstand wird durch Ultrazentrifugation von dem Zelldebris separiert und für die weiteren Reinigungsschritte vorbereitet. Üblicherweise werden diesem Proteinmix verschiedene Proteaseninhibitoren und Chelatoren beigemengt, damit der Abbau durch Proteasen minimiert wird. Das Prozedere der Proteinreinigungsschritte ist nun sehr stark von den biochemischen Eigenschaften des zu isolierenden Proteins abhängig. Optimal wäre es natürlich, wenn für das besagte Protein eine Affinitätschromatographie durchgeführt werden kann, was leider nur selten der Fall ist. Die Regel ist eher, dass das zu reinigende Protein über diverse Säulen gejagt werden muss, damit es annähernd als homogene Proteinfraktion vorliegt. Für unser glykosyliertes und phosphoryliertes Enzym könnte folgendes Schema als Reinigungsprozedur zur gewünschten homogenen Proteinfraktion führen (Abb. 3-7). Diese mutmaßliche Reinigungsprozedur muss auf jedes Protein abgestimmt werden. Bevor die eigentliche Isolierung des Proteins geschieht, müssen generelle Anforderungen erfüllt werden, damit das zu reinigende Protein auch nach all den Reinigungspassagen und Behandlungen seine biologische Aktivität behält. Äußerst kritisch ist die Reinigung von Enzymen. Nicht selten wurde zwar ein Protein bis zur äu-

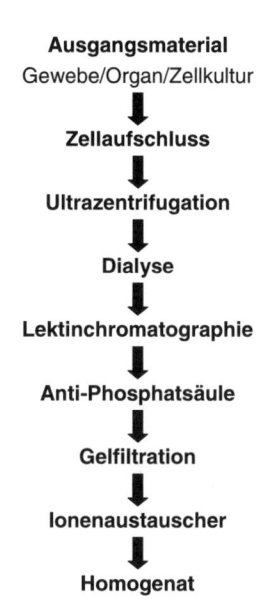

```
                    Ausgangsmaterial
                  Gewebe/Organ/Zellkultur
                            ↓
                      Zellaufschluss
                            ↓
                    Ultrazentrifugation
                            ↓
                          Dialyse
                            ↓
                    Lektinchromatographie
                            ↓
                     Anti-Phosphatsäule
                            ↓
                        Gelfiltration
                            ↓
                      Ionenaustauscher
                            ↓
                        Homogenat
```

Abb. 3-7: Schematische Darstellung einer Proteinreinigungsprozedur. Ausgehend von einem basischen, glykosylierten und phosphorylierten nicht-membranassoziierten 50 kD Protein könnten folgende Reinigungsschritte durchgeführt werden. Jeder säulenchromatographische Schritt kann eine Dialyse oder Konzentrierung nach sich ziehen. Dieses ist in der Regel mit einem Verlust des zu reinigenden Proteins versehen, sodass nach der gesamten Reinigungsprozedur teilweise nur noch 10 % des aktiven Ausgangsmaterials zur Verfügung stehen.

ßersten Homogenität gereinigt, aber leider ist die Enzymaktivität während des Isolierens auf der Strecke geblieben. Jedes Protein hat seine Eigenarten und somit kann die Purifikation von ‚sehr einfach' bis ‚unmöglich' variieren. Hohe Temperaturen während des Aufschlusses und die Solubilisierung von Membranproteinen sowie der Einsatz von Detergenzien, organischen Lösungsmitteln, sauren oder basischen Puffern oder häufiges Einfrieren-Auftauen können dazu führen, dass das gewünschte Protein seine native Konformation und somit biologische Aktivität verliert. Die native Konformation lässt sich leider nur selten durch Renaturierungsmaßnahmen wieder herstellen. Folgende Grundregeln bei der Proteinpurifikation sollten deshalb beherzigt werden:

- Immer so kühl und schnell wie möglich arbeiten. Was ist schöner, als bei 30 °C Außentemperatur mit einer Wolljacke unter dem Laborkittel bekleidet im Kühlraum zu arbeiten?
- Alle Lösungen sollten bei 4 °C gelagert und der benötigte pH-Wert eingestellt werden (natürlich nur, wenn der Puffer auch bei 4 °C verwendet wird). Die kühle Temperatur sowie eine zügige Durchführung der Reinigungsschritte minimieren den Abbau der Proteine durch Proteasen.
- Häufiges Einfrieren und Auftauen verhindern.
- Weiterhin sollten große Verdünnungen der Reinigungseluate (z.B. nach einer Gelfiltration) schnellstmöglich wieder konzentriert werden. Proteine brauchen einander!
- Proteaseinhibitoren (z.B. PMSF, Pepstatin etc.) einsetzen!

Reinigungsstrategie

Eine Enzymreinigung beinhaltet immer eine Abfolge mehrerer Reinigungsschritte, die sowohl Zeit als auch Geld kosten. Jeder Reinigungsschritt bedeutet einen geringen oder auch erheblichen Verlust an Gesamtaktivität. Es werden alle biochemischen Eigenschaften des Proteins genutzt, damit die Reinigung effektiv und schnell durchgeführt werden kann. Als proteinspezifische Eigenschaften sind die Löslichkeit, die Proteingröße, die Oberflächen-Hydrophobizität, die Proteinladung und/oder die spezifische Wechselwirkung mit anderen Molekülen zu nennen. Die Kombination der einzelnen Reinigungsschritte muss aufeinander abgestimmt werden, damit keine überflüssigen Dialyse- und Einengungs-Prozeduren anfallen, da auch diese einen Verlust der Enzymaktivität beinhalten. Inweweit das gereinigte Protein als homogene Lösung vorliegen muss, hängt im Wesentlichen von der experimentellen Fragestellung ab. Für manche Experimente reicht ein ‚Einbänder' im Commassie-gefärbten SDS-Polyacrylamidgel (SDS-PAGE) aus, wohingegen bei anderen Applikationen ein hochreines Protein eingesetzt werden muss. Hierbei darf weder im Silber-gefärbten SDS-PAGE noch in der HPLC eine zusätzliche Proteinbande erscheinen.

Ein Proteinrohextrakt, der z.B. aus einer Zellkultur hergestellt wurde, ist mit einer großen Anzahl unterschiedlicher Proteine ‚verunreinigt'. Das gewünschte Protein stellt in der Regel nur einen kleinen prozentualen Anteil des Proteingemisches dar. Als erster Reinigungsschritt könnte eine fraktionierte Proteinfällung dienen. Hierfür eignen sich verschiedene Fällungsmittel (z.B. Ammoniumsulfat, organische Lösungsmittel, Polyethylenglykol (PEG)), wobei meistens eine oder zwei Konzentrationsstufen hergestellt werden. Es ließe sich auch eine hydrophobe Ionenaustausch-Chromatographie als ersten Reinigungsschritt einsetzen. In Abhängigkeit des zu reinigenden Proteins werden anschließend verschiedene Reinigungssäulen verwendet, wobei die einschlägige Literatur bzw. die von den ‚Proteinreinigungs-Firmen' bereitgestellten Handbücher wertvolle Hinweise auf die für unser Protein geeigneten Reinigunsschritte geben. Optimalerweise wird die Abfolge der Reinigungssäulen (z.B. Hydroxyapatit-, Dye Ligand-, Affinitäts-Chromatographie) so gewählt, dass das Umsalzen, Pufferwechseln und Einengen weitestgehend minimiert wird. Es sollte aber auch darauf geachtet werden, dass die Elutionsvolumina nicht zu groß werden, da dieses sehr oft mit einem Verlust der enzymatischen Aktivität einhergeht.

Jeder Reinigungsschritt sollte mithilfe eines Nachweises der fortlaufenden Proteinanreicherung in der jeweiligen Fraktion untersucht werden. Hierbei könnte z.B. der Anstieg einer enzymatischen Reaktion bzw. die quantitative Steigerung einer erwarteten Proteinspezifität beobachtet werden. Relativ einfach wäre es, wenn ein spezifischer Bindungspartner (z.B. ein Antikörper) für eine Affinitätschromatographie und/oder zum Nachweis der Reinigungseffizienz herangezogen werden könnte. Sofern nun die Reinigungsprozedur erfolgreich war und Murphys Gesetz einmal nicht zur Anwendung kam, liegt nun das gewünschte native Protein in einer biologisch aktiven und homogenen Proteinsuspension vor. Sollte die Reinigung relativ schwierig gewesen sein, empfiehlt es sich bei ausreichend vorhandener Menge des isolierten Proteins ein Aliquot davon für die Herstellung von Antiserum bzw. Antikörpern zu verwenden. Beim nächsten Mal wäre es dann etwas einfacher.

Der Erfolg eines Arbeitsschrittes wird durch zwei Parameter ermittelt: Proteinausbeute und spezifische Aktivität

- Proteinausbeute (%) = $\dfrac{\text{Gesamtaktivität (U) nach Reinigungsschritt}}{\text{Gesamtaktivität (U) vor Reinigungsschritt}} \times 100$

- Spezifische Aktivität (U/mg) = $\dfrac{\text{Aktivität pro Volumen (U/ml)}}{\text{Proteinkonzentration (mg/ml)}} \times 100$

3.1.2.2 Rekombinante Proteinexpression

Neben der Reinigung von nativen Proteinen aus dem entsprechende Gewebe oder Zellen können auch viele Proteine rekombinant synthetisiert werden. Hierfür stehen diverse Expressionssysteme

Tabelle 3-3: Vor- und Nachteile der einzelnen In-vitro-Translationssysteme. Verschiedene kommerziell erhältliche In-vitro-Translationssysteme sind untereinander dargestellt. Generell sollte für prokaryotische mRNA das *E. coli*-S30-System und für eukaryotische mRNA die beiden anderen Systeme eingesetzt werden. Die gekoppelten Transkriptions/Translationssysteme (TNT-System von Promega) benötigen keine vorherige Herstellung der mRNA bzw. eine Linearisierung des cDNA-Plasmides. Das Retikulozytenlysat (Retilysat) sollte nur für Proteine > 20 kD eingesetzt werden, da das endogene Hämoglobin trotz Markierung des in vitro translatierten Proteins dieses nach dem SDS-PAGE verdecken könnte. Weiterhin wird das Retikulozytenlysat sehr stark durch folgende Faktoren gehemmt: Polysaccharide, dsRNA und oxidierte Thiole. Aus diesen Gründen empfiehlt sich der Einsatz des Weizenkeimlysates. cccDNA = supercoiled DNA; lin. DNA = lineariserte Plasmid-DNA; RBS = Ribosomen-Bindungsstelle (Shine-Dalgarno-Sequence); T7, T3, SP3 = Phagen-Promotoren.

System	Template cccDNA	Template Lin. DNA	RNA	Promotor abhängig	RBS	Glykosylierung	Proteinertrag in 50 µl
Retilysat	Nein	Nein	Ja	Nein	Nein	Ja	50–200 ng
Weizenkeim	Nein	Nein	Ja	Nein	Nein	Ja, mit Modifikation	30–150 ng
TNT-Retilysat	Ja	Ja/geringer	Nein	T7, T3, SP6	Nein	Ja	150–300 ng
TNT-Weizenkeim	Ja	Ja	Nein	T7, T3, SP6	Nein	Nein	100–250 ng
E. coli S30	Ja	Nein	Nein	*E. coli*	Ja	Nein	100–250 ng
E. coli S30, linear	Ja	ja	Nein	*E. coli*	Ja	Nein	100–250 ng

zur Verfügung. Die Frage, welches System sich am besten eignet, hängt im großen Maße davon ab, ob das Protein quantitativ und/oder qualitativ exprimiert werden soll. Qualitativ beinhaltet dabei nicht nur die Reinheit sondern auch die biologische Aktivität, ganz so, wie es das native Protein auch besitzt. Diese setzt gegebenenfalls eine posttranslationale Modifikation voraus, was möglicherweise die Auswahl des rekombinanten Expressionssystems stark einschränkt.

In-vitro-Translation

Zellfreie Proteinexpressionssysteme werden als ‚In-vitro-Translationssysteme' bezeichnet. Diese Systeme werden für die Charakterisierung von cDNA-Klonen, Plasmiden, mRNA-Populationen, Mutationsanalysen etc. eingesetzt. Der deutliche Vorteil der In-vitro-Translation gegenüber den zellabhängigen Systemen ist die leichte Anwendung und die sehr schnelle Durchführung. Innerhalb eines Arbeitstages erhält man die Ergebnisse, wofür in den anderen Systemen mehrere Tage bis Wochen benötigt werden. Generell muss bei der In-vitro-Translation zwischen einem von einer mRNA ausgehendem Translationssystem, oder dem von einer DNA-Quelle ausgehenden gekoppelten Transkriptions-Translationssystemen unterschieden werden (Renshaw-Gegg & Guiltinan 1996). Weiterhin gibt es eine grundsätzliche Unterscheidung verschiedener In-vitro-Translationssysteme hinsichtlich der Quelle, aus der die Translationskomponenten isoliert wurden. Da während der in-vitro-Translation auch endogene mRNA der Lysate translatiert werden kann, wird diese mRNA in der Regel durch Behandlung mit Micrococcus-Nuclease eliminiert. Mit den In-vitro-Translationssystemen können vereinzelte posttranslationale Modifikationen durchgeführt werden (Hancock 1995). Jedes System besitzt einzelne Vor- und Nachteile, weshalb der Einsatz des entsprechenden Systems von den Erfordernissen an das rekombinante Protein abhängt (siehe Tab. 3-3).

Zur Zeit gibt es drei kommerziell erhältliche Systeme, von denen zwei aus eukaryotischen und das andere aus prokaryotischen Zellen (*E.coli*-S30-System) isoliert wurden. Das bekanntere In-vitro-Translationssystem stellt das Retikulozytenlysat dar. Dieses Lysat wurde aus ‚New Zealand White Rabbits' isoliert. Ein anderes nennt sich ‚Weizenkeim' (Wheat germ) In-vitro-Translationssystem, da die erforderlichen Proteinbiosynthese-Komponenten aus diesen Keimen isoliert wurden. Die Detektion der translatierten Proteine geschieht normalerweise durch Einbau einer markierten Aminosäure und kann durch Autoradiographie oder Chemilumineszenz geschehen. Ebenso können die in vitro translatierten Proteine auch durch Western-Blot-Analysen, Dot-Blot-Analysen, Immunopräzipitation, biochemischen Tests oder Affinitätschromatographie detektiert und gereinigt werden.

Bakterielle Proteinexpression

Bakterielle Proteinexpressionssysteme werden sehr häufig eingesetzt und lassen sowohl eine quantitative als auch qualitative Proteinexpression zu. Bei der Auswahl der Expressionsplasmide müssen bestimmte Kriterien erfüllt werden. Erstens soll die Expression des Gens regulierbar sein, zweitens soll das Protein möglichst in seiner Wildtyp-Form, das heißt ohne zusätzliche Aminosäuren, exprimiert werden und drittens soll das System eine spezifische und effiziente Reinigung des exprimierten Proteins erlauben. Für eine hohe Expression des Proteins sollte die klonierte DNA quantitativ transkribiert und translatiert werden. Der Grad der Transkription hängt wesentlich von der Häufigkeit ab, mit der die RNA-Polymerase die Transkription initiiert. Da dies von der Promotorsequenz beeinflusst wird, besitzen die Expressionsplasmide starke Phagenpromotoren (z.B. T7-, T3- oder SP6-Promotoren), die die Überproduktion des rekombinanten Gens begünstigen. Die Translation wird durch die Präsenz einer ribosomalen Bindestelle (Shine-Dalgarno-Sequence) optimiert. Bestimmte Genprodukte, die in großen Mengen produziert werden, können toxisch auf die Wirtszellen wirken. Aus diesem Grund müssen die Expressionssysteme im nicht induzierten Zustand gut reprimierbar sein. Auch mit dem bakteriellen Expressionssystem sind verschiedene Phosphorylierungen möglich, wobei hiermit keine weiteren posttranslationalen Modifikationen generiert werden können.

Eukaryotische Proteinexpression

Auch hier gibt es eine Vielzahl unterschiedlicher eukaryotischer Expressionssysteme. Diese Systeme gewährleisten eine umfassende posttranslationale Modifikation. Es muss aber beachtet werden, dass es immer nur eine Annäherung an die native posttranslationale Modifikation sein kann, solange der zu untersuchende Zelltyp nicht als Basis des zellulären Expressionssystems herangezogen werden kann.

Generell muss zwischen konstitutiven (andauernden) und transienten (kurzfristigen) Systemen unterschieden werden. Als in der Regel konstitutive Systeme seien hier die COS (Affennebennierenzellen), CHO (Chinese Hamster Cells) und andere Zellsysteme genannt, bei denen durch Plasmid-Transfektion eine z.B. SV40 (Simian Virus)- oder hCMV (humanes Cyto Megalo Virus)-Promotor vermittelte Proteinexpression stattfindet. Kennzeichnend für transiente Systeme ist eine kurzfristige Proteinexpression, bei den die Wirtszellen mit Plasmiden transfiziert (geringe Quantität) oder durch Viren infiziert werden (hohe Ausbeute). Ein Beispiel für das zuletzt genannte Verfahren ist das Baculovirus-Expressionsystem (Ikonomou et al. 2003).

Reinigung rekombinanter Proteine

Auch für die Art der Proteinreinigung gibt es mehrere Möglichkeiten. Eine effiziente und schnelle Reinigung lässt sich durch Vektoren erreichen, die an das rekombinante Protein N- oder C-terminal einen ‚Fusionsschwanz' (Tag) anhängen. Möglich ist z.B. ein ‚Tag' aus sechs Histidin-Resten, der eine effiziente Reinigung mittels Nickel-Chelat-Affinitätschromatographie erlaubt. Die meisten Tags können nach Reinigung des Proteins mit spezifischen Proteasen abgespalten werden, wodurch ein annähernd natives Genprodukt entsteht.

Nachdem wir nun entweder ein natives Protein gereinigt oder ein rekombinantes Protein exprimiert und isoliert haben, stellt sich nun eine weitere Frage: Was geschieht jetzt mit dem Protein? Es soll ja an einen Biochip gekoppelt und anschließend mit diversen Liganden inkubiert werden, wofür es einige Kopplungsverfahren gibt, die sowohl ihre Vor- als auch Nachteile besitzen.

3.1.2.3 Proteinkopplung an Biochips

In der Regel ist die Kopplung eines Proteins auf eine bestimmte Matrix mit Kompromissen verbunden. Das Ziel der Kopplung ist es, ein natives und biologisch aktives Protein in der richtigen Orientierung an eine Matrix zu binden, ohne dass es durch die weiterführenden Behandlungen wieder abgelöst wird. Obwohl es diverse Methoden (z.B. CNBr-Kopplung) zur Kopplung von Proteinen an unterschiedliche Matrizes gibt, wird im Folgenden zunächst auf die gängigen Kopplungsverfahren der Proteinchips eingegangen.

Zum Verständnis: Der Terminus ‚Protein-Biochip' wird in diesem Buch auch für Peptide eingesetzt, wohingegen ‚ProteinChip®' eine eingetragene Wortmarke der Fa. Ciphergen ist. Ein Protein-Biochip oder einfacher Proteinchip ist etwas Kleines, an dessen Oberfläche nativ isolierte, rekombinant exprimierte Proteine oder synthetisch hergestellte Peptide gekoppelt worden sind. Auch wenn diese Proteinchips als Microarray-Biochips bezeichnet werden, handelt es sich nicht immer um hochbeladene Microarrays (bis zu 200.000 Spots/cm^2), wie sie zum Beispiel bei den DNA-Microarrays zu finden sind, da die Proteinchips in der Regel von wenigen (z.B. acht) bis zu ca. 10.000 Spots aufweisen. Auf welche Art und Weise die Proteine bzw. Peptide an ein Biochip-Substrat (aktivierte Glasoberfläche, Metalle oder Kunststoffe) gebunden werden, hängt im Wesentlichen von der Vorbehandlung der Biochips sowie von den Eigenschaften des Proteinmoleküls ab. Der Aufbau einer Biochip-Oberfläche wird in planare, zweidimensionale und räumliche, dreidimensionale Oberflächen unterteilt.

Zu den planaren Biochips gehören unter anderem die so genannten Aminosilan-Biochips. Sie sind sowohl für Nucleinsäuren als auch für Proteine geeignet und werden durch kovalentes Anfügen von z.B. 3-Aminopropyltrimethoxysilan ‚aktiviert' (Abb. 3-8). Zur Aktivierung positivgeladener Aminosilan-Oberflächen lassen sich verschiedene Organosilan-Linker einsetzen (Tab. 3-4). Durch das elektrophile Silikonatom kann eine nucleophile Addition zwischen den Hydroxyl-Gruppen einer Glasoberfläche und 3-Aminopropyltrimethoxysilan erfolgen, sodass organische Gruppen eines Makromoleküls eine elektrostatische Wechselwirkung mit der Amino-Gruppe ($^+$NH$_3$-R) des 3-Aminopropyltrimethoxysilans eingehen können. Dadurch erhält die Aminosilan-Biochip-Oberfläche eine positive Ladung. Somit besteht die Möglichkeit der unspezifischen aber nicht-kovalenten Kopplung einer Peptidkette oder eines Proteins, unter Ausnutzung negativ-geladener Aminosäuren (z.B. Aspartat oder Glutamin). Durch elektrostatische Wechselwirkung mit den Aminosilan-Gruppen der Aminosilan-Biochips, entsteht eine relativ feste elektrostatische Bindung (Abb. 3-9). Die Bindung der negativ-geladenen Makromoleküle (gilt selbstverständlich auch für DNA) wird als unspezifische Adsorption bezeichnet, weshalb eine räumliche Ausrichtung der gebundenen Makromoleküle nicht vorhersehbar ist (Abb. 3-10).

Eine kovalente Alternative der Bindung von Makromolekülen an z.B. ‚aktivierte' Glasobjektträger besteht durch die Verwendung von planaren Aldehyd-Oberflächen. Die Herstellung von Aldehyd-Oberflächen ist ähnlich der der Aminosilan-Biochips, wobei dies ebenfalls eine kovalente Bindung zwischen den Organosilan-Linkern und den Hydroxyl-Gruppen der Glasobjektträger bedingt. In der Regel wir die reaktive Aldehyd-Gruppe (R-CH=O) durch eine aliphatische Gruppe (Kohlenstoffverbindung mit ‚offenen' Seitenketten (z.B. Fettsäuren)) oder einen acht bis 12 Kohlenstoff-Atome langen ‚Spacerarm' mit der Biochip-Oberfläche verknüpft. Durch

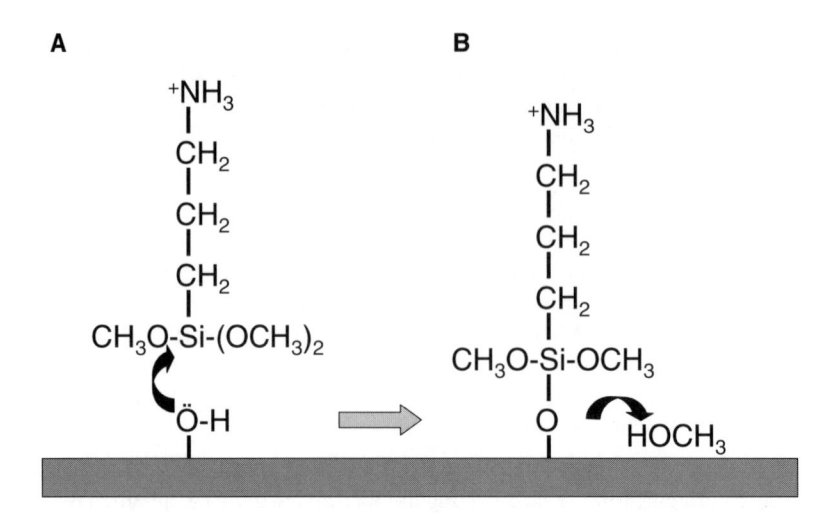

```
        A                               B
       ⁺NH₃                            ⁺NH₃
        |                               |
       CH₂                             CH₂
        |                               |
       CH₂                             CH₂
        |                               |
       CH₂                             CH₂
        |                               |
   CH₃O-Si-(OCH₃)₂               CH₃O-Si-OCH₃
        ↶                               |
       Ö-H          ⟹                  O    ↶ HOCH₃
```

Abb. 3-8: Bindung von 3-Aminopropyltrimethoxysilan an Glasobjektträger. Durch einen nucleophilen Angriff freier Elektronenpaare (Ö) der Hydroxyl-Gruppen einer Glasoberfläche (grauer Block) auf das elektropositive Silikonatom (Si) des 3-Aminopropyltrimethoxysilan-Linkers wird unter Abspaltung eines Methanol-Moleküls ($HOCH_3$) eine kovalente Bindung des 3-Aminopropyltrimethoxysilan-Linkers hergestellt. Auf diese Weise erhält die Glasoberfläche reaktive primäre Amine ($^+NH_3$).

Tabelle 3-4: Auswahl verschiedener Organosilan-Linker mit Amino-Gruppen.

Bezeichnung
Aminomethyltrimethylsilan
Aminoethylaminomethylphenethyltrimethylsilan
3-Aminopropylmethyldiethoxysilan
3-Aminopropyltrimethoxysilan
3-(m-Aminophenoxy)propyltrimethoxysilan
4-Aminobutyltriethoxysilan
n-(6-Aminohexyl)aminopropyltrimethoxysilan

nucleophile Addition primärer Amine ($R-NH_2$) werden unter Abspaltung von H_2O (Dehydration) kovalente C=N Doppelbindungen ausgebildet, die als ‚Schiff'sche Basen' bezeichnet werden (Abb. 3-11). Diese Dehydration findet ohne zusätzliche Energie oder Katalysatoren als natürliches Ereignis nach der Zugabe von Makromolekülen auf eine Aldehyd-Oberfläche statt. Gerade bei den Microarray-Plattformen beträgt die Luftfeuchtigkeit $< 45\%$, sodass die Dehydration sehr effizient eingeleitet wird. Allerdings kann auch durch die Aldehyd-Oberfläche keine zielgerichtete Anordnung der Proteine stattfinden, sondern die räumliche Ausrichtung ist wie bei den Aminosilan-Oberflächen zufallsbedingt. Ein deutlicher Vorteil gegenüber den Aminosilan-Oberflächen besteht neben der kovalenten Bindung darin, dass die Aldehyd-Oberfläche hydrophob ist, und somit die gespotteten Proteinlösungen nicht so sehr zerlaufen, weshalb kleinere Spots möglich sind. Da die Ausbildung von Schiff'sche Basen spontan geschieht, muss nach Bindung der Proteine die Aldehyd-Oberfläche deaktiviert werden, da sonst wohlmöglich eine kovalente Bindung der eigentlichen Proteininteraktionspartner (Liganden, Antikörper, weitere Proteine etc.) an noch vorhande-

3.1 Protein-Microarrays · 31

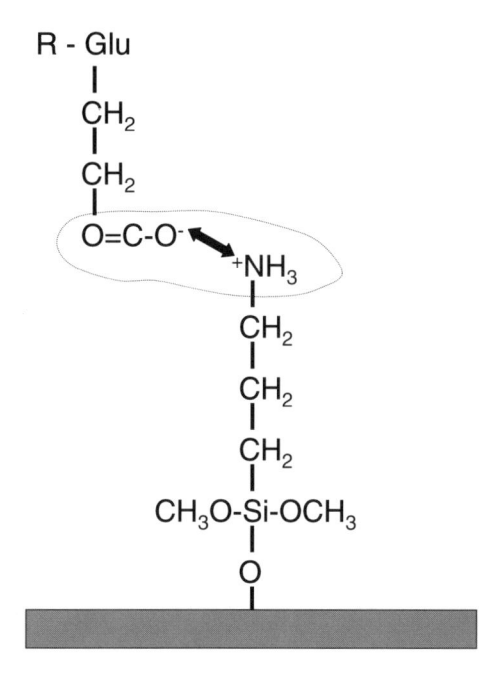

Abb. 3-9: Elektrostatische Bindung einer Peptidkette an Aminosilan-Seitenketten. Negativ-geladene Aminosäureseitenketten (COO⁻) eines Peptides (R -) oder eines Proteins (R-) können mit den positiv-geladenen primären Aminen (⁺NH₃) eine unspezifische elektrostatische Ionenbindung (Doppelpfeil) eingehen. Als Beispiel einer negativ-geladenen Aminosäure wurde Glutamat (Glu) gewählt. Der Bereich der elektrostatischen Bindung ist gestrichelt dargestellt.

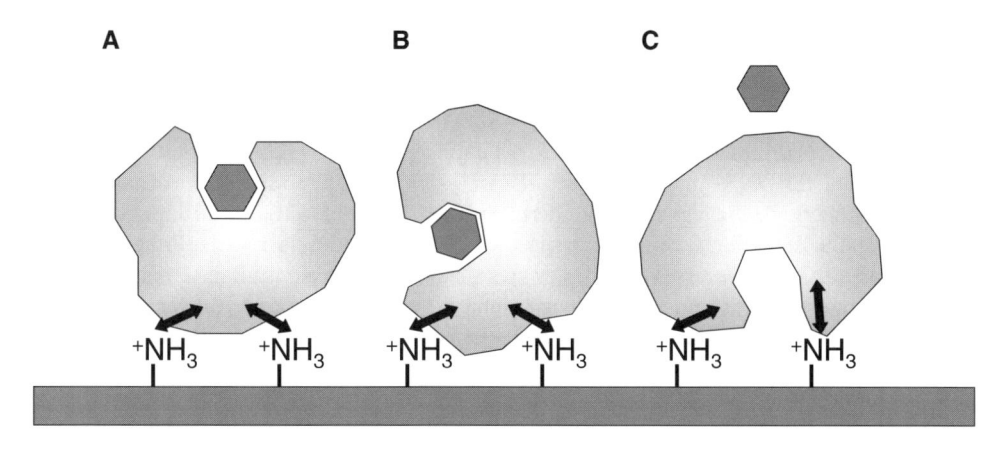

Abb. 3-10: Räumliche Ausrichtung der Makromoleküle nach Bindung an Aminosilan-Biochips. Durch die unspezifische elektrostatische Ionenbindung (Doppelpfeil) zwischen den negativ-geladenen Aminosäureseitenketten (COO⁻) eines Peptides (R -) oder eines Proteins (R -), ist die räumliche Ausrichtung des Moleküls nicht vorhersehbar. Im Falle des Bindungsproteins eines spezifischen Liganden (Sechseck) kann die Bindungsstelle (Sechsecktasche) in jeder Ausrichtung auf der Aminosilan-Oberfläche vorhanden sein. Das Proteinmolekül A weist eine optimale Ausrichtung zum umgebenen Inkubationsmedium aus, und bindet den Liganden mit hoher Effizienz. Das Molekül B ist etwas geneigt, aber die Bindung des Liganden findet auch bei geringerer Effizienz statt. Bei dem Proteinmolekül C kann aufgrund der dem umgebenen Inkubationsmedium abgewandten Ligandenbindungsstelle keine Interaktion zwischen Protein und Liganden ausgebildet werden, sodass die quantitative Messung der Bindungsaktivität verfälscht wird.

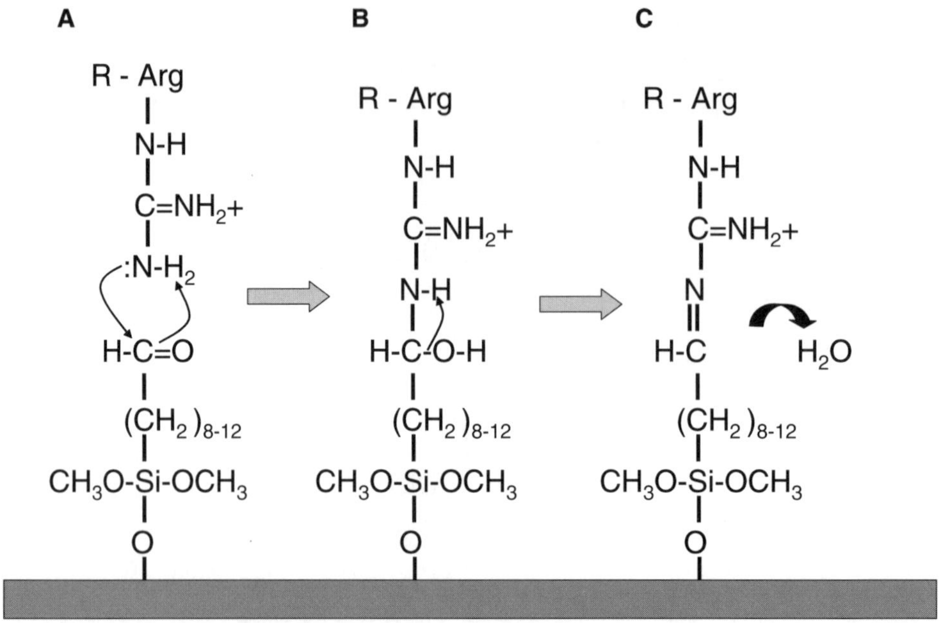

Abb. 3-11: Bildung der ‚Schiff'sche Basen' durch Dehydration zwischen Proteinen und Aldehyd-Oberflächen. A) Reaktive Aldehyde werden vorab, wie unter Abb. 3-8 beschrieben, an die Biochip-Glasoberfläche gekoppelt. Anschließend lassen sich Peptide und Proteine kovalent an die Aldehyd-Gruppen binden. **B)** Zwischen dem primären Amin (-NH_2) einer Arginin-Seitenkette (Arg) und der Aldehyd-Gruppe (R-HC=O), kommt es zu einer nucleophilen Addition unter Abspaltung von H_2O. **C)** Dadurch entsteht eine kovalente Verbindung (Schiff'sche Base).

ne freie Aldehyd-Gruppen stattfinden kann. Das Microarray-Experiment wäre somit sehr, sehr positiv verlaufen, und nach hyperaktiver Euphorie bekäme der versierte Microarray-Experimentator die verbale Doppelklatsche vom Vorgesetzten. Also, erst die freien und übrig gebliebenen Aldehyd-Gruppen mit z.B. Natriumborohydrid ($NaBH_4$) inaktivieren (Abb. 3-12). Weiterhin sollten Blocklösungen sowohl für DNA- als auch Protein-Biochips eingesetzt werden (siehe Kapitel 5). Ein wichtiges Argument für die Verwendung oberflächenbehandelter Microarrays ist, dass diese Biochips eine geringe Eigenfluoreszenz aufweisen, eine gleichmäßige Beladung der Proteine erlauben und keine unspezifische Interaktion mit den zu spottenden Proteinen sowie ihren Bindungspartnern eingehen. In Tabelle 3-5 ist eine Gegenüberstellung der Aminosilan- und Aldehyd-Oberflächen, und in Tabelle 3-6 ist eine Übersicht verschiedener Anbieter für ‚aktivierte' Proteinchips aufgeführt.

Neben den oben beschriebenen planaren Aminosilan- und Aldehyd-beschichteten Biochips gibt es eine Vielzahl weiterer zweidimensionaler Alternativen (z.B. Epoxy- und Poly-L-Lysin-beschichtete Glasobjektträger) (siehe auch Abschnitt 5.1.10) zur indirekten Bindung eines gereinigten oder rekombinant exprimierten Proteins. Epoxy-Ringstrukturen sind sehr reaktive elektrophile Gruppen, die mit nucleophilen primären Aminen ($^+NH_3$) von Proteinen und Nucleinsäuren ebenfalls eine kovalente Bindung ausbilden (Abb. 3-13).

Bei der dreidimensionalen Gruppe von Biochips werden dünne Filme aus einer polymeren Membranstruktur (z.B. Nitrozellulose, Agarose oder Polyacrylamid) meistens auf Glasobjektträger auf-

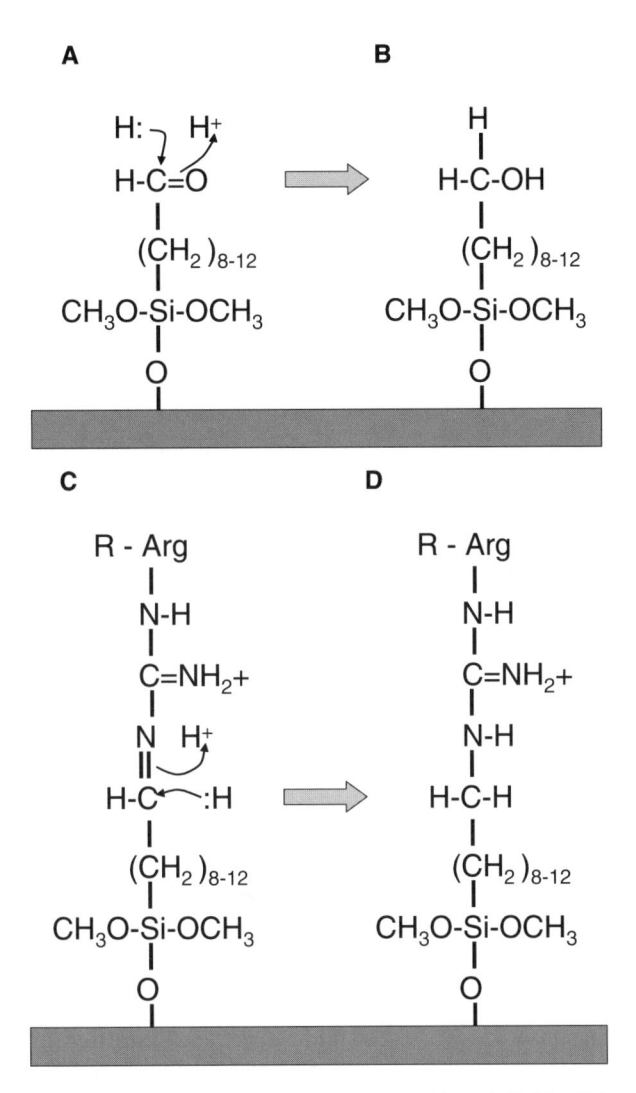

Abb. 3-12: Blocken freier Aldehyd-Gruppen mittels NaBH$_4$. A) und C) Die Behandlung der Aldehyd-Oberflächen mit dem Reduktionsmittel NaBH$_4$ reduziert deren Aldehyd-Gruppen in nichtreaktive Alkohol-Gruppen. **B)** Eine weitere Ausbildung der Schiff'sche Basen ist somit nicht mehr möglich. **D)** NaBH$_4$ reduziert auch die Doppelbindung der Schiff'sche Basen in stabile sekundäre Aminoverbindungen.

geschichtet und hydrophobe Wechselwirkungen sorgen für eine sehr hohe Bindungskapazität. Der Vorteil dieser 3D-Biochips ist, dass die gespotteten Proteine keine Wechselwirkungen mit reaktiven Oberflächengruppen der Biochipmatrix eingehen, und somit keiner Konformationsänderung aufgrund der Oberflächenladungen unterliegen. Die Proteine werden nach dem Spotten in der Matrix fixiert, und vermögen ihre native sterische Ausrichtung zu behalten. Ein zusätzlicher Vorteil ist auch in der besseren Zugänglichkeit eines potenziellen Interaktionspartners zu finden (Abb. 3-14). Ein weiteres Prinzip zur Verhinderung der Proteindenaturierung aufgrund reaktivierter Oberflächen ist die Verwendung von ‚Self-assembled monolayers' (SAM) (Ulman 1991). Hierbei werden

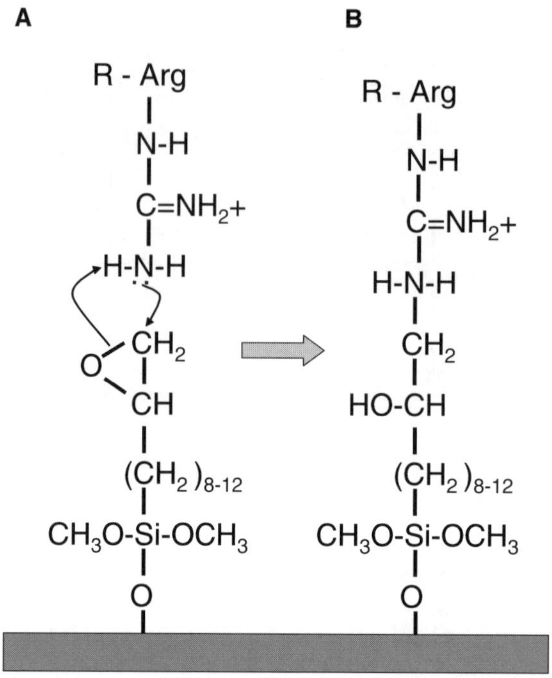

A

R - Arg
|
N-H
|
C=NH$_2$+
|
H-N-H
|
O—CH$_2$
  \|
   CH
|
(CH$_2$)$_{8-12}$
|
CH$_3$O-Si-OCH$_3$
|
O

B

R - Arg
|
N-H
|
C=NH$_2$+
|
H-N-H
|
CH$_2$
|
HO-CH
|
(CH$_2$)$_{8-12}$
|
CH$_3$O-Si-OCH$_3$
|
O

Abb. 3-13: Bindung von Peptiden und Proteinen an reaktiven Expoxy-Biochips. Das positiv-geladene primäre Amin ($^+$NH$_3$) einer Aminosäure (Arg) ‚attackiert' mit einer nucleophilen Addition das CH$_2$ der Expoxy-Ringstruktur. Die kovalente Bindung zwischen dem Sauerstoffatom und dem CH$_2$ innerhalb der Epoxy-Ringstruktur wird aufgelöst und es entsteht eine kovalente Bindung zwischen dem Protein und der Biochip-Oberfläche.

Tabelle 3-5: Vergleich der Aminosilan- und Aldehyd-Substratoberflächen. Die Eigenschaften der gebräuchlichsten Biochip-Substratoberflächen sind gegeneinander aufgeführt.

Eigenschaft	Aminosilan-Oberfläche	Aldehyd-Oberfläche
Oberflächenladung	Positiv	Neutral
Oberflächencharakter	Hydrophil	Hydrophob
Bindungsart	Unspezifisch	Kovalent
Bindungsprozedere	Backofen, UV-Kopplung, Cross-Linking	Dehydratation
Bindungschemie	Elektrostatisch	Schiffsche Base
Erforderlicher Linker	Keiner	Primäres Amin
Eignung für DNA und Oligos	Sehr gut	Sehr gut
Eignung für Peptide und Proteine	Gut	Sehr gut

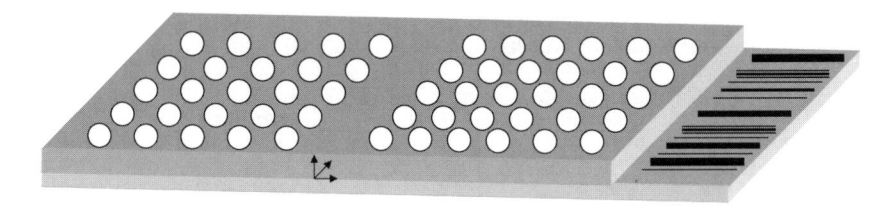

Abb. 3-14: Dreidimensionaler Protein-Biochip. Eine dreidimensionale Matrix (z.B. Agarose) wurde auf einem Proteinchip geschichtet und die Proteine (weiß) durch hydrophile Wechselwirkungen innerhalb dieser Matrix fixiert, ohne dass sich deren Konformation verändert. Die Pfeile weisen auf die Koordinaten X, Y und Z innerhalb der hydrophilen Matrix hin. Im rechten nichtbeladbaren Bereich des Biochips lässt sich z.B. ein Barcode darstellen.

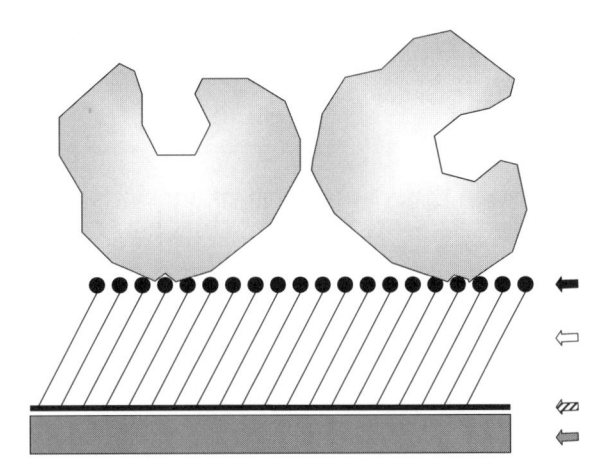

Abb. 3-15: ‚Self-Assembled-Monolayers' (SAM). Glasobjektträger (grauer Pfeil) wurden mit Gold (schraffierter Pfeil) überschichtet und anschließend mit langen Alkyl-Ketten (weißer Pfeil) beladen, auf welchen reaktive Gruppen (z.B. Aldehyde) kovalent gebunden sind. Durch diese reaktiven Gruppen lassen sich Proteine (weiß) mit hoher Affinität immobilisieren, wobei eine gerichtete Bindung nur teilweise ermöglicht wird. Allerdings verhindern die Gold- und Alkyl-Schichten, dass andere reaktive Gruppen auf der Glasoberfläche eine Interaktion mit den zu spottenden Proteinen eingehen, sodass es zu keiner Konformationsänderung der Proteine führt.

lange Alkyl-Ketten über eine aktivierte Oberflächengruppe eines Metalls (Gold, Silber) oder eines aktivierten Glasobjektträgers kovalent gekoppelt. Die Alkyl-Ketten können mit diversen reaktiven Gruppen (-OH, -COOH, -COOR, -NH$_2$) an ihrem nichtgebundenen Ende modifiziert werden, sodass eine Ausbildung der SAMs auf diversen Matrizes ermöglicht wird (Abb. 3-15). Vorteilhaft bei den SAMs ist, dass die funktionelle Gruppe, welche mit den Proteinen interagieren soll, entsprechend einer bestimmten Aminosäure oder Proteindomäne adaptiert werden kann. Zum Beispiel lassen sich Cysteine aufgrund ihrer SH-Seitenketten direkt adressieren (Schaeferling et al. 2002). Des weiteren können Biotin- oder Nickelchelat-Gruppen zur Bindung von Streptavidin sowie zur darauffolgenden Bindung von biotinylierten Liganden oder der Reinigung von rekombinanten Proteinen mit inserierten Histidin-Tags eingesetzt werden.

Tabelle 3-6: Auflistung verschiedener Anbieter von vorgefertigten Protein-Biochips.

Firma	ATTO-TEC GmbH	BD Biosciences Clontech	BD Biosciences Clontech	Biacore International SA	Biomol GmbH
Produktname	Immun-o-mat	BD Clontech – Ab Microarray 500	BD TransFactor Glass Array	Biacore Sensor Chips	Tissue-Arrays
Gebundene Moleküle	Proteine	Antikörper	Proteine	Nucleinsäuren, Proteine, Peptide, SMDs	Gewebeschnitte
Anwendungsgebiet	Immunoassays	Grundlagenforschung, Drug Discovery, Protein-Expression-Profiling	Grundlagenforschung, Drug Discovery, Signaltransduktion, Target-Validierung	Bindungsspezifität-, Affinität-, Kinetik- und Konzentrations-Screening,	Immunhistochemie, in-situ-Hybridisierung
Funktionsweise	Vollautomatisierte ELISAs	Antikörper-Bindung	Transkriptionsfaktoren-DNA Interaktion	Sensor-Chip	Glas-Objektträger mit 60 Gewebeproben.
Auswertungsmethode	Immunologisch/ ELISA	Cy3/Cy5-Fluoreszenznachweis	Cy5-Fluoreszenznachweis	Surface Plasmon Resonance	Optische Auswertung mit dem Mikroskop.
Probendurchsatz	max. 1600 Spots pro Chip	Glasobjektträger > 500 Antikörper	2 × 24 Wells	Bis 200 Proben pro Tag	Probendurchsatz: 1 Antikörper bzw. Sonde pro Durchgang.

Firma	BioCat GmbH	BioCat GmbH	BioCat GmbH	BioCat GmbH	Ciphergen Biosystems GmbH
Produktname	Staining AntibodyArrays und AntibodyArrays von Hypromatrix	Multiple Tissue Protein Arrays	TranSignal Protein/DNA Arrays von Panomics	Ab NeuArrays von Neupro	ProteinCip® Biology System, PCI Tandem MS Interface
Gebundene Moleküle	Proteine	Proteine	Proteine	Proteine	Proteine, Peptide
Anwendungsgebiet	Protein-Protein-Interaktions-Screening	Protein-Protein-Interaktions-Screening	Protein-Protein-Interaktions-Screening	Krebsmarker-, Cytokin- bzw. Apoptose-Expressions-Profiling	Interaktionsstudien
Funktionsweise	Antikörper auf Nitrocellulose wandern von der Membran in die Zellen	Proteinextrakte auf PVDF	Proteinextrakte auf Nitrocellulose	Antikörper auf Glas	SELDI (Surface Enhanced Desorption and Ionization)
Auswertungsmethode	Immunologisch/ ELISA	Immunologisch/ ELISA	Immunologisch/ ELISA	Immunologisch/ ELISA	Time Of Flight (TOF) MS
Probendurchsatz	92 bzw. 400 Antikörper	64–192 gewebespezifische Proteinextrakte	12 bis 97 Proteine	10 Antikörper pro Chip	Automatisiert bis 400 Proben/Tag

Die Gruppe um Brown hat bei Verwendung von Poly-L-Lysin-Biochips 115 Antikörper gespottet und mit diversen Proteinmischungen inkubiert. Bei diesem Experiment ließen sich nur 20–50 % Bindungseffektivität beobachten, da eine hohe unspezifische Bindung stattfand (Haab et al. 2001). Im Falle von Aldehyd-Biochips wurden deutlich spezifischere Interaktionen gemessen. Die verbliebenen Aldehyd- als auch andere Glas-spezifischen reaktiven Gruppen, wurden durch Zugabe von BSA geblockt (MacBeath & Schreiber 2000).

Der optimale Protein-Biochip bindet die gewünschten Peptide oder Proteine in der notwendigen sterischen Ausrichtung und minimiert bzw. verhindert eine Denaturierung des Proteins, sodass die native Konformation erhalten bleibt. Die einfachste Lösung wäre eine kovalente Bindung Epitop-spezifischer Antikörper auf einem Proteinchip, die wiederum eine hochaffine, spezifische und zielgerichtete Bindung der gewünschten Proteine erlaubt. Das Epitop der Antikörper sollte so gewählt werden, dass das zu bindende Protein in der richtigen Orientierung zur Biochip-Matrix aus-

Tabelle 3-6: (Fortsetzung)

Firma	CLONDIAG Chip Technologies GmbH	Infineon Technologie AG	Jerini AG	Jerini AG	Jerini Peptide Technologies
Produktname	ArrayTube System	MGX 4D Arrays	PepSTAR Micro-Array	PhosphoSite Profiler	pepStar Micro-Arrays
Gebundene Moleküle	Nucleinsäuren, Proteine, Peptide	Nucleinsäuren, Proteine, Peptide	Peptide	Peptide	Peptide
Anwendungs-gebiet	Genotypisierungen, Mutationsanalyse, Serologische Assays	Expressionsprofil, Genotypisierung, sekundäres Screening	Charakterisierung von enzymatischen und Antikörper-Spezifitäten	Identifizierung von Phosphorylierungs-stellen	Enzym-Substrat-Identifizierung, Protein-Peptid Interaktionen
Funktions-weise	Standard-Labortube mit fest integriertem Biochip.	Siliziumsubstrate und Flow-Thru Technik von Metrigenix.	Glasobjektträger mit bis zu 15.000 kovalent immobilisierten Peptiden	Glasobjektträger mit bis zu 3 mal 384 kovalent immobilisierten Peptiden	Glas und Polymermembranen
Auswertungs-methode	CCD-basierte, Trans-missionsmessungen	Chemolumineszenz	Radioaktiv- oder fluoreszenz-markierte Peptide	Radioaktiv- oder fluoreszenz-markierte Antikörper	Radioaktiv und Fluoreszenz
Proben-durchsatz	Nicht automatisiert	Nicht automatisiert	Bis zu 30.000 Peptide pro Experiment	Bis zu 3 mal 768 Peptide pro Experiment	Beliebig solange Standardformat von Glasobjektträgern nicht überschritten wird.

Firma	PerkinElmer Life and Analytical Sciences	PicoRapid Technologie GmbH	Schleicher & Schuell BioScience GmbH	Schleicher & Schuell BioScience GmbH	Zeptosens AG (Vertrieb durch Qiagen)
Produktname	HydroGel coated slides	PicoArrays – Custom	FAST Slides	ProVision HCA Human Cytokine Array	ZeptoMark Protein Microarray
Gebundene Moleküle	Pproteine	Oligonucleotide, cDNAs oder Proteine	Proteine	Proteine	Proteine
Anwendungs-gebiet	Proteinarrays	DNA-, mRNA- und Proteinanalytik, Expressions-, Polymorphismen- oder Organismen-Nachweis	Antikörper-Screening, Protein-Protein Wechselwirkungen, Protein-DNA Wechselwirkungen	Multiplex-Detektion von 16 Human-Cytokinen	Capture Arrays: Erkennungselemente z.B. Antikörper, Peptide etc.
Funktions-weise	Herstellung von eigenen Protein Microarrays	Kundenspezifisches kontaktfreies Spotting-Verfahren	3-D Oberfläche, spezielle Nitrocellu-lose-Rezeptur	ELISA im Protein-Microarray-Format	Verschiedene proprietäre Oberflächenchemie-Systeme für kovalente und nicht-kovalente Immobilisierung von Biomolekülen (z.B. DDP, PLL-PEG)
Auswertungs-methode	Fluoreszenzdetektion	Standard-Microarray-Scanner	Fluoreszenz, Kolorimetrie, Chemolumineszenz, Radioaktivität	Fluoreszenz Microarray-Scanner	ZeptoReader und ZeptoView Software
Proben-durchsatz	Hohe Beladungskapazität	beliebig nach Kundenwunsch	256 bis zu 10.000 Spots/Pad	16 verschiedenen monoklonalen Antikörper	Biochip-Größe: 14 × 57; mit 6 integrierten Flusszellen für 6 Protein-Arrays

gerichtet wird, damit eine optimale Bindung mit einem weiteren Liganden forciert werden kann (Abb. 3-16: A). Werden z.B. rekombinante Proteine zur Herstellung von Proteinchips eingesetzt, so ist es empfehlenswert, den rekombinanten Proteinen einen Affinitätstag anzufügen. Hierfür eignen sich verschiedene kurze Peptidsequenzen (Strep-Tag, His-Tag, GST-Tag etc.), die mit gän-

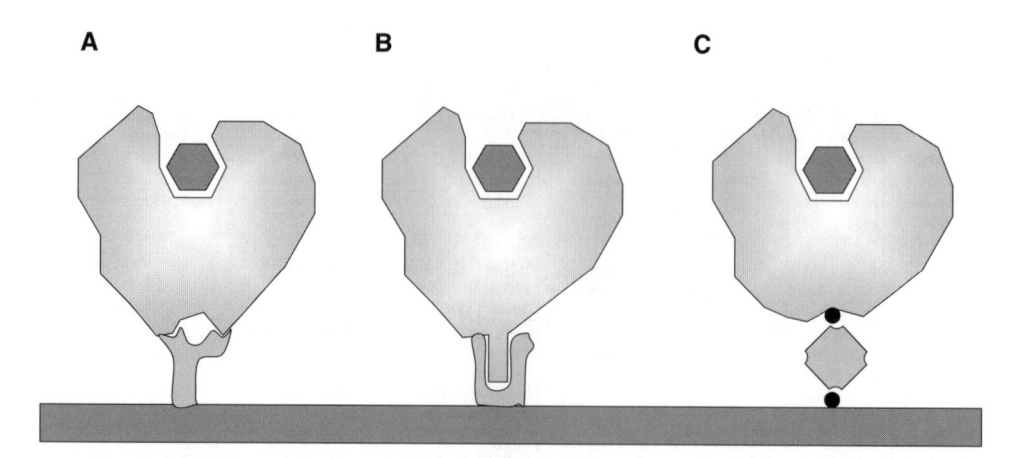

Abb. 3-16: Alternativen zur Bindung von Proteinen an Proteinchips. A) Spezifische Bindung von nativen oder rekombinant exprimierten Proteinen mittels Epitop-spezifischen Antikörpern (grau). Die räumliche Orientierung des gebundenen Proteins ist so ausgerichtet, dass die Interaktion zwischen dem gereinigten Protein (weiß) und einem potenziellen Interaktionspartner (schraffiert) nicht durch negativ-sterische Konformationen gestört wird. **B)** Bindung rekombinanter Proteine (weiß) auf vorbehandelte Proteinchips, an welche ein Affinitätstag (grau) angefügt wurde. **C)** Bindung biotinylierter Proteine (Biotin: schwarzer Kreis) an Streptavidin (grau)-gekoppelte Biochips.

gigen Klonierungsmethoden in jedes rekombinante Protein N- oder C-terminal inseriert werden können. Die richtungsorientierte Bindung der rekombinanten Proteine geschieht dann über die jeweiligen Affinitätsliganden zu den Tags (Abb. 3-16: B). Eine weitere Möglichkeit ist die Bindung biotinylierter Proteine an Streptavidin-gekoppelte Biochips. Diese ist zwar sehr stark (K_D 10^{-14}), aber eine richtungsorientierte Bindung der Proteine ist nicht möglich (Abb. 3-16: C). Zudem sind sehr viele Biomoleküle biotinyliert, weshalb ein hoher Grad an unspezifschen Bindungen auftreten kann.

Nun haben wir häufig das Wort ‚Bindung' und Proteininteraktionen verwendet. Wir sprechen von Spezifität und Affinität, aber außer verschiedenen Werten, die sehr häufig beiläufig erwähnt werden (z.B. K_D 10^{-14}), sind wir auf die wichtigste Eigenschaft eines guten Protein-Microarrays noch nicht eingegangen. Wie sieht es denn mit der Bindungsaffinität zu den Liganden aus, die mit unserem gereinigten Protein interagieren sollen? Damit ein Verständnis dafür entsteht, welche Kräfte die gereinigten, nicht-kovalent gebundenen Proteine und ihre potenziellen Interaktionspartner auf dem Microarray halten, muss die Bindungsaffinität und -spezifität im Folgenden etwas näher betrachtet werden.

3.1.2.4 Bindungsaffinität

Moleküle, die für einander geschaffen sind, gehen eine Verbindung ein. Sofern diese Verbindung nicht durch ein Enyzm katalysiert wird und daraus eine kovalente Verbindung hervorgeht, ist die nichtkovalente Bindung reversibel und die Interaktionspartner können wieder voneinander dissoziieren. Treffen sie wieder aufeinander, folgt die große Umarmung bis jeder wieder seine Wege zieht. Diese Bindung und Dissoziation kann quantitativ erfasst werden. Man spricht auch von einer Dissoziationskonstanten (K_D), die in einem entsprechenden Wert ausgedrückt, die Affinität zweier

Tabelle 3-7: K_D-Werte gängiger Protein-Protein/Peptid/Molekül-Bindungen. Die Dissoziationskonstanten (K_D) ausgewählter Protein-Protein- oder Protein-Peptid/Molekül-Bindungen wurden aufgelistet.

Bindungssystem	K_D-Wert
Streptavidin/Avidin und Biotin	10^{-14}
S-Protein und S-Peptid	10^{-9}
Monoklonale Antikörper und Antigene	10^{-9}
Streptavidin und Strep-Tag	10^{-8}
Polyklonale Antikörper und Antigene	10^{-7}
NTA-Chelat und His-Tag	10^{-6}

Interaktionspartner darstellt. Der K_D-Wert ist umso kleiner je höher die Affinität eines Bindungspartners zu seinem Liganden ist. Eine hochaffine Bindung hat einen K_D-Wert kleiner 10 nM, oder anders ausgedrückt: hochaffine Bindung = $K_D < 10^{-9}$. Dies bedeutet, dass bei 10^9 gebundenen Molekülen eines spontan abdissoziiert. In Tabelle 3-7 sind verschiedene Proteininteraktionspartner sowie deren K_D-Werte aufgeführt. Falls die Bindungsaffinität zwischen Interaktionspartnern herausgefunden werden muss, sollte ein Bindungstest durchgeführt werden. Diese Bindungstests lassen sich in Lösung, auf Membranen oder Biochips durchführen. Generell wird die Inkubation eines Bindungstests bei optimalen Bedingungen hinsichtlich Temperatur und Puffer durchgeführt, wobei das Bindungsprotein mit einer bekannten Menge an z.B. radioaktivmarkierten Liganden inkubiert wird. Sobald ein Bindungsgleichgewicht hergestellt ist, werden die ungebundenen Liganden entfernt und die Menge bestimmt. Anschließend kann die Dissoziationskonstante berechnet werden. Eine sehr detaillierte Beschreibung der Berechnung und Bindungstests ist wieder mal im ‚Rehm' sowie in allen anderen Biochemie-Schmökern nachzulesen.

Die Bindungsaffinität kann sowohl spezifisch als auch unspezifisch erfolgen. Ein Ligand wird spezifisch gebunden, wenn er nur an einer Bindungsstelle bindet. Allerdings ist es sehr wahrscheinlich, dass der besagte Ligand auch an anderen Bindungsstellen andockt, dieses in der Regel aber mit geringerer Affinität (z.B. K_D 10^{-2}) geschieht, sodass man von einer unspezifischen Bindung sprechen darf. Eine hohe Bindungsaffinität- und spezifität muss nicht konsequenterweise bedeuten, dass diese auch mit einer spezifischen biologischen Aktivität einhergeht, falls die Bindung nicht durch den ‚richtigen' Inkubationspartner erfolgt, aber meistens finden sich die richtigen Partner.

3.1.2.5 Proteinstabilität

Weiter oben wurde bereits auf das Problem der Proteinstabilität hingewiesen. Bei Einsatz von Proteinen auf Microarray-Oberflächen gelten allerdings nochmals andere Gesetze. Damit Proteinlösungen für eine längere Zeit stabil gehalten werden können, sollten Proteaseinhibitoren und Glycerin (50 %)-versetzte Puffer und niedrige Temperaturen (4–8 °C) während des Verarbeitens eingesetzt bzw. eingehalten werden. Das gleiche gilt auch für Microarrays, wobei die Konzentration des Glycerins auf maximal 40 % beschränkt werden sollte, da eine zu hohe Viskosität der Proteinlösung eine effiziente und gleichmäßige Spotverteilung negativ beeinflussen kann. Dieses kann z.B. durch Verstopfen der Pins beim ‚Contact-spotting' bzw. der Glaskapillaren beim ‚Non-contact-spotting' (InkJet etc.) geschehen. Sobald die zu spottenden Proteine auf die Biochip-Oberfläche aufgetragen werden, ändert sich das die Proteine umgebende Milieu maßgeblich. Die elektrostatische oder kovalente Bindung an die Biochip-Oberfläche kann dazu führen, dass sich die native Konformation des Proteins ändert. Nicht selten denaturieren gespottete Proteine spontan und büßen ihre biologische Aktivität völlig ein. Leider lässt sich nicht vorhersehen, welche Proteine davon betroffen sind. Es sollten deshalb Positivkontrollen während des Microarray-Experimentes eingesetzt werden (z.B. Nachweis der nativen Konformation durch spezifische Antikörper oder nachweisbarer Enyzmtest durch das gebundene Protein). Die Verwendung von Gold-beschichteten Matrizes minimiert die unspezifische Reaktion aufgrund der inerten Gold-Oberfläche, weshalb Gold-beschichtete Biochips ebenfalls eine breite Anwendung für die Proteinarrays finden (Schaeferling et al. 2002).

3.1.3 Proteinchips

Wir sind in den oben beschriebenen Proteinreinigungsexperimenten von einer sehr einfachen Annahme zur Herstellung eines Proteinchips ausgegangen. Vermutlich wollen Sie aber nicht nur ein Protein an Ihre Biochips binden, sondern eher diverse Proteine, und die wiederum mit etlichen Interaktionspartnern inkubieren. Es bedarf also eines Proteinchips, der die Proteine mit hoher gleichmäßiger Affinität und Richtungsorientierung bindet, und auch für eine überschaubare Zeit die Proteine in biologisch aktiver Form stabil hält ..., womit wir bei dem eigentlichen Problem wären, das am Anfang dieses Kapitels beschrieben worden ist. Die Herstellung solcher Proteinchips ist mit einem enormen Zeit- und Kostenaufwand verbunden und die Stabilität der Protein-Microarrays ist mit der Stabilität der Nucleinsäure-Microarrays nicht zu vergleichen. Aber Hoffnung naht! Die Forschungslaboratorien und die Microarray-Industrie arbeiten mit Hochdruck an diversen stabilen Proteinarrays, die für alle erdenklichen Einsätze herangezogen werden können. Die nahe Zukunft wird uns Matrizes, Puffer und Bindungsrezeptoren bieten, die es uns ermöglichen, einen stabilen und effektiven Proteinarray herzustellen. Weiterhin wird es diverse kommerzielle Alternativen zur eigenen Herstellung von Proteinchips geben, die preislich attraktiv sein werden. Die folgenden Unterkapitel verweisen auf ausgesuchte Peptid- und Proteinchip-Alternativen, die zur Zeit kommerziell erhältlich sind.

3.1.3.1 Peptidarrays

Kommerziell hergestellte Peptidarrays oder Peptidchips sind durch kurze Peptide (5–150 Aminosäuren) repräsentiert, die durch automatische Peptidsynthese hergestellt und in der Regel an Aldehyd-Glasobjektträger gekoppelt wurden. Die Peptidchips eignen sich hervorragend, um z.B. Antikörper auf spezifische Epitope zu screenen, oder um potenzielle Proteinkinasen und Proteasesubstrate zu detektieren (Reineke et al. 2001, Lopez-Otin & Overall 2002). Die Peptide sind in Abhängigkeit der verwendeten Biochips C- oder N-terminal an die Matrix gebunden. Wer nicht selbst eine aufwändige Peptidsynthese durchführen möchte, bestellt die erforderlichen Peptide bei einem Peptidsyntheselabor oder gleich bei Herstellern von Peptid-Biochips. Die Synthese der Peptide ist teilweise mit einem enormen Materialverlust (bis zu 80 %) verbunden, da diese nach der Peptidsynthese häufig durch HPLC gereinigt und die Reinheit eventuell nochmals über eine MALDI-MS und/oder LC-ESI verifiziert werden muss. Es gibt mehrere Anbieter von Peptidchips, die jeweils ein spezifisches Peptidprogramm offerieren. In Tabelle 3-6 sind einige internationale Anbieter aufgeführt. Das Produktangebot umfasst sowohl vorgefertigte Peptidchips als auch ‚Custom-made' Lösungen. Die Kosten für einen Peptidchip variieren in Abhängigkeit von der Anzahl unterschiedlicher Peptide und etwaiger zusätzlich eingefügter Modifikationen einzelner Aminosäuren.

Als Peptidsynthesemenge werden ‚Scales' zwischen 1 nmol und mehreren mmol angeboten. Falls die ‚Custom made' synthetisierten Peptidchips (z.B. 100 Stück) in Auftrag gegeben werden, dann sind die Startup-Kosten recht hoch, sodass auf jeden Fall nicht das Minimum eines Peptidscales, sondern ausreichende Peptidmengen bestellt werden sollten. Nichts ist ärgerlicher und kostenintensiver als ein nachbestellter Peptidchip. Weiterhin ist zu bedenken, dass nicht alle Peptide mit gleicher Effizienz synthetisiert und gereinigt werden können. Das schwächste Glied auf einem gleichmäßig beladenen Peptidchip wird das Peptid sein, welches mit der geringsten Ausbeute synthetisiert und gereinigt werden konnte. Ließen sich so nur 50 Peptidchips beladen, dann müsste dieses Peptid nochmals unter zusätzlichen Zeit- und Kostenaufwand synthetisiert und gereinigt werden. Eine weitere Herausforderung bezüglich des ‚Aussuchens' geeigneter Peptide ist die Löslichkeit nach Synthese. Manche Peptide werden sich nur unter sehr radikalen Bedingungen aus ihrem kollektiven Aggregat entfernen. In manchen Fällen reicht es aus, wenn die Peptide ein bisschen ultra-beschallt werden. Bei schwerlöslichen Aggregaten hilft es, z. B. bei basischen Peptiden, diese in 10 % Essigsäure, oder bei sauren Peptiden in 10 % Ammoniumbicarbonat zu resuspendieren. Hydrophobe Peptide sollten mit geringen Konzentrationen organischer Lösungsmittel (z.B. 2–5 % DMSO) behandelt werden. Andere organische Lösungsmittel wie z.B. Isopropanol, DMF und Methanol lassen sich auch verwenden, es sollte aber mit geringen Konzentrationen ($< 5\%$) begonnen werden. Haben sich alle Peptide gelöst, dann muss die Peptidlösung für die weitere Verwendung in eine wässrige Lösung der erforderlichen Peptidkonzentration überführt werden. Damit diese am Rande erwähnten Problemchen unseren Forscherdrang nicht allzu sehr tangieren, empfiehlt es sich bei ausreichender Haushaltslage die Peptidchips Custom-made, und vollständig unter Qualitätskontrolle gespottet, bei den Servicedienstleistern zu bestellen.

Die wissenschaftliche Fragestellung entscheidet darüber, welche Peptidarrays mit welcher Anzahl unterschiedlicher Peptide eingesetzt werden sollten. Generell muss darauf geachtet werden, dass zumindest Duplikate der einzelnen Peptide auf dem Proteinarray vorhanden sind. Die Länge der Peptide spielt eine wesentliche Rolle bei der Erkennung der jeweiligen Interaktionspartner. Je länger das Peptid ist, umso mehr nimmt dieses eine Faltung entsprechend der Aminosäuresequenz an. Das kann dazu führen, dass die in vitro Konformation der langen Peptide eine sterische Ausrichtung einnimmt, die entweder sehr gut oder schlecht bis gar nicht von den Bindungspartnern erkannt wird. Es ist zu beachten, dass alle Peptide, die wiederum aus Proteinen abgeleitet wurden, nicht unbedingt die native Konformation repräsentieren, sodass es zu keiner Interaktion mit dem Bindungspartner kommen kann. Weiterhin könnte die Peptidsequenz eventuell innerhalb des Proteins ‚versteckt' sein, weshalb in vitro zwar eine sehr gute Interaktion zu messen ist, in vivo bzw. mit nativen Proteingemischen aber die auf dem Peptidchip beobachtete Interaktion einfach nicht stattfindet. Nichtsdestotrotz stellen wir hier ein vereinfachtes Schema für Peptidchips dar, welches darauf beruht, dass überlappenden Peptide eines willkürlichen Proteins auf eine Biochip-Matrix aufgebracht wurden. In Abbildung 3-17: A ist die Primärsequenz eines Proteins sowie davon abgeleiteten Peptide aufgeführt. Diese Peptide werden auf einen Biochip gespottet und lassen sich somit für ein ‚Peptid-Screening' einsetzen (Abb. 3-17: B). Werden z.B. bei Aldehyd-Biochips verbliebene Aldehyd- sowie andere Glas-spezifische, reaktive Gruppen durch Zugabe von BSA geblockt, kann es passieren, dass kleinere Peptide einfach durch die größeren BSA-Moleküle ‚überdeckt' werden. Eine Abhilfe ließe sich durch Blocken mit $NaBH_4$ erreichen.

Peptidchips für das Proteinkinase-Screening

Proteinkinasen spielen eine entscheidende Rolle bei der Signaltransduktion. Viele Proteine erhalten erst durch die Phosphorylierung ihre biologische Aktivität. Die Erkennungssequenzen diverser Proteinkinasen lassen sich in einer großen Anzahl unterschiedlichster Proteine wiederfinden, ohne dass diese immer durch die Proteinkinasen phosphoryliert werden müssen. Andererseits wurden Proteinkinasen isoliert, bei denen die biologisch aktiven Substrate bzw. Erkennungssequenzen nicht bekannt sind. Beide Fragestellungen lassen sich durch Peptidchips lösen, indem die

A

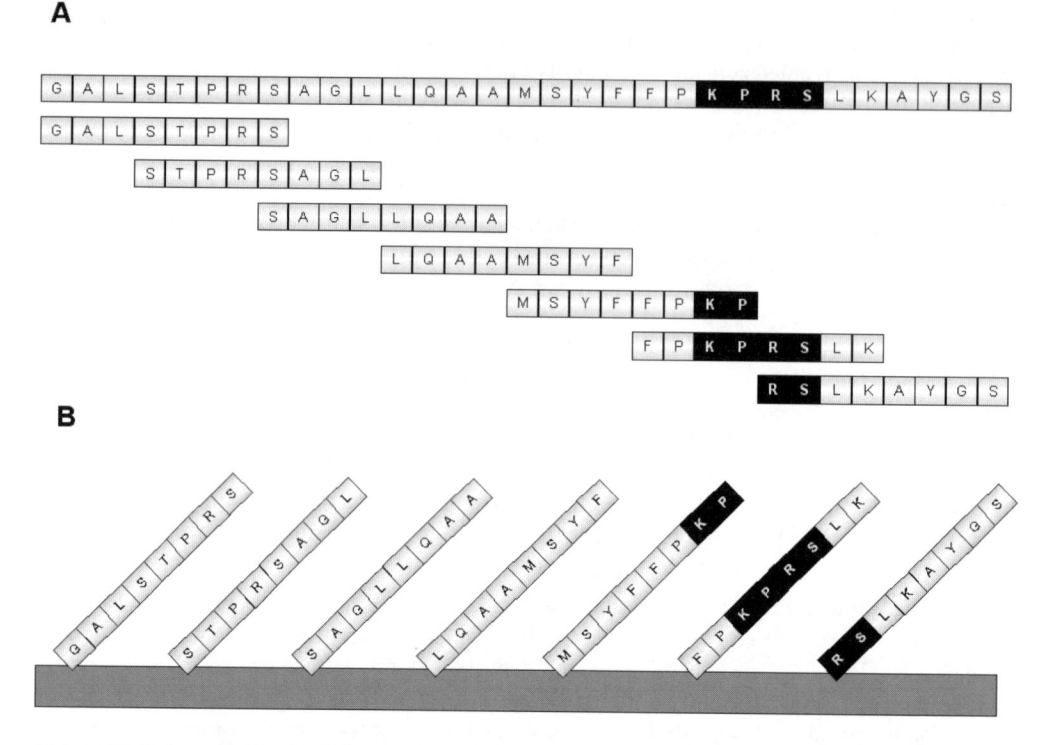

G A L S T P R S A G L L Q A A M S Y F F P **K P R S** L K A Y G S
G A L S T P R S
    S T P R S A G L
        S A G L L Q A A
            L Q A A M S Y F
                M S Y F F P **K P**
                    F P **K P R S** L K
                        R S L K A Y G S

B

Abb. 3-17: Schematischer Aufbau eines Peptidchips. A) Zur vereinfachten Darstellung einer Proteinsequenz wurden Primärsequenzen eines Proteins/Peptides im Einbuchstaben-Code dargestellt. **B)** Ableitend von dieser Sequenz werden Octamer-Peptide synthetisiert, die sich in ihrer Sequenz überlappen. Die synthetischen Peptide werden auf einem Biochip gespottet und für das Peptidsequenz-Screening eingesetzt. Die potenzielle Protein-Erkennungssequenz ist schwarz markiert.

potenziellen Erkennungssequenzen als kurze Peptide den gereinigten Proteinkinasen präsentiert werden. Zusammen mit den Proteinkinasen wird z.B. radioaktives ATP (^{32}PγATP) für die Inkubation auf einem Peptidchip eingesetzt und die phosphorylierten Peptide darauffolgend analysiert (Abb. 3-18: A). Soll kein radioaktives Material eingesetzt werden, lässt sich auch nicht-markiertes ATP verwenden und auf diesem Weg das übertragende Phosphatatom durch fluoreszenz-markierte Anti-Phosphat-Antikörper nachweisen. Es muss darauf hingewiesen werden, dass die erzielten Resultate nicht unbedingt auf ein natives Protein adaptiert werden können, da gegebenenfalls die detektierte Peptidsequenz in einem nativ gefalteten Protein gar nicht dem umgebenen Milieu ausgesetzt ist und somit nicht durch die eingesetzte Proteinkinase in vivo erkannt bzw. gebunden wird.

Peptidchips für das Protease-Screening

Bei den Proteasen handelt es sich um mehrere Proteinfamilien, die spezifische und teils konservierte Peptidsequenzen erkennen und auf ihre spezifische Art und Weise schneiden. Andere Proteasen (Trypsin, Protease A) verdauen, was auch immer nach Protein aussieht und stellen minimale Anforderungen an die Aminosäuresequenz. Betroffene Proteine werden durch die Proteasen degradiert und aufgrund dieser Tatsache wurde die ‚Omics-Familie' um das Wort ‚Degradomics'

A

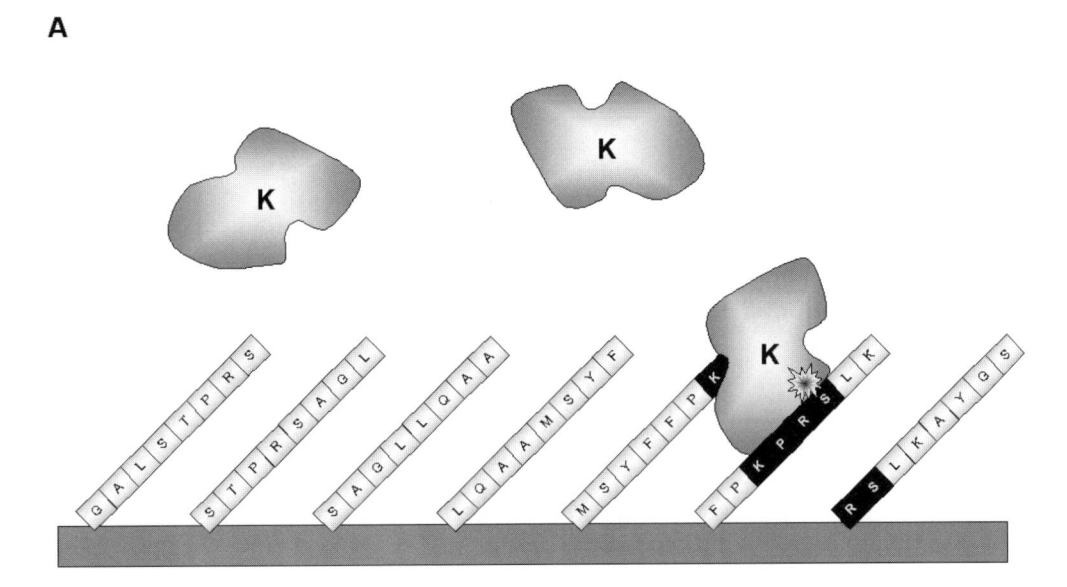

Abb. 3-18: Verwendung von Peptidchips. A) Bei dem Proteinkinase-Screening werden die potenziellen Erkennungssequenzen (Phosphorylierungssequenzen) nur dann erkannt und gebunden, wenn die vollständige Substrat-Erkennungssequenz vorhanden ist. Die Phosporylierung kann z.B. durch ein radioaktives Phosphat (Stern) nachgewiesen werden. K = Proteinkinase.

erweitert (Lopez-Otin & Overall 2002). Eine sehr gute Zusammenfassung der Degradomics kann im gerade zitierten Paper nachgelesen werden. Für die enzymatische Degradation ganzer Proteine wurde auch der Begriff ‚Peptidomics' vorgeschlagen (Scrivener et al. 2003).

Die enzymatische Aktivität der Proteasen auf einem Peptidchip wird gemessen, indem nach dem Verdau mit der Protease einigen Spots ein Fluoreszenzmolekül oder ein spezifisch nachweisbarer Tag fehlt und dieser sich nun im Überstand befindet (Abb. 3-18: B). Ein anderes Detektionssystem basiert auf fluoreszenzmarkierten Peptiden, deren Fluoreszenz durch einen terminalen Quencher verhindert wird. Durch Abspaltung des Quenchers kommt es zur Fluoreszenz und somit zum Nachweis einer detektierten Proteasesequenz (Abb. 3-19). Auch bei den Protease-Peptidchips lassen sich aufgrund der oben besprochen Problematik die erzielten Resultate nicht unbedingt auf ein natives Protein adaptieren. Anbieter für Protease-Peptidchips sind ebenfalls der Tabelle 3-6 zu entnehmen.

Peptidchips für das Antikörper-Screening

Bei der Verwendung von Antikörper-Biochips unterscheidet man zwischen dem Screenen nach spezifischen Antikörpern (z.B. rekombinante monoklonale Antikörper (mABs) oder polyklonale Antiseren) oder dem Auffinden bestimmter Proteine durch die Bindung an bereits gespottete spezifische Antikörper. Im ersteren Fall sprechen wir von Antikörper-Peptidchips, die in der Regel ‚Custom made' hergestellt werden. Ziel dieser Peptidarrays ist es, aus einem Angebot unterschiedlicher Antikörper z.B. ein Set von mABs gegen ein bestimmtes Protein, den optimalen mAB für eine spezifische Peptidsequenz zu screenen. Dabei werden überlappende Peptide des besagten Proteins synthetisiert und z.B. auf mehreren identischen Aldehyd- oder Poly-L-Lysin-beschichteten

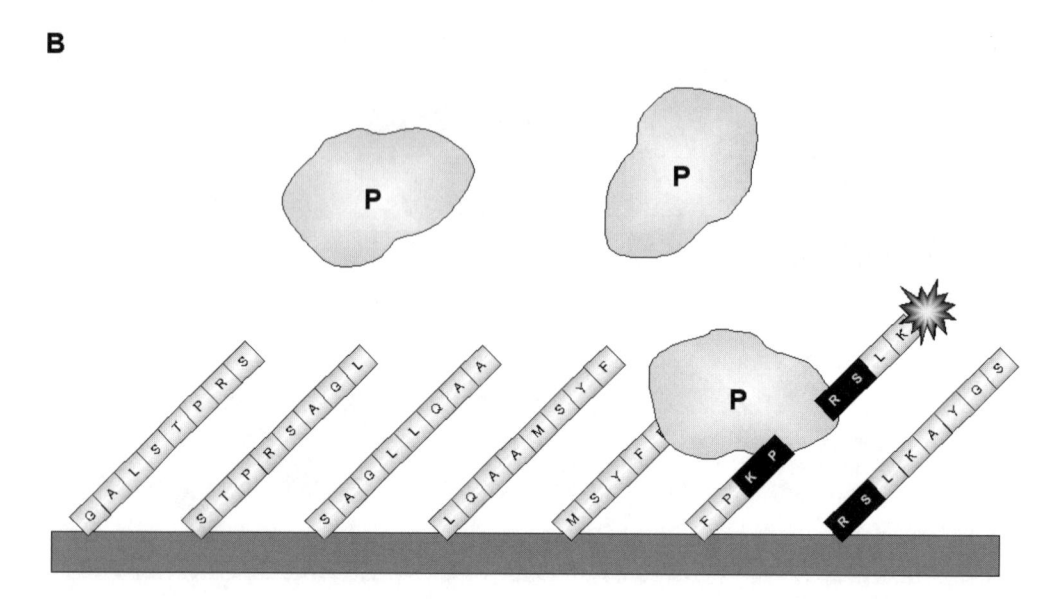

Abb. 3-18: B) Das Protease-Screening lässt sich durch Bindung an die potenzielle Erkennungssequenz mit anschließender Abspaltung des fluoreszenz-markierten Peptidendes durchführen. P = Protease.

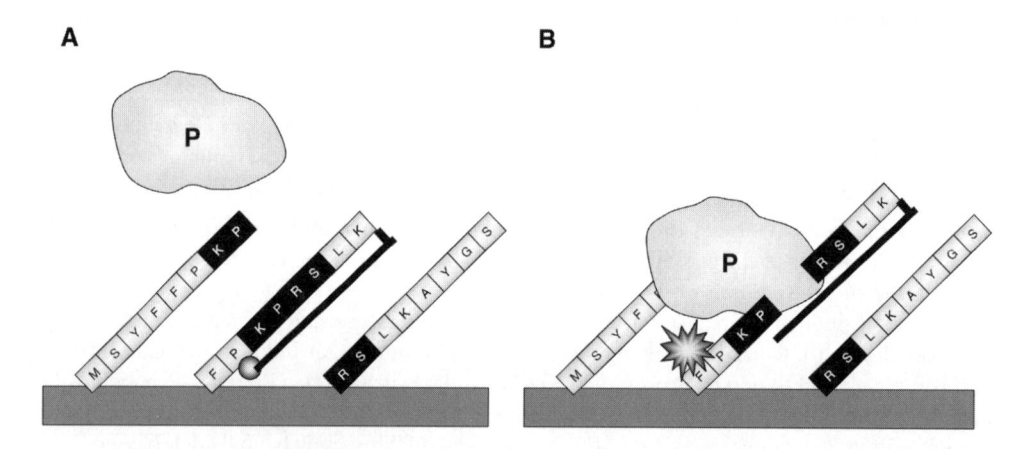

Abb. 3-19: Schematische Darstellung eines Protease-Biochips mit Quencher-Molekülen. A) Wie unter Abb. 3-18. beschrieben, lassen sich einerseits fluoreszenz-markierte Peptid-Enden im Überstand nachweisen. Andererseits können auch die auf dem Biochip verbliebenen Peptid-Reste nach dem Protease-Verdau detektiert werden, indem z.B. Quencher-Moleküle (schwarzer Haken) eine Fluoreszenz vor Protease-Verdau unterbinden. **B)** Nach Hydrolyse durch die Protease wird der Quencher von dem Fluoreszenz-Molekül entfernt und somit lässt sich die Fluoreszenz nachweisen. P = Protease.

Biochips gespottet (Abb. 3-20: A). Anschließend lassen sich dann die einzelnen mABs mit jeweils einem Peptidarray inkubieren und die gebundenen Antikörper durch primäre oder sekundäre Nachweisverfahren detektieren (Knecht at al. 2004). Die zweite Gruppe der Antikörperarrays ist durch Proteinchips charakterisiert, auf denen in hoher Dichte verschiedene Antikörper (z.B. 500) gebunden sind. Diese Antikörperchips sind für das Screenen bestimmter Proteine oder Antigene aus diversen Zellextrakten und Proteingemischen zu verwenden (Abb. 3-20: B–D) (Xu & Lam 2003; Wang 2004).

3.1.3.2 Proteinarrays

Proteinarrays sind gegenüber den Peptidarrays dadurch charakterisiert, dass ganze Proteine oder zumindest längere Peptide (> 200 Aminosäuren) sowie einzelne Proteindomänen auf einem Biochip gespottet wurden. Die Bindung der größeren Peptidketten unterscheidet sich nicht von den in den vorangegangen Kapiteln geschilderten Technologien. Im folgenden Kapitel sollen deshalb ausgesuchte Protein-Microarraytechnologien vorgestellt werden, die sich bis heute als sehr hoffnungsvoll und ausbaufähig erwiesen haben.

Wären nicht die kleinen oben erwähnten Problemchen, gäbe es ein schier unermessliches Repertoire an unterschiedlichen Proteinchips. Gibt man bei Google (www.google.de) das Suchwort ‚Proteinchip' ein, so erhält man über 2.500 internationale Web-Seiten, die auf diese Technologie hinweisen. Wiederholt man das Spiel in der PubMed (http://www.ncbi.nlm.nih.gov/PubMed), so lassen sich zur Zeit (März 2004) nur 68 Publikationen finden. Na gut, die Ausbeute lässt sich erhöhen, wenn man ‚Protein chip' oder ‚Proteinarray' als Suchbegriff in der PubMed angibt, aber auch dann werden nur knapp mehr als 300 Zitate erwähnt. Diese Diskrepanz ist damit zu erklären, dass viele sich zwar gerne mit der neuen Microarray-Technologie zumindest theoretisch befassen, aber nur wenige wirklich schon erfolgreich damit gearbeitet haben. Die Ursache mag darin zu finden sein, das eben das Angebot richtig guter Proteinchips noch sehr rar ist. Es gibt aber eine deutliche Gemeinsamkeit zwischen der Google- und PubMed-Suche: ‚SELDI'! Fast jede Publikation oder Web-Seite erwähnt den Einsatz der ‚SELDI-Proteinchips'. Diese Proteinchip-Technologie hat sich bereits aufgrund der guten Erfolge in den Forschungslaboratorien als wirklich brauchbares System zur Analyse von Protein/Protein-Interaktionen und zur Identifikation einzelner Proteine erwiesen.

SELDI-Proteinchip-Technologie

Die ‚Surface enhanced laser desorption ionisation' (SELDI)-Applikation verbindet die Microarray- mit der ‚MALDI-TOF-Technologie' (Weinberger et al. 2002). Auf einem Aluminiumchip werden bis zu 16 verschiedene Spots (1 mm Durchmesser) mit beliebigen Proteingemischen (1–2 µl), gereinigten Proteinen oder anderen Makromolekülen beschichtet. Die ‚SELDI Protein-Chip Arrays' wurden im Mikrotiterformat ‚designed', weshalb unter Verwendung von 12 SELDI-Chips das Format einer 96-Napf-Mikrotiterplatte kopiert wird (Abb. 3-21). In Abhängigkeit der Molekülladungen lassen sich verschiedene SELDI-Chips einsetzen, die als Anionenaustauscher und Kationenaustauscher oder als metallbindende, hydrophobe und hydrophile Oberflächen erhältlich sind. Weiterhin werden ‚SELDI ProteinChip Arrays' angeboten, die aktivierte Oberflächen zur kovalenten Immobilisierung von Proteinen und Nucleinsäuren aufweisen. Die Versuchsdurchführung liest sich laut Anbieter sehr einfach und klar:

- SELDI-Chip mit entsprechender Oberfläche aussuchen,
- Zellextrakt oder gereinigte Proteinlösung einfach mit der Pipette auftragen und kurz inkubieren (10–20 min),
- Überstand abnehmen und mehrmals mit geeignetem Puffer waschen,
- trocknen und mit dem MALDI-TOF analysieren,
- oder vor dem Trocknen und dem Einsatz des MALDI-TOFs können Bindungsstudien mit geeigneten Bindungspartner durchgeführt werden.
- Anschließend Bindungspartner ebenfalls durch das MALDI-TOF identifizieren.

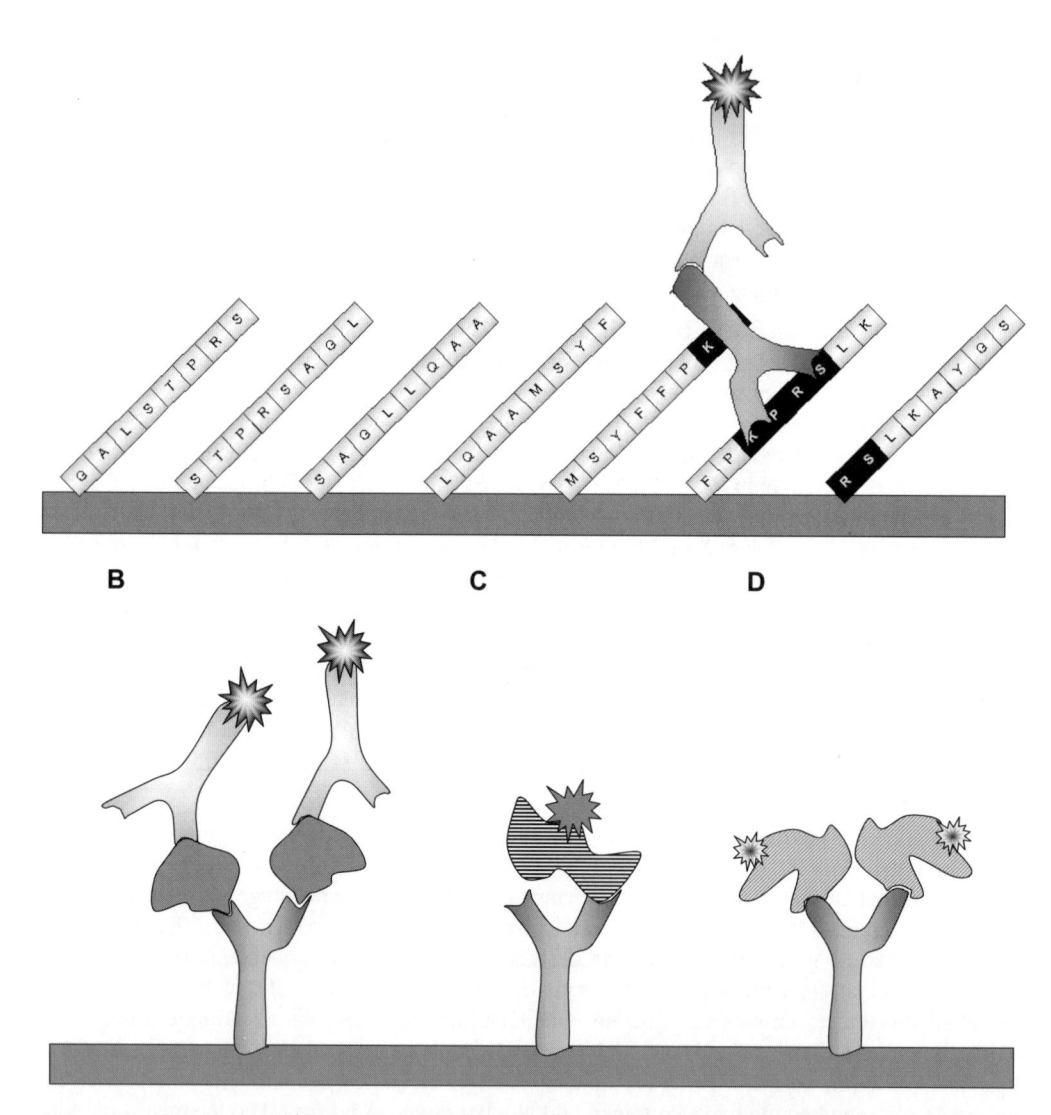

Abb. 3-20: Nachweis spezifischer Antigene mittels Antikörper-Biochips. A) Für das Antikörper-Screening werden die Peptidchips herangezogen, wobei die potenzielle Erkennungssequenz (Epitop) der Antikörper schwarz markiert ist. Nur bei vollständigem Epitop kann der primäre Antikörper binden und gegebenenfalls durch einen fluoreszenz-markierten zweiten Anti-Antikörper detektiert werden. **B)** Eine homogene Lösung oder ein Gemisch von Antigenen wird dahingehend untersucht, ob die vorab gebunden Antikörper eine spezifische Erkennung und Bindung potenzieller Antigen-Bindungspartner eingehen. Die Bindung kann durch sekundäre fluoreszenz-markierte Antikörper gegen das Antigen, durch **C)** primär fluoreszenz-markierte Antigene oder durch **D)** radioaktiv-markierte Antigene nachgewiesen werden.

Abb. 3-21: SELDI-ProteinChip-Arrays. Beispielhaft ist eine schematische Abbildung der 8-Well SELDI-ProteinChips dargestellt. Die ProteinChips sind im Mikrotiterformat konstruiert, sodass bei Verwendung von 12 SELDI-ProteinChips die Lösungen aus einer 96-Well Mikrotiterplatte 1:1 transferiert werden können. Das Bild wurde mit freundlicher Genehmigung von Frau Dr. Petra Westerteicher, Ciphergen Biosystems GmbH bereitgestellt.

Der Vorteil der SELDI-Chips liegt darin, dass sich auf einer einzigen Plattform eine Proteinreinigung, quantitative Detektion und Identifizierung der Aminosäuresequenz bzw. eines potenziellen Bindungspartners durchführen lässt. Ein typischer SELDI-Verlauf dauert ca. eine bis drei Stunden Arbeitszeit. Die Probenkapazität des SELDI-Systems liegt zwischen 96 (manuell) und 400 (automatisiert) Tests pro Tag. Der Durchsatz im HTS-Format ist zur Zeit nicht machbar. Auch wenn die Werbung mehr verspricht, der Einsatz von einem SELDI-Chip mit 16 verschiedenen Spots ist auch nicht mehr ‚highthroughput' als zwei 8er-Strips einer 96-Napf-Mikrotiterplatte. Die Kosten für die Instrumente schlagen mit ca. 150.000 bis 300.000 Euro zu Buche, wobei pro SELDI-Chip ca. 150 Euro investiert werden müssen. Vertreiber dieser SELDI-Technologie ist Ciphergen, die auch in Deutschland durch eine Niederlassung vertreten sind (siehe Firmenverzeichnis).

Biosensoren als Proteinarrays

Eine andere sehr interessante Chip-Technologie für die Studie von Protein-Interaktionen bietet das Biacore ‚SPR-Sensor-System'. SPR steht für ‚Surface Plasmon Resonance', was so viel bedeutet, dass eine Interaktion zwischen einem auf einer Matrix gebundenen (z.B. ein Protein) und einem in der Lösung befindlichen Molekül (z.B. ein Ligand) online beobachtet und quantitativ ausgewertet werden kann. Wie geschieht das? Auf einem Gold-beschichteten Sensorchip werden z.B. carboxymethylierte Dextranfäden als einheitliche Oberflächenschicht aufgetragen. Diese Dextranschicht

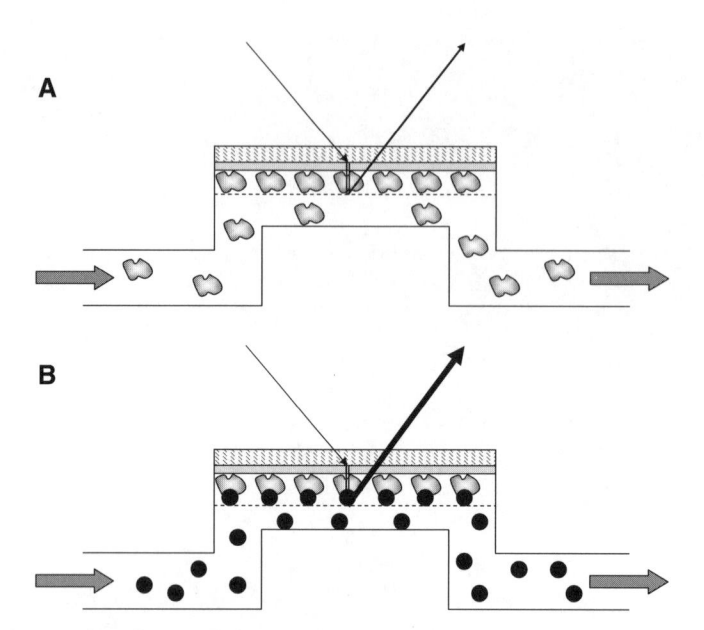

Abb. 3-22: Das Biacore SPR-Sensorchip-System. A) Durch ein microfluides Kanalsystem werden die Proteine geleitet, die an die Gold- und Dextran-beschichtete Sensorchip-Oberfläche (grau) gebunden werden sollen. Die Bindung erfolgt oberhalb des Kanalsystems, damit potenzielle Sedimentationsereignisse keine Auswirkungen auf die Messung haben. Die Reflektion des einstrahlenden Lichts (dünner Pfeil) wird in Abhängigkeit der gebundenen Moleküle gemessen (mitteldicker Pfeil). **B)** Werden anschließend Lösungen mit potenziellen Bindungsliganden durch das microfluide Kanalsystem geführt, findet eine Bindung des Liganden (schwarzer Kreis) mit den vorab gebundenen Bindungspartnern (grau) statt. Die Reflektion (dicker Pfeil) des einstrahlenden Lichts (dünner Pfeil) verändert sich nun in Abhängigkeit des Bindungskomplexes, weshalb eine spezifische Bindung zwischen Bindungsliganden und Protein nachgewiesen werden kann.

stellt eine hydrophile Matrix zur Adsorption verschiedener Makromoleküle (Proteine, Nucleinsäuren etc.) bereit. Nach Bindung (am besten hochgereinigter) Proteine lässt sich ein permanenter Probenfluss über die Sensorchip-Oberfläche leiten. Hierbei werden die Sensorchips in einer speziellen integrierten Microfluidkammer belassen, damit die Messung der Bindungsaktivität von äußeren Einflüssen weitestgehend geschützt ist (Abb. 3-22: A). Der eigentliche Nachweis einer Bindung zwischen Rezeptor und Ligand wird durch die Messung der Veränderung des refraktiven Indexes geführt. Im plumpen Laborjargon bedeutet dies: ‚Das auf der Dextranschicht immobilisierte Protein reflektiert Licht auf eine bestimmte Art und Weise. Bindet das Protein nun ein Ligand, dann ist es etwas größer und reflektiert dadurch das Licht auf eine etwas andere Art und Weise.' Genau dieser Unterschied kann mit dem Biacore-System gemessen werden (Abb. 3-22: B) (Malmqvist 1999). Eine umfassende Abhandlung in Form eines Reviews über den refraktorischen Index und die gesamte Theorie hinter der SPR, ist bei Welford nachzulesen (Welford 1991). Die Empfindlichkeit des Systems soll sogar für Liganden bis zu einer ‚Kleinheit' von 100 Da ausreichend sein. Die Werbung verspricht weiterhin, dass quantitative Aussagen über die Spezifität der Bindung, der Konzentration eines vorhandenen Moleküls, der Assoziations- und Dissoziationskinetik sowie über die Stärke der Affinität gemacht werden können. Weitere Vorteile des Biacore-Systems machen die folgenden Kriterien deutlich:

Tabelle 3-8: Cytokin-Biochip der Firma Zyomyx. Die Firma Zyomyx bietet einen Cytokin-Biochip an, der mit 30 verschiedene Cytokine beladen wurde.

CD23	IL-5	IFN-γ
CD95 (sFas)	IL-6	IP-10
Eotaxin	IL-7	MCP-1
GCSF	IL-8	MCP-3
GM-CSF	IL-10	MIG
IL-1α	IL-12 (p40)	sICAM-1
IL-1β	IL-12 (p40/p70)	TGF-β
IL-2	IL-12 (p70)	TNF-α
IL-3	IL-13	TNF-β
IL-4	IL-15	TRAIL

- Die Proteininteraktionen finden in einem geschlossenen System statt, sodass keine Evaporation auftritt.
- Bis zu vier unterschiedliche Kanäle lassen sich gleichzeitig untersuchen, weshalb differierende Konfigurationen (z.B. verschiedene Puffer oder Bindungspartner) parallel zueinander analysiert werden können.
- Die Konzentration des in Lösung befindlichen Reaktionspartners bleibt bei gleichmäßigem Probendurchfluss konstant.
- Es können verschiedene Sensorchips (z.B. Streptavidin- und NTA-beschichtet) für spezifische Makromoleküle eingesetzt werden.
- Die Sensorchips lassen sich bis zu 400 mal einsetzen und sind gegenüber organischen Lösungsmitteln sowie extremen pH-Werten und Salzkonzentration stabil.
- Die Liganden müssen nicht markiert sein, weshalb auf eine umständliche Fluoreszenz- oder radioaktive Markierung verzichtet werden kann.

Nachteilig ist, dass die feinen Flüssigkeitsleitungen sehr schnell durch zu dicke Proteinlösungen verstopfen. Es sollten auch nur hochgereinigte Makromoleküle zum Binden auf den Sensorchips eingesetzt werden, da ansonsten ein Messen von spezifischen Proteininteraktionen wegen des zu hohem Hintergrundsignals nicht mehr möglich ist. Sobald die Messbereichdicke auf der Gold-Oberfläche > 300 nm ist, befindet sich die erhoffte Bindung mit einem Liganden nicht mehr im SPR-nachweisbaren Bereich. Das heißt im Klartext: ‚Keine dicken Dinger (z.B. Zellen, Zellkompartimente etc.) auf den Chip, sonst spielt der refraktorische Index keine Rolle mehr'. Der Durchsatz von ca. 200 Proben am Tag orientiert sich somit auch nicht am HTS-Bereich, wobei aber vollautomatische Biacore-Systeme bis zu 384 Proben unbeaufsichtigt verarbeiten können. Na ja, vielleicht sollte das Gerät nicht ganz unbeaufsichtigt sein, da Preise von 55.000 bis zu einer halben Million Euro für die verschiedenen Instrumente doch schon den Wert eines kleinen netten Hauses der oberen Mittelklasse repräsentieren.

Die Firma Zyomyx stellt ebenfalls ein Biosensor-Detektionsverfahren auf Silikon-beschichteten Proteinarrays bereit. Theoretisch ist ein Beladen von bis zu 10.000 differierenden Proteinen auf einem cm^2 möglich. Allerdings gibt es zur Zeit ‚nur' einen Protein-Biochip mit 30 verschiedenen Cytokinen, der kommerziell erhältlich ist (Tab. 3-8). Kontaktadressen zu Biacore und Zyomyx finden sich wie gehabt im Firmenverzeichnis.

Dreidimensionale Protein-Biochips

Weiter oben haben wir dreidimensionale Gele als weitere Alternative für Proteinarrays erwähnt. Sinn und Zweck dieser 3D-Microarrays ist es zu vermeiden, dass die Proteine auf dem Proteinchip denaturieren, damit sie eine annähernd native Faltung behalten und eine darauffolgende natürliche Interaktion mit einem potenziellen Bindungspartner eingehen können. Beispielhaft werden hier unter anderem so genannte Hydrogele beschrieben. Dabei muss beachtet werden, dass ein Hydrogel nicht gleich ein Hydrogel ist. Die vielgenutzte PubMed verweist auf über 2.700 Publikationen, sofern man nach ‚hydrogel' sucht. In diesem Kapitel liegt der Fokus allerdings auf Proteinarrays, sodass auch auf diese eingegangen werden soll. Nichtsdestotrotz kann PubMed immer noch mit annähernd 400 Veröffentlichungen auf den Suchbegriff ‚Hydrogel und Protein' antworten. Wir beschränken uns nun auf zwei Hydrogel-Alternativen, die im Folgenden etwas näher erklärt werden.

‚HydroGel-coated Slides' sind Glasobjektträger, auf welche eine sehr dünne ($\sim$ 4.0 µm) Acrylamidschicht aufgebracht wurde. Nach Zugabe eines wässrigen Milieus (z.B. der Auftragspuffer) quillt diese Schicht auf ca. 20 µm an, wodurch eine hydrophile, dreidimensionale Matrix entsteht. Auf diese Matrix lassen sich nun mit allen gängigen Spottern (Piezo-Technologie, Direct-contact-spotting etc.) Proteinlösungen in Spot-Durchmessern von $\sim$ 150–300 µm aufbringen (Abb. 3-23). In einer Studie wurden z.B. 43 verschiedene monoklonale Antikörper in Volumina von jeweils 350 pl und jeweils vier Replikaten, mithilfe eines Piezo-Arrayers, auf einer Fläche von 12×12 mm^2 verteilt. Anschließend wurden verschiedene Cytokine und Chemokine mit den gespotteten mABs inkubiert und abschließend die Bindungseffektivität ausgewertet. Durch diese Studie ließen sich 43 unterschiedliche Cytokine und Chemokine aus diversen biologischen Materialien simultan und quantitativ mithilfe des Mutliplex-Screenings nachweisen (Wang et al. 2002). Die Hydrogel-coated slides sind bei der Fa. PerkinElmer Life and Analytical Sciences erhältlich (siehe Firmenverzeichnis).

Eine andere Hydrogel-Version beinhaltet als dreidimensionale Mikrostruktur entweder ‚Polyethyleneglycol' (PEG)-Diacrylat, -Dimethacrylat oder -Tetraacrylat, wobei Silikon/Silikon Dioxid-Oberflächen mit 3-(Trichlorosilyl)propyl-Methacrylat behandelt wurden, um einen Selfassembled-monolayer (SAM) mit den entsprechenden PEG-Acrylatgruppen zu erhalten (Revzin et al. 2001). Eine Microarray-Maske wurde durch Photolithographie auf die vorbehandelte Glas-Oberfläche aufgetragen, sodass zylindrische Spots zwischen 7–600 µm Durchmesser und drei bis 12 µm Höhe entstanden (Revzin et al. 2001). Bei Verwendung einer Photomaske für den 7 µm Durchmesser ließen sich bis zu 400 Spots innerhalb eines mm^2 aufbringen. Nach dreiwöchiger (!) Hydratisation der PEG-Microstrukturen wurden dreidimensionale Matrizes für das Spotten von Proteinlösungen mit darauffolgender Inkubation potenzieller Bindungspartner bereitgestellt (Revzin et al. 2001). Die Hydrogel-PEG-Biochips sind bisher nicht kommerziell erhältlich.

Eine dritte Hydrogel-Variante wurde gerade veröffentlicht (Januar 2004). Hierbei handelt es sich um supramolekulare Hydrogele, die aus faserigen, glykosylierten Aminoacetaten hergestellt worden sind. Die ‚halbtrockene' 3D-Matrix ist amphiphil, weshalb sowohl ein hydrophiler als auch hydrophober Bereich innerhalb der 3D-Struktur vorhanden ist. Es lassen sich somit unterschiedliche Proteinreaktionen in den verschiedenen supramolekularen Bereichen beobachten und auswerten (Kiyonaka et al. 2003/2004). Auch diese Hydrogel- Biochips sind bisher nicht kommerziell erhältlich.

Neben den oben beschriebenen HydroGel-coated Slides, hat auch die Firma TeleChem/Arrayit.com Polymer-beschichtete Glasobjektträger entwickelt. Diese ‚SuperProtein Substrates' bestehen aus einer 150 μm weißen, hydrophoben Polymerschicht. Auch für diese Protein-Biochips lassen sich alle herkömmlichen Spotter und Scanning-Systeme einsetzen.

Die vierte Dimension

Im Jahr 2003 wurden vierdimensionale Biochips von einem ‚echten' Chiphersteller auf den Markt gebracht. Die Firma Infineon hat den Schritt in Richtung ‚Life Sciences' durchgeführt und bietet eine umfassende Microarray-Lösung für verschiedene Fragestellungen an, wobei die primären Themen-Biochips (Lungen-,Brust- und Colonkarzinom, Proliferation, Inflammation und Toxizi-

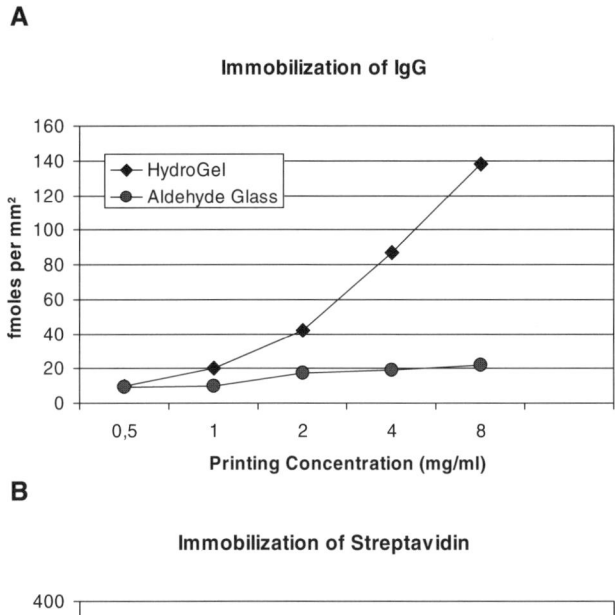

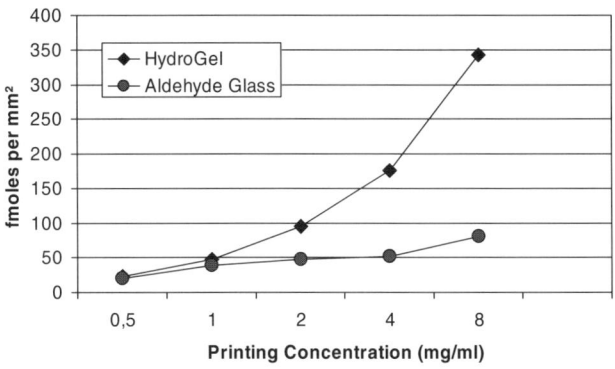

Abb. 3-23: Vergleich der Bindungseffektivität zwischen einem dreidimensionalen Hydrogel und einem Aldehyd-gekoppelten Proteinchip. A) Es wurde IgG auf einem PerkinElmer LAS HydroGel und einem aktivierten Aldehyd-Biochip in unterschiedlichen Konzentrationen gespottet. Die Bindungseffektivität des Hydrogels ist bis zu sechsfach höher als bei den Aldehyd-Biochips. **B)** Eine ähnliche Bindungseffektivität wurde auch mit Streptavidin nachgewiesen. Bilder und Daten wurden mit freundlicher Genehmigung von Amy McCann, Product Manager Protein Arrays, PerkinElmer Life and Analytical Sciences bereitgestellt.

tät) auf gekoppelte DNA basieren. Die so genannten ‚MGX 4D Microarrays' beruhen auf Infineon's porösen Siliziumsubstraten und der ‚Flow-Through'-Technik von Metrigenix. Das bestehende Kit-Portfolio für Genexpressionsstudien, welches um den neuen ‚Universal Array' auf Genotypisierungs und SNP-Analysen erweitert wurde, ist in Zusammenarbeit mit Metrigenix entwickelt worden.

3.1.3.3 Proteomearrays

Proteomearrays sind das, was alle Welt haben möchte. Ein miniaturisiertes Abbild eines gesamten Proteoms, zusammengepfercht auf einem kleinen Proteinchip in soldatischen, klar zuordnungsfähigen Reihen aufgestellt. Jeder Spot repräsentiert ein homogenes, biologisch funktionelles Protein (inklusive aller posttranslationalen Modifikationen), welches selbstverständlich hinsichtlich Aminosäuresequenz charakterisiert ist bzw. analysiert werden kann. Zusätzlich soll sich dieser Proteom-Biochip natürlich im HTS-Format einsetzen lassen ... das ist der heilige Gral! Leider haben die Forscher diesen noch nicht gefunden. Zur Zeit sieht das Angebot umfassender Proteomchips recht mager aus. Die letzten zehn Jahre wurde hart an einer Erweiterung des Proteom-Wissens gearbeitet (Patterson & Aebersold 2003), aber bis wir den Gral gefunden haben, müssen noch einige Ritter in die Schlacht geschickt werden.

Was gibt es denn heutzutage? Also, es gibt SELDI mit acht verschiedenen nativen Proteinen, dann gibt es SELDI mit 16 verschiedenen nativen Proteinen, und dann gibt es eigentlich nicht viel mehr, außer eine Kombination aller oben erwähnten Technologien. Sehr viele etablierte Biotech- und junge Startup-Unternehmen sind auf den Proteomearray-Zug gesprungen und versprechen schon heute, als auch in naher Zukunft, einen ultimativen Proteom-Biochip. Surft man wieder mal zu Google und gibt den Begriff ‚proteome' und ‚chip' ein, erhält man mehr als 5.500 WEB-Seitenzitate. Schaut man sich einzelne Zitate an, werden sehr häufig die Begriffe MS-Analyse, ‚functional proteome', 2D-Gelelektrophorese, ‚Tissue-specific microdissection/arrays' und cDNA-Library erwähnt. Wichtig ist es, den Begriff ‚functional proteome' zu verstehen. Dieser sagt nicht mehr aus als dass biologisch vollfunktionsfähige Proteine analysiert und eine Adaptation an das zelluläre Milieu erreicht werden soll. Leichter gesagt als getan. Alle Massenspektrometrie-Methoden lassen sich nur bedingt einsetzen, da die Proteine degradiert, ionisiert und verhackstückt werden ... also nicht mehr funktionell sind. Das bedeutet wiederum, dass nach der SELDI-Applikation das gespottete Protein und/oder der Bindungspartner zumindest bekannt ist, weitere Analysen sich aber mit den ionisierten Restmüll nicht mehr durchführen lassen. Also, Peptid synthetisieren lassen (da man ja nun die ersten N-terminalen Aminosäuren kennt), Antikörper produzieren lassen, Antikörper isolieren und dann mit dem erforderlichen Zellextrakt eine Affinitätschromatographie laufen lassen, bis das gewünschte Protein in Reinheit vor uns steht. Weiter geht's mit dem Spotten und der Suche nach weiteren Bindungspartnern oder Wirkstoffen, die dieses vermeintliche krebserregende Protein in seiner biologischen Aktivität hemmen. Klingt ja recht einfach, aber gehen wir von ca. 30.000 Genen und vielleicht 50.000 davon abgeleiteten und auf bestimmte Art und Weise posttranslational modifizierten Proteinen aus, dann müssten etliche Kaninchen, Ziegen, Mäuse oder Hühner leiden, damit die Antikörper-Produktion auf Hochtouren läuft. Der Vorteil wäre die Sicherung ausreichender Arbeitsplätze für Molekularbiologen und Proteinchemiker für die nächsten 200 Jahre. Nochmals ‚functional' bedeutet immer noch funktionell, und somit sind Methoden, die das Protein zerstören, nicht das Gelbe vom Ei, sofern die Proteine und deren potenzielle Interaktionspartner direkt untersucht und charakterisiert werden sollen.

Zurück zu den Proteomarrays. Ein neuartiger Proteomearray der Startup-Firma ‚Protein Forest' basiert auf einer miniaturisierten 2D-Gelelektrophorese, welche auf einem Glasobjektträger aufgetragen wurde (http://www.proteinforest.com). Dieser 2D-Proteom-Biochip kann leider auch kein größeres (eher ein deutlich geringeres) Repertoire eines gesamten Proteoms darstellen, als es mit den herkömmlichen ‚großen' 2D-Gelen möglich ist, aber der Vorteil liegt in der leichteren Handhabung (ggf. HTS-tauglich) sowie in den geringeren Reagenzienkosten. Eine weitere Technik zur Herstellung von Proteom-Biochips ist durch die Isolierung der mRNA aus den erforderlichen Zellen mit einer darauffolgenden (in vitro) Translation und abschließendem Spotten auf geeignete Biochipmatrizes entstanden (Zhu et al. 2001, Braun & LaBaer 2003). Hierbei ist zu beachten, dass auch die kombinierte (in vitro) Transkription/Translation nur ein ungefähres Abbild eines spezifischen Proteoms bereitstellt, und dass die rekombinant exprimierten Proteine teilweise nicht die nativen posttranslationalen Modifikationen aufweisen. Andererseits lassen sich mithilfe der rekombinanten Proteinexpression diverse Tags an das rekombinante Protein anfügen, die es erlauben, die exprimierten Proteine mit hoher Affinität und Spezifität an eine vorbehandelte Biochipmatrix in gerichteter Orientierung zu koppeln. Die dritte Proteom-Biochip-Alternative, die hier kurz vorgestellt wird, ist die Verwendung einer Gewebemikrodissektion. Dabei wird z.B. auf einem Glasobjektträger ein ultradünner Schnitt eines gesunden und eines kranken Gewebes aufgetragen. Diese ‚Tissue Microarrays' sind für das Screenen mit verschiedenen Antikörpern oder anderen potenziellen Bindungspartnern zum Auffinden krankheitsrelevanter Proteine geeignet (Simon et al. 2003).

3.1.3.4 Molekülarrays

Nun haben wir immer davon geschrieben, dass es sehr schwierig ist native Proteine in der richtigen Konformation auf eine Biochipmatrix zu spotten und anschließend mit diversen potenziellen Interaktionspartnern inkubieren zu lassen. Eine clevere Alternative dieses Problem zumindest teilweise zu umgehen ist der umgekehrte Weg, den z.B. die Firma Graffinity gegangen ist: Bindung der Liganden auf einem Biochip, ohne dass Proteine hierfür eingesetzt werden. Man erhält

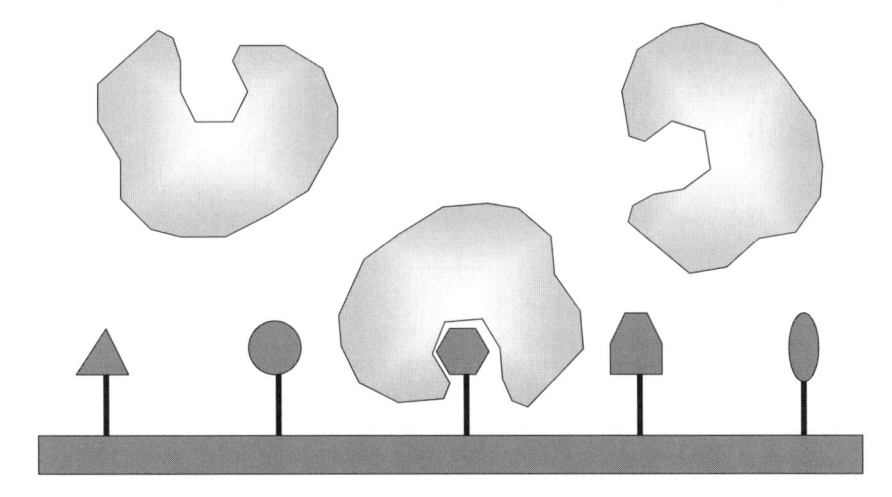

Abb. 3-24: Molekülarrays: Der umgekehrte Weg. Unterschiedliche Small-Molecule-Drugs (SMD) (geometrische Figuren) sind über einen Linker (schwarzer Strich) auf einem Biochip gekoppelt. Nach Inkubation mit einer homogenen Proteinlösung kann eine spezifische Bindung mit einem der SMDs erhalten werden. Sofern das Protein mit einem messbaren Marker (Fluoreszenz, Radioaktivität, spezifischer fluoreszenz-markierter Antikörper etc.) nachgewiesen werden kann, lässt sich eine spezifische Protein-SMD-Interaktion detektieren.

somit einen Molekülchip, der aus mehreren Tausend unterschiedlichen Liganden bestehen kann. Als Liganden werden ‚Small-Molecule-Drugs' (SMD), Nucleinsäuren, Hormone etc. auf diesen Molekülarray gespottet (Abb. 3-24). Anschließend lässt sich ein Liganden-Screening bzw. Drug-Target-Screening mit gereinigten nativen Proteinen oder anderen Makromolekülen durchführen. Hierbei ist es natürlich erforderlich, dass die Interaktion dieser potenziellen Bindungen nachgewiesen werden kann. Das einfachste wäre es, das Protein mit einem Fluoreszenzfarbstoff vorab zu markieren und nach der Inkubation und dem Waschen mit einem geeigneten Scanner zu detektieren. Der Vorteil dieser Molekül-Biochips liegt in der Möglichkeit, für ein bestimmtes Protein ein umfassendes Liganden-Screening im HTS-Format durchzuführen. Damit der optimale Deckel zum Topf gefunden werden kann, erlaubt die Verwendung der Molekülarrays eine enorme Zeit- und Kostenersparnis. Nachteil dieser Methode ist die limitierte Verwendung des freien Interaktionspartners, also des gereinigten Proteins. Das bedeutet, dass schon sehr heiße Kandidaten als Drug-Target bekannt und auch als biologisch aktive Proteine in ausreichender Menge vorhanden sein sollten. Es können selbstverständlich auch rekombinante Proteine für das umgekehrte Drug-Target-Screening eingesetzt werden. Auf diese Weise ließe sich dafür unter anderem auch eine gesamte cDNA-Library eines spezifischen Genoms exprimieren und nach Reinigung und eventueller Vereinzelung der rekombinanten Proteine ein umfangreiches Screening durchführen. Da der Nachweis der Bindungsaffinität z.B. durch Fluoreszenzmessung geschieht, ist es zwingend notwendig, dass die Markierung keine Auswirkung auf die Bindungsaktivität haben wird. Andererseits gilt es zu überlegen, ob ein Molekülarray auch z.B. für das Biacore-System in Frage kommt. Dadurch ließe sich eine Markierung des Proteins ersparen.

Die Proteinarray-Technologie entwickelt sich nun immer schneller weiter, und es wird nicht mehr allzu lange dauern, bis noch geeignetere Methoden zur Bindung der nativen Proteine an Biochips etabliert werden. Die Nachweisgrenze gebundener Proteine und Ligandeninteraktionen wird auch weiterhin erhöht, sodass wenige Attomol eines Protein/Liganden-Gemisches gegenüber den heutigen Femto- bis Pikomolen ausreichend sein werden. Allerdings wird die Proteinarray-Entwicklung nicht nur die Biochips und Scanner beeinflussen, sondern es sind auch optimalere Lösungen hinsichtlich der Puffer, Software und Spotter notwendig.

3.2 Nucleinsäure-Microarrays

T. Röder

Unter diesem Begriff versteht man im Allgemeinen Microarrays, auf denen DNA, in sehr seltenen Fällen auch RNA aufgebracht bzw. gebunden ist. Die DNA dient als Ziel für Hybridisierungspartner, und ermöglicht Aussagen über bestimmte Aspekte der Nucleinsäureprobe, mit der hybridisiert wird. Nucleinsäure-Microarrays können in zwei große Untergruppen aufgeteilt werden, die sich in der Beschaffenheit der gebundenen Nucleinsäuren unterscheiden. Während auf den Oligonucleotid-Microarrays kurze, einzelsträngige DNA-Fragmente gebunden sind, haben wir es bei den ‚klassischen' DNA- oder PCR-Microarrays mit Nucleinsäuren zu tun, die im Allgemeinen etwas länger (von einigen Hundert bis zu einigen Tausend Basenpaaren (bp)) sind. Beide Strategien der DNA-Microarray-Herstellung haben ihre Vor- und Nachteile, und somit auch unterschiedliche Stärken und Schwächen, die sich in einer Diversifizierung der Anwendungsgebiete äußern. Letztlich lassen sich die Oligonucleotid-Microarrays nochmals aufteilen, und zwar in diejenigen, die längere Oligonucleotide verwenden (mit einer Länge $>$ 50 Basen) bzw. diejenigen, die kürzere (mit einer Länge von 20–25 Basen) Oligonucleotide gebunden haben. Daraus folgt, dass derzeit drei DNA-Microarray-Designtypen vorherrschen:

- kurze Oligos,
- lange Oligos und
- PCR-Produkte.

Mit allen drei Microarray-Typen können die klassischen Expressionsstudien durchgeführt werden, die bei den meisten Anwendern als Synonym für DNA-Microarray-Experimente schlechthin gelten. Während die längeren Nucleinsäuren in den Alternativen Zwei und Drei für den Experimentator in Bezug auf die Sondensynthese, Versuchsdurchführung und die Auswertesoftware kaum oder sogar keine Unterschiede bereiten, ist das für die kurzen Oligonucleotide nicht der Fall. Wie schon erwähnt haben alle drei Alternativen bevorzugte Anwendungsfelder. Für die PCR-Microarrays ist dies sicherlich das Gebiet der Untersuchungen mit Organismen, deren Genom noch nicht sequenziert ist. In diesen Fällen sind die Oligonucleotid-Microarrays keine Alternative, da die erforderliche Information über die Nucleotidsequenz aller Gene des Organismus, aus denen die Oligonucleotidsequenzen abgeleitet werden, für deren Synthese gar nicht vorhanden ist. Für die ‚normalen' Expressionsstudien sollten die Microarrays mit den längeren Oligonucleotiden eingesetzt werden, da jeweils ein Gen durch ein Oligonucleotid repräsentiert werden kann. Die letzte Gruppe der Microarrays mit kurzen Oligonucleotiden ist hingegen unschlagbar in allen Applikationen, die sich um die genomische Seite der Wissenschaft ranken, in der SNP-Detektion und in der Aufklärung anderer Aspekte genomischer Variationen. So bleibt eine relative Vielfalt der Konzepte, und damit verschiedener Designs von DNA-Microarrays erhalten, die optimal an die jeweiligen Erfordernisse angepasst sind.

3.2.1 Hybridisierungssonden

Für den normalen Anwender sind die Synthese der Microarrays und die damit verbundenen Details von untergeordneter Bedeutung. Oft werden die Microarrays käuflich erworben oder von Service-Units hergestellt, die es an den meisten großen Forschungseinrichtungen gibt. In den allermeisten Fällen bekommt der Experimentator den Microarray, und hat sich dann auf die Gegebenheiten einzustellen. Der Idealfall, bei dem alle Aspekte eines komplexen Experiments, vom Microarray-Design, über dessen Produktion bis zur eigentlichen Hybridisierung und Auswertung in einer Hand liegen und aufeinander abgestimmt sind, ist relativ selten anzutreffen. Der einzige Aspekt dieses Experiments, der dem Experimentator überlassen bleibt, ist die Herstellung und Markierung der Sonde, sowie die sich daran anschließende Hybridisierung. Daher sollte diesem Aspekt des Experiments eine besondere Bedeutung zugemessen werden. Es kann von entscheidendem Vorteil für den Experimentator sein, wenn er über alle Optionen der Sondenherstellung, über die damit verknüpften Probleme und Fallstricke sowie die häufigsten Fehlerquellen möglichst genau informiert ist. Vor Beginn eines Experiments sind einige, wichtige Fragen zu klären:

- Was will ich herausbekommen?
- Welche Gewebe (Proben) setze ich ein?
- Ist gewährleistet, dass die Probengewinnung reproduzierbar ist?
- Habe ich ausreichend Material zur Verfügung?
- Falls nicht, wie vermehre ich das Material?

Obwohl auf dem ersten Blick trivial, sind diese Fragen für ein aussagefähiges DNA-Microarray-Experiment von entscheidender Bedeutung. Ein nicht unerheblicher Teil der durchgeführten DNA-Microarray-Experimente folgt eher dem Schema: Schau'n mer mal! Proben, die sowieso schon verfügbar sind, werden dann eben auch noch mit einem DNA-Microarray hybridisiert. Es könnte ja etwas Interessantes dabei herauskommen.

Die erste Frage ist demnach die nach der wissenschaftlichen Fragestellung: Was will ich wirklich wissen? Gibt es eine konkret zu formulierende Problematik? Letztlich muss geklärt sein, ob das zur Verfügung stehende Probenmaterial auch dasjenige ist, mit dessen Hilfe diese Fragestellung adäquat beantwortet werden kann. Von ebensolcher Bedeutung, wie die allgemeine Einschätzung der Relevanz des konkreten Experiments, ist die kritische Beurteilung der Probenqualität. DNA-Microarray-Experimente müssen vielfach wiederholt werden, um abgesicherte Aussagen treffen zu können. Diese Experimente sind einer inhärenten Variabilität unterworfen, die zu einer gewissen Schwankungsbreite der Ergebnisse führt. Um diese sowieso schon ärgerlichen Schwankungen nicht noch weiter zu steigern, ist es notwendig, dass das Ausgangsmaterial eindeutig definiert ist. Es sollte demnach gewährleistet sein, dass verschiedene Proben des gleichen Ansatzes auch gleiches Material beinhalten. Ist das Material heterogen? Variiert diese Heterogenität? Gibt es Änderungen in der Zeit?

Falls diese ‚beckmesserischen' Einwürfe alle positiv zu beantworten sind, steht einem erfolgreichen Experiment nichts Wesentliches mehr im Wege. Leider kommt es häufig vor, dass für die wirklich interessanten Experimente nicht genügend Material zur Verfügung steht. Was dann? Es gibt einige Möglichkeiten, aus wenig viel zu machen, ohne dass es zu einer Verfälschung der Ergebnisse führt.

3.2.1.1 Wahl der Sonden

Im Prinzip besteht die Möglichkeit, DNA-Microarrays mit DNA-Sonden oder mit RNA-Sonden zu hybridisieren. Auch in diesem Fall muss die Entscheidung vor der konkreten Versuchsplanung feststehen. Dabei ist zu bedenken, dass die Verwendung von DNA-Sonden sehr viel gebräuchlicher und einfacher ist. Auf der anderen Seite bietet die Verwendung von RNA-Sonden den Vorteil einer spezifischeren Hybridisierung. Eine RNA/DNA-Hybridisierung ist energetisch sehr viel günstiger als eine DNA/DNA-Hybridisierung und kann demzufolge bei höheren Temperaturen, sprich höherer Spezifität, erfolgen. Ein nicht ganz unwichtiger, bei der Wahl der Sondensynthese zu berücksichtigender Aspekt, ist die Architektur des DNA-Microarrays. Aufhorchen soll man immer dann, wenn nicht PCR-Produkte sondern Oligonucleotide jedweder Art auf den DNA-Mircoarray gespottet wurden und als Ziel-DNA für die Hybridisierungssonde fungieren. Mit derartigen Oligonucleotiden können natürlich nur Sonden hybridisieren, die über die komplementäre Sequenz verfügen. Darum ist bei der Wahl der Sondenform und ihrer Markierung peinlichst genau darauf zu achten, dass das entstandene markierte Endprodukt komplementär zur der auf dem Microarray gebundenen DNA ist.

3.2.1.2 DNA-Sonden

Nachdem geklärt ist, ob ausreichend Material zur Verfügung steht, muss entschieden werden, wie die Markierung der Probe erfolgt. Da normalerweise RNA bzw. mRNA zur Verfügung steht, ist der klassische Weg derjenige, der die Sonden-Markierung durch eine cDNA-Synthese bei gleichzeitigem Einbau markierter Nucleotide repräsentiert. Dafür stehen unterschiedliche Formen der DNA-Markierung zur Verfügung, die derzeit gebräuchlich sind:

- die radioaktive Markierung,
- die Markierung mit Haptenen wie Biotin oder Digoxigenin und
- die Fluoreszenzmarkierung.

Wie immer bei derartigen Alternativen, sind die Vorteile und Nachteile gerecht zwischen allen verteilt. Radioaktive Markierung ist etwas sensitiver als Fluoreszenzmarkierung, hat jedoch neben den, für radioaktive Methoden bestehenden allgemeinen Handicaps, auch den Nachteil, dass pro Microarray nur eine Probe hybridisiert werden kann. Aus diesem und weiteren Gründen verliert die radioaktive Markierung zunehmend an Bedeutung und wird in absehbarer Zeit vollkommen von der Fluoreszenz-Markierung ersetzt werden. Die Markierung mit Haptenen wie Biotin bietet eine relativ flexible Vorgehensweise, die z.B. als sekundäre Markierung alle denkbaren Formen der Fluoreszenzmarkierung ermöglicht. Biotin-markierte Nucleotide oder Desoxynucleotide werden häufig in Microarray-Experimenten mit der Affymetrix-Technologie eingesetzt (siehe Abschnitt 3.2.3).

Für die Fluoreszenz-Markierung stehen eine Reihe unterschiedlicher Nucleotide zur Verfügung, die entweder mit Cyanine-Farbstoffen (Cy2, Cy3 und Cy5) bzw. den entsprechenden analogen Fluoreszenzfarbstoffen anderer Anbieter markiert sind. Diese werden in variierenden Verhältnissen (z.B. Cy3-dUTP im Verhältnis 1:1) mit nicht-markiertem dTTP der cDNA-Synthesereaktion beigefügt, und die Reverse Transkriptase vollendet ihr segensreiches Werk, indem sie strahlende Sterne in die neu synthetisierte cDNA einbaut (Abb. 3-25). Leider macht sie das mit diesen relativ großen, modifizierten Nucleotiden nicht so gerne, sodass die erreichte Effektivität hinter der theoretisch möglichen weit zurück bleibt. Nichtsdestotrotz ist es bislang die gebräuchlichste Form der Markierung, da sie reproduzierbar ist und eine relativ geringe Manipulation der RNA erfordert. Das ist gerade für Labors vorteilhaft, die derartige Experimente nicht allzu häufig durchführen. Da nach der RNA/mRNA-Isolierung lediglich eine simple cDNA-Synthese notwendig ist, kann kaum etwas passieren, und der Erfolg ist gewährleistet. Ein Aspekt der zur Reproduzierbarkeit der Reaktion entscheidend beiträgt. Der Nachteil, der in dem ineffizienten Einbau dieser modifizierten Nucleotide liegt, kann durch Modifikationen innerhalb des Enzyms vermindert werden. So haben einige Anbieter veränderte Reverse Transkriptasen im Angebot, die mit den markierten Nucleotiden besser zurecht kommen, was sich wiederum in einer gesteigerten Einbaurate äußert. Da die an die Nucleotide gekoppelten Fluorophore (z.B. Cy3, Cy5) unterschiedliche räumliche Ausdehnungen haben, führt das zu unterschiedlichen Effizienzen beim Einbau in die cDNA (Abb. 3-26).

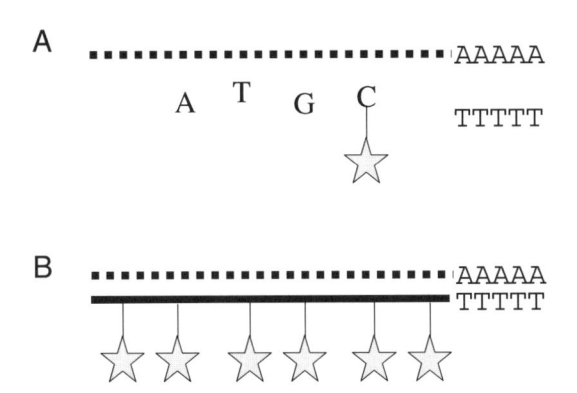

Abb. 3-25: Markierung von RNA. Um die Hybridisierungssonde zu erzeugen, kann mRNA markiert werden, die aus dem Gewebe der Wahl isoliert wurde. Zu diesem Zweck wird eine cDNA-Synthese, geprimed durch ein Oliog(dT)-Oligonucleotid, durchgeführt (**A**). Im Rahmen dieser cDNA-Synthese werden markierte Nucleotide (z.B. mit Cy3 oder Cy5) in den neu synthetisierten DNA-Strang eingebaut (**B**). Diese cDNA ist nun dementsprechend Fluoreszenz-markiert und dient als Hybridisierungssonde.

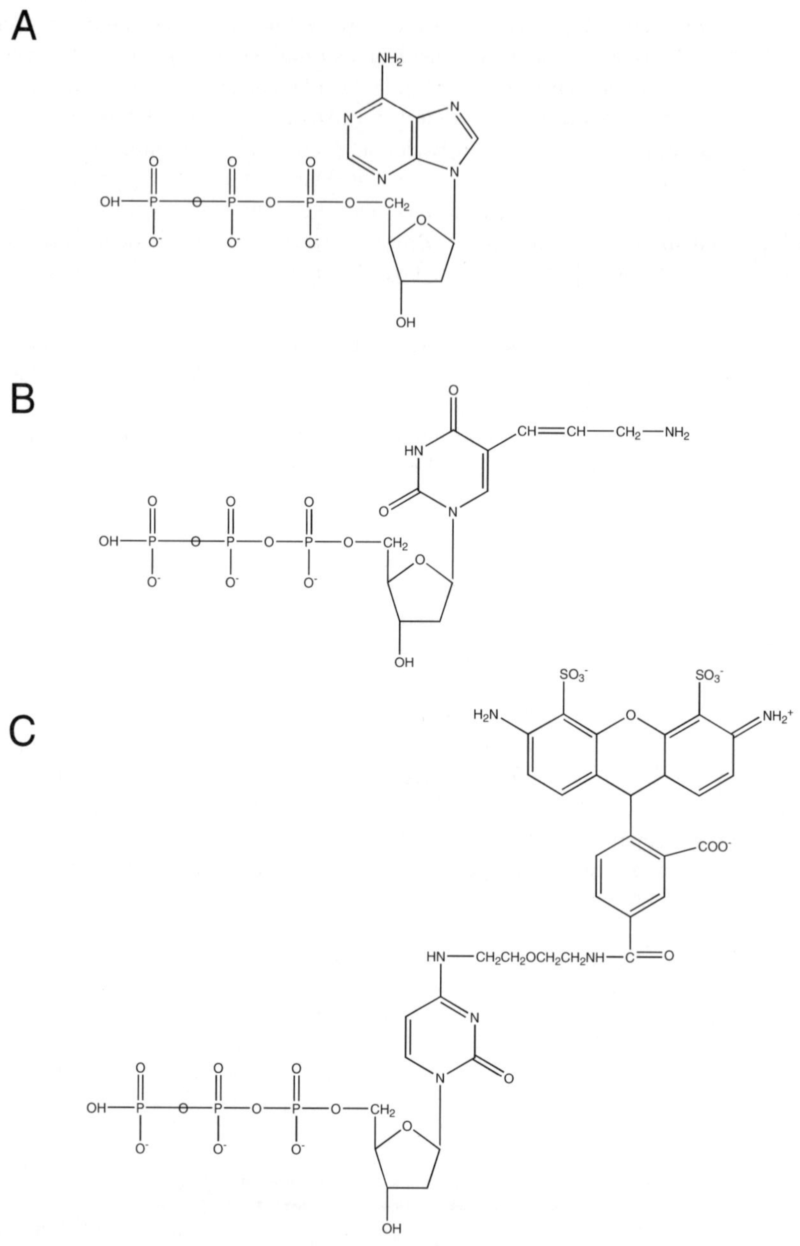

Abb. 3-26: Markierung der cDNA. Eine Reihe unterschiedlicher, markierter Nucleotide kann zur Markierung der cDNA eingesetzt werden. Neben der einfachen radioaktiven Markierung, die sich durch eine Markierung an einer der Phosphat-Gruppen auszeichnet, werden unterschiedliche Modifikationen über die entsprechenden Nucleotide eingeführt. Dabei zeigt sich, dass Modifikationen, wie die Kopplung eines Fluorophors oder eines Biotinrestes, relativ große Veränderungen der Struktur bedingen. Die Kopplung mit der aktivierbaren Amino-Allyl-Gruppe hat hingegen kaum Einfluss auf die räumliche Ausdehnung der Nucleotide. Dargestellt sind ein nicht-modifiziertes Nukleotid (**A**), ein Amino-Allyl-modifiziertes Nukleotid (**B**) sowie ein Fluoreszenzmarkiertes (Alexa Fluor 488-dCTP) Nukleotid (**C**).

Dieser Unterschied kann recht ärgerlich werden und sich darin äußern, dass ein Kanal drei bis fünf mal solange belichtet werden muss, um identische Intensitäten zu erreichen.

Als erwägenswerte Alternative bietet sich der Fluoreszenz-Einbau einer anderen Form modifizierter Nucleotide an, die im Gegensatz zu den Fluoreszenz-markierten Nucleotiden, lediglich über eine räumlich kleine Modifikation verfügen. Es handelt sich um so genannte Amino-Allyl-Derivate (Abb. 3-26:B), die eine Einbaurate aufweisen, welche weitestgehend derjenigen bei nichtmodifizierten Nucleotiden entspricht (Abb. 3-26:A). Die Amino-Allyl-Nucleotide können in einem zweiten Schritt zur Kopplung einer nahezu unbeschränkten Anzahl verschiedener Marker eingesetzt werden. Bei den zu koppelnden Substanzen handelt es sich z.B. um Succinimidyl-Ester der entsprechenden Farbstoffe, die im Alkalischen leicht an primäre Amine binden können, und somit eine kovalente Amid-Bindung zwischen dem Fluorophor und der zu markierenden DNA/RNA ermöglichen (Abb. 3-27). Auf diese Weise wird die entstandene cDNA mit den entsprechenden Fluoreszenz-Farbstoffen ausgestattet. Da diese Reaktion mit einer sehr hohen Effizienz erfolgt, treten ärgerliche Unterschiede in der Markierungseffizienz kaum auf. Ein eindeutiger Vorteil dieser Methode. Neben den Fluoreszenz-Farbstoffen können auch entsprechend modifizierte Biotin- oder Digoxigenin-Moleküle eingesetzt werden. Derartige Systeme werden z.B. von den Firmen Ambion oder BD Clontech (Atlas-System) angeboten.

3.2.1.3 RNA-Sonden

Die RNA-Sonden können im Prinzip auf zwei verschiedene Arten hergestellt werden. Erstens kann mRNA direkt markiert werden, in dem ein Hapten chemisch an die RNA gekoppelt wird, oder zweitens, die Markierung erfolgt während der ‚cRNA-Synthese' (copy RNA, die in einigen Fällen auch komplementäre RNA bedeuten kann). Hierbei muss die ursprünglich vorhandene mRNA in cDNA umgeschrieben werden. Für die cRNA-Synthese ist doppelsträngige DNA erforderlich, die z.B. mit dem T7-RNA-Polymerase- oder dem SP6-RNA-Polymerase-Promotor ausgestattet ist. Diese kurze Sequenz wird im Allgemeinen durch den Primer eingeführt, der für die cDNA-Synthese eingesetzt wird. DNA-abhängige RNA-Polymerasen haben stark an Bedeutung gewonnen, da sie integraler Bestandteil eines sehr effektiven Vermehrungsschritts sind. Die Vermehrung der RNA-Templates wird ausführlich in Abschnitt 3.2.2 beschrieben und diskutiert. Die eigentliche Markierung erfolgt dann durch den Einbau markierter Nucleotide während der cRNA-Synthese (Abb. 3-28). Die chemische Markierung der zu hybridisierenden mRNA ist im Prinzip ein sehr stringenter Ansatz, da keine enzymatische Behandlung der RNA erforderlich ist. Es werden modifizierte, reaktive Haptene eingesetzt, die unter definierten Temperatur- und pH-Bedingungen kovalent an die RNA binden, und sie somit markieren (Abb. 3-29). Der Nachteil bei diesem, eigentlich als optimal anzusehenden Ansatz, liegt in der Fragilität des Objektes der Begierde, der RNA. RNA ist leider bei den erforderlichen Kopplungsbedingungen nicht sehr stabil und neigt zur Degradierung. Eine Erfahrung die man allzu oft machen muss. Ein weiterer Grund für die relative Unbeliebtheit dieses Ansatzes ist ein tief sitzendes Misstrauen, dass die allermeisten Molekularbiologen in ihre eigenen Fähigkeiten (meist unbegründet) auf dem Gebiet der organischen Chemie haben.

Die von Eberwine eingeführte ‚aRNA-Vervielfältigung' ermöglicht eine Vermehrung um den Faktor 1.000. Der Terminus ‚aRNA' bezeichnet die ‚amplified RNA', und ist als Synonym für die ‚complementary RNA (cRNA)' zu betrachten, da in beiden Fällen von der segensreichen Aktivität DNA-abhängiger RNA-Polymerasen Gebrauch gemacht wird. Da z.B. durch die Hilfe der T7-RNA-Polymerase RNA abgeschrieben und vervielfältigt wird, steht der Experimentator wieder vor der Frage: Stelle ich DNA- oder RNA-Sonden her? Um die sich daran anschließende cDNA-

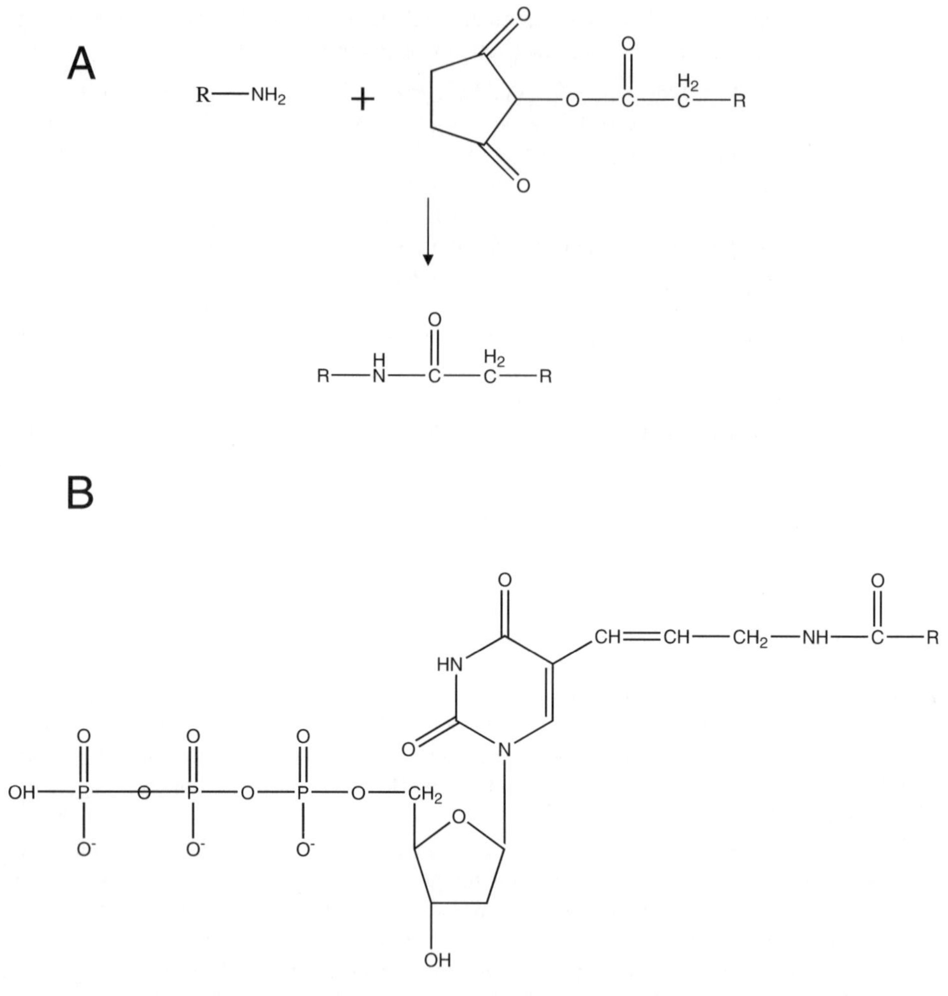

Abb. 3-27: Markierung durch modifizierte Nucleotide. Modifizierte Farbstoffe, wie z.B. Succinimidyl-Ester entsprechender Substanzen, lassen sich relativ einfach an Amin-modifizierte Substanzen koppeln (**A**). Im Teil **B** der Abbildung ist das entstandene Produkt einer derartigen Kopplung an eine Amino-Allyl-modifizierte Base dargestellt.

Synthese zu umgehen, kann die cRNA direkt, während der Synthese, markiert werden. Dazu bieten sich, ebenso wie bei der DNA-Markierung, das ‚Labelling' mit unterschiedlichen Haptenen an. Amino-allyl-modifizierte Nucleotide sind hierbei die gebräuchlichsten. Diese direkte Markierung ist deshalb vorteilhaft, da auf einen zusätzlichen enzymatischen Schritt verzichtet wird, der zudem noch relativ ineffektiv ist. Die cDNA-Synthese-Reaktionen erfolgen im Allgemeinen mit einer Effizienz von 10 bis maximal 50 %.

Eine Option, die bei der Verwendung von RNA-Hybridisierungssonden besteht, stellt die Anpassung der Sondenlänge an das Experiment dar. Sehr lange Hybridisierungssonden neigen zu verstärktem Hintergrund und sollten demnach vermieden werden. RNA wird schnell und leider sehr

A

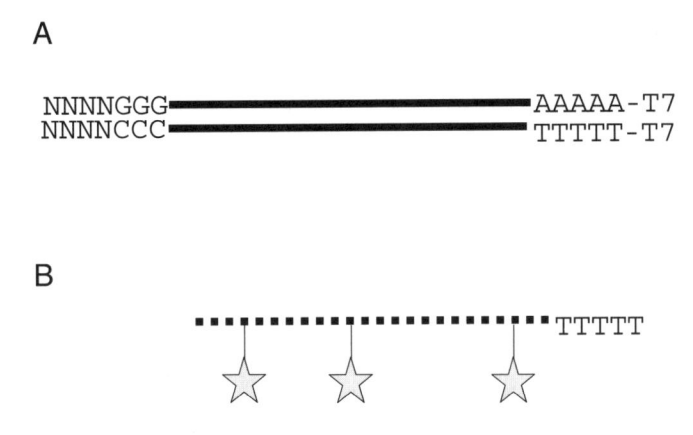

```
NNNNGGG━━━━━━━━━━━━━━━AAAAA-T7
NNNNCCC━━━━━━━━━━━━━━━TTTTT-T7
```

B

▪▪▪▪▪▪▪▪▪▪▪▪▪▪▪▪▪▪▪▪▪▪▪▪▪ TTTTT
☆ ☆ ☆

Abb. 3-28: Markierung der RNA. RNA kann entweder direkt verwendet, oder durch die Aktivität der T7-RNA-Polymerase (**B**) aus cDNA (**A**) synthetisiert werden. Analog zur DNA kann die RNA auch mit entsprechenden Methoden markiert und anschließend für die Hybridisierung eingesetzt werden.

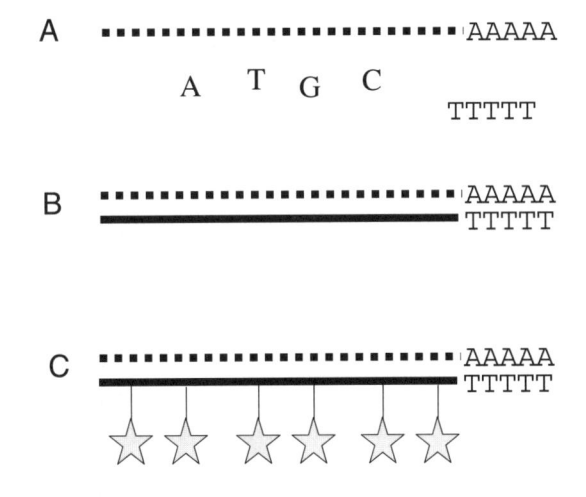

A ▪▪▪▪▪▪▪▪▪▪▪▪▪▪▪▪▪▪▪▪▪▪▪▪▪ AAAAA

A T G C   TTTTT

B ▪▪▪▪▪▪▪▪▪▪▪▪▪▪▪▪▪▪▪▪▪▪▪▪▪ AAAAA
━━━━━━━━━━━━━━━━━━━━━━━━━ TTTTT

C ▪▪▪▪▪▪▪▪▪▪▪▪▪▪▪▪▪▪▪▪▪▪▪▪▪ AAAAA
━━━━━━━━━━━━━━━━━━━━━━━━━ TTTTT
☆ ☆ ☆ ☆ ☆

Abb. 3-29: Alternative zur Markierung der DNA/RNA. Anschließend an die DNA/RNA-Synthese (**A**, **B**) besteht die Möglichkeit, die Markierung im Nachhinein, an nicht-modifizierter DNA/RNA durchzuführen. Zu diesem Zweck werden aktivierte Haptene, wie z.B. Psoralen-Biotin oder dementsprechend aktivierbare Fluorophore an die DNA/RNA gekoppelt (**C**).

reproduzierbar degradiert. Aus diesem Grund haben sich standardisierte Bedingungen etabliert, die RNA im gewünschten Größenbereich (von 50–300 bp) erzeugen. Es handelt sich hierbei um die ‚alkalische Hydrolyse', die bei genau definierten Temperatur- und pH-Bedingungen nach definierten Inkubationszeiten die gewünschten RNA-Längen erzeugt. Entsprechende Reagenziensysteme werden kommerziell vertrieben und erlauben eine einfache, risikolose Vorgehensweise (Ambion RNA Fragmentation Kit).

Neben den heute gebräuchlichen Markern für die Hybridisierungssonden (verschiedene Fluoreszenzfarbstoffe, Haptene oder radioaktiv markierte Nucleotide), werden einige neuartige Markierungsmethoden an Bedeutung gewinnen, die sich bislang noch im Versuchsstadium befinden. Ein besonderer Ansatz sei hier nochmals erwähnt: ‚Quantum-Dots', kleine Partikel aus Halbleiter-Nanokristallen, die eingehend unter Abschnitt 3.4.3 erklärt werden.

3.2.2 Geringe RNA-Mengen, was nun?

Nachdem der Entschluss gefasst wurde, ein Bahn brechendes DNA-Microarray-Experiment durchzuführen, verfällt der ambitionierte Forscher schnell in tiefe Depressionen, da er erkennen muss, dass er nie und nimmer die 30–100 μg RNA zusammen bekommt, die für ein erfolgreiches Experiment erforderlich sind. Es gibt zwei Alternativen, die sofort ins Auge fallen: Erstens ein Unmaß an Arbeitszeit und Finanzmitteln in die Besorgung der entsprechenden RNA-Menge investieren, oder zweitens einen anderen Ansatz wählen. Falls man die erste Alternative unbedingt verwerfen möchte, bieten sich einige Möglichkeiten an, um doch noch aus wenig viel zu machen, und mit dem begrenzten Material gescheite Experimente durchzuführen. Hierbei sind zwei grundlegend unterschiedliche Vorgehensweisen vorzustellen:

- Verstärkung des Signals und
- Vermehrung des Hybridisierungsmaterials.

3.2.2.1 Verstärkung des Hybridisierungssignals

Diese Option bietet sich an, wenn etwas weniger Material als normalerweise erforderlich zur Verfügung steht. Es handelt sich um Bereiche von einigen μg RNA, wobei diese ‚Range' um den Faktor zehn bis 100 niedriger liegt als der oben beschriebene. Die erzielte Empfindlichkeit, die bei derartigen Experimenten festzustellen ist, stellt keinesfalls die Grenzen des physikalisch Möglichen dar, sondern repräsentiert den aktuellen Stand der Technik auf diesem Gebiet. Innovationen im Design der Markierungsmethoden oder der Microarray-Reader können Quantensprünge in der Reduzierung der erforderlichen RNA-Menge bedeuten.

Heutzutage sind so genannte Verstärkungsmethoden, die ein Hybridisierungssignal durch einen Sekundärprozess erhöhen, verfügbar. Hierbei sind zwei Methoden, die ‚Tyramid-Signal-Amplifikation' (TSA) und die Dendrimer-Technologie besonders hervorzuheben. Beide Methoden haben das grundlegende Verstärkungsprinzip gemein, erreichen es aber auf unterschiedlichen Wegen. Eine ausführliche Beschreibung der TSA-Technologie ist in Abschnitt 3.4.1 dargestellt. Weiterhin wird in Abschnitt 3.4.2 detaillierter auf die Dendrimer-Technologie eingegangen. Diese Applikationen sind insbesondere für die DNA-Microarray-Technologie und die in-situ-Hybridisierung geeignet.

3.2.2.2 Vermehrung des Hybridisierungsmaterials

Stellt man fest, dass für das eigene, wahrscheinlich geniale Experiment, noch weniger RNA zur Verfügung steht, muss der dornige Weg der Materialvermehrung beschritten werden. Obwohl dieses mithilfe einiger Methoden möglich ist, muss beachtet werden, dass am Ende eines derartigen Prozesses nicht mehr das Ausgangsmaterial steht, sondern enzymatisch erzeugte DNA oder RNA, die nicht notwendigerweise die Verhältnisse (z.B. relative Abundanz) der Ausgangs-RNA wiederspiegelt. Durch die PCR kann sich der Parameter der vermehrten DNA/RNA-Population gegenüber dem Ausgangsmaterial verändert haben, da die PCR zur Amplifikation von kleineren Fragmentgrößen neigt. Das aber möchte der gewissenhafte Experimentator unbedingt vermieden wissen, da kaum etwas Unangenehmeres passieren kann, als dass Ergebnisse eines aufwendigen Experiments nur bedingt etwas mit der Realität zu tun haben. Das gilt insbesondere dann, wenn diese Ergebnisse nicht unabhängig validiert werden können. Für den Experimentator ist das Fluch oder Segen! Diesen Erwägungen folgend, sollten Methoden eingesetzt werden, von denen gezeigt wurde, dass die soeben beschriebenen Probleme nicht auftauchen, und die entsprechenden Versuche zu relevanten Ergebnissen führen können.

3.2.2.3 Vermehrung mithilfe der PCR

Seit ihrem Erscheinen auf dem Feld der molekularen Biologie ist die PCR das Synonym für die einfache und problemlose Vermehrung von DNA. Nahezu jede DNA-Population kann vermehrt werden, was die Relevanz der Methodik für unsere Fragestellung offensichtlich erscheinen lässt. Man benötigt lediglich ein Template, zwei Oligonucleotide, die ihre komplementären Sequenzen in der Template-DNA haben, sowie die Taq-DNA-Polymerase und einen PCR-Cycler. Template-DNA und PCR-Cycler machen sicherlich keine Schwierigkeiten, aber bei den Oligonucleotiden hingegen wird es bedeutend komplizierter. Wir wollen nicht nur eine leicht zu amplifizierende DNA-Population vermehren, sondern alle Fragmente mit der gleichen Amplifikationsrate vervielfältigen. Das kann bedeuten, dass mehr als 10.000 verschiedene Transkripte in einem normalen Gewebe vorhanden sind, und wir wissen noch nicht einmal welche. Eine für den normalen PCR-Anwender grauenhafte Vorstellung. Diese Probleme können allerdings recht einfach umgangen werden. Alle DNA-Populationen müssen mit jeweils einer bekannten DNA-Sequenz an ihrem 3'- und 5'-Ende versehen werden. Für das 3'-Ende ist dies relativ trivial (die Begriffe 5' und 3' beziehen sich auf die RNA). Die cDNA-Synthese wird im Allgemeinen durch ein Oligo(dT)-Oligonucleotid geprimed, was bedeutet, dass diese Sequenz Bestandteil aller erzeugter mRNAs und somit die der davon abgeleiteten cDNA-Population ist. Durch Verwendung entsprechender Oligonucleotide, die zusätzlich zum Oligo(dT)-Anteil weitere Sequenzabfolgen aufweisen, lässt sich jede Nucleotidsequenz in die synthetisierte cDNA einführen. Leider gilt diese Schlichtheit des Ansatzes nur für das 3'-Ende der cDNA. Beim 5'-Ende sieht das nicht so einfach aus. Es gibt keinen ubiquitären Primer, der sich ähnlich des Oligo(dT)-Primers und das 5'-Ende der mRNA anlagert. Nichtsdestotrotz gibt es natürlich Möglichkeiten, diese anscheinend unüberwindlichen Probleme zu umgehen, sonst hätten wir diese Problematik nicht in einer derart epischen Breite ausgeführt. Prinzipiell eignen sich alle Methoden zur 5'-Markierung der cDNA, die auch für das 5'-RACE (Rapid amplification of complementary ends) verwendet werden. Wie gelangt die unbekannte Sequenz an das 5'-Ende einer cDNA? Es gibt einige Methoden, von denen der so genannte ‚CapFinder'-Ansatz der einfachste und am weitesten verbreitete ist (Franz et al. 1999). Er basiert auf einer Eigenschaft der ‚Moloney murine lymphocyte virus' (MMLV)-Reversen-Transkriptase. Nach Erreichen des Template-Endes werden noch zusätzliche Nucleotide, genauer gesagt die Cytosine, an das 3'-Ende der synthetisierten cDNA eingebaut. Diese zwei bis vier Cytosine dienen als Template für einen weiteren, so genannten ‚CapFinder'-Primer, an dessen 3'-Ende drei bis vier Guanine eingefügt wurden, die wiederum komplementär zu den Cytosinen sind, und deshalb mit diesen hybridisieren. Dadurch wird der CapFinder-Primer selbst zum Template für die reverse Transkription, die ihrerseits sein reverses Komplement am 3'-Ende in die cDNA einfügt, und es dadurch mit einer definierten Sequenz versieht (Abb. 3-30). Alternativ lassen sich andere Methoden einsetzen, die den Einbau eines längeren Bereiches (z.B. von Adeninen) unter Verwendung der Terminalen-Transferase begünstigen (Franz et al. 1999). Auch die T4-RNA-Ligase vermittelte Ligation eines RNA-Oligos, an die mRNA zur Markierung des 3'-Endes der cDNA, kommt hierfür in Frage (Roeder und Bruchhaus 2002). Welche Methode letztendlich Anwendung findet, ist dem Experimentator überlassen, Hauptsache es funktioniert. Falls es mal nicht so gut mit der PCR

A
```
    ■■■■■■■■■■■■■■■■■■■■■■■■■AAAAA
        A   T   G   C
                          TTTTT
```

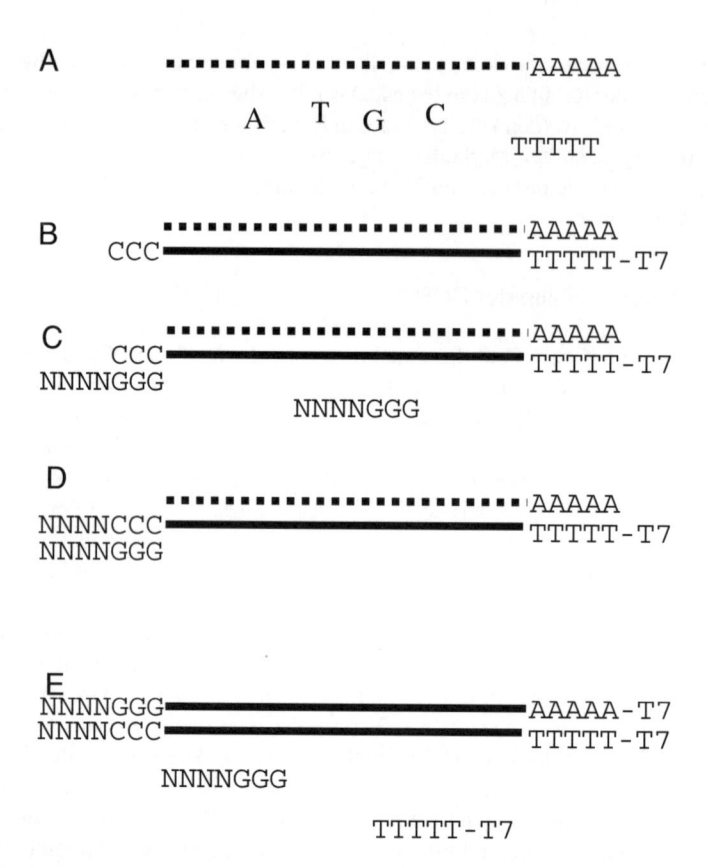

B
```
         ■■■■■■■■■■■■■■■■■■■■■■■■■AAAAA
    CCC━━━━━━━━━━━━━━━━━━━━━━━━━━━TTTTT-T7
```

C
```
         ■■■■■■■■■■■■■■■■■■■■■■■■■AAAAA
    CCC━━━━━━━━━━━━━━━━━━━━━━━━━━━TTTTT-T7
NNNNGGG
           NNNNGGG
```

D
```
            ■■■■■■■■■■■■■■■■■■■■■■■■■AAAAA
NNNNCCC━━━━━━━━━━━━━━━━━━━━━━━━━━━━━━TTTTT-T7
NNNNGGG
```

E
```
NNNNGGG━━━━━━━━━━━━━━━━━━━━━━━━━━━━━━AAAAA-T7
NNNNCCC━━━━━━━━━━━━━━━━━━━━━━━━━━━━━━TTTTT-T7
           NNNNGGG

                    TTTTT-T7
```

Abb. 3-30: PCR-Reaktion mit ‚CapFinder'. Um aus wenig RNA ausreichend Material für eine Hybridisierung zu erzeugen, kann die Gesamtheit der erzeugten cDNA mittels einer PCR-Reaktion amplifiziert werden. Derzeit ist der so genannte CapFinder-Ansatz der am weitesten verbreitete. Hierbei werden, hervorgerufen durch eine Terminale-Transferase Aktivität der Reversen-Transkriptase, wenige Cytosine an das Ende des neu synthetisierten cDNA-Strangs angefügt (**B**). An diese Cytosine kann das 3'-Ende des so genannten CapFinder-Primers hybridisieren (**C**), wodurch der Primer selbst als Template für die Reverse-Transkriptase dient (Template Switch; (**D**)). Dies führt zur Inkorporation der revers komplementären Sequenz des Primers in die cDNA-Sequenz. Durch dieses Verfahren kann die Gesamtheit der synthetisierten cDNA mittels einer PCR-Reaktion vermehrt werden (**E**).

klappen sollte, dann empfehlen wir das ‚PCR-Methodenbuch' aus der Spektrum-Reihe. In diesem Laborbuch finden sich viele Protokolle und nützliche Tipps rund um die PCR (Müller 2001).

Nachdem nun beide Seiten der cDNA markiert sind, kann mit einer PCR-Reaktion die Gesamtheit der transkribierten Information nahezu beliebig vermehrt werden. Die PCR hat allerdings einige inhärente Problemzonen, die z.B. bei sehr langen (> 6 kb) Amplifikaten liegen, oder aber nach exzessiver Amplifizierung (> 35 Zyklen) auftreten. Leider zeigt die PCR eine Bevorzugung kurzer (< 500 bp) Amplifikate. Im Extremfall würde das bedeuten, dass nach einer entsprechenden Anzahl an PCR-Zyklen größere Amplifikate überhaupt nicht mehr vorhanden sind, weshalb Gene mit großen Transkripten nicht repräsentiert werden. Das Problem kann durch einige Modifikation der PCR-Reaktion abgemildert, wenn nicht gar beseitigt werden. Die so genannte ‚Long amplification' (LA)-PCR verwendet eine Mischung zweier hitzestabiler Polymerasen: einer sehr prozessiven

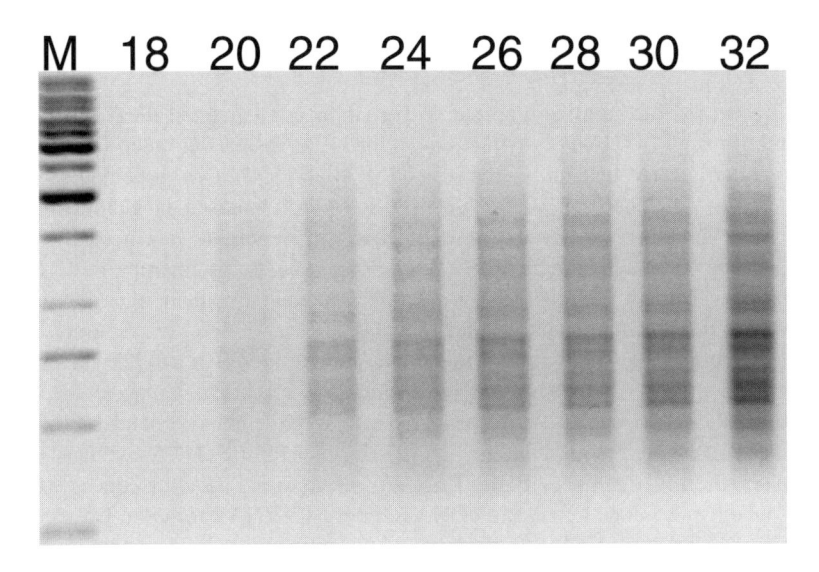

Abb. 3-31: Pilot-PCR-Reaktionen. Um sicher zu stellen, dass die PCR-Reaktion in der exponentiellen Phase bleibt, müssen Pilot-PCR-Reaktionen mit unterschiedlicher Zyklenzahl (18–32 Zyklen) durchgeführt werden. Das ist notwendig, da es sonst zu einer Verschiebung der relativen Transkriptrepräsentanz kommen kann. Der geneigte Experimentator sucht eine Zyklenzahl aus, bei der sicher gestellt ist, dass im nächsten Zyklus eine entsprechende Vermehrung der Gesamt-cDNA-Menge erfolgt. Die Methode eignet sich, um den Plateaubereich der PCR zu umgehen. M = DNA-Größenmarker.

DNA-Polymerase ohne 3' → 5' Exonucleaseaktivität (z. B. die Taq-DNA-Polymerase), und einer zweiten langsameren Polymerase, die aber eine 3' → 5' Exonuclease- und Proofreading-Aktivität (z.B. die Pfu-DNA-Polymerase) aufweist. Um das Optimum zweier Welten zu erhalten, werden beide in einem Verhältnis von 20:1 eingesetzt, und somit ist die Amplifizierung auch langer DNA-Populationen gewährleistet (Barnes 1994).

Der zweite größere Problembereich ist durch die spezifische Kinetik der PCR-Reaktion gegeben. Während die PCR-Reaktion in der initialen Phase einen exponentiellen Charakter zeigt, geht sie gegen Ende in einen Sättigungsbereich über. Dieser Sättigungsbereich ist für den Experimentator besonders gefährlich, da es zu einer Verschiebung der relativen Transkript-Zusammensetzung kommt: eine absolute ‚no go area'! Der einzige Weg dieses zu umgehen, besteht darin, die Reaktion im exponentiellen Bereich zu belassen und somit Sättigungseffekte auszuschließen. Deshalb sollten nicht mehr als 30 Zyklen durchgeführt werden. Das PCR-Produkt sollte durch DNA-Elektrophorese kontrolliert werden. Bei einer derartigen Amplifikation einer cDNA-Population entsteht ein DNA-Schmier von sehr unterschiedlicher Größe. Nimmt ab einer bestimmten Zyklenzahl die Intensität des Schmiers nicht mehr entsprechend zu, so befindet man sich schon im Sättigungsbereich. Also, auch in diesem Fall ist weniger oft mehr (Abb. 3-31).

Die PCR-Reaktion ist lediglich ein Teil der Markierungsprozedur. Markierte Nucleotide können während der PCR-Reaktion kontinuierlich oder lediglich in den letzten Zyklen der Reaktion eingebaut werden. Alternativ bieten sich andere Markierungsreaktionen (z.B. das ‚Multi-Prime-Labeling') an.

3.2.2.4 RNA-Amplifizierung

Als Alternative zur PCR-Amplifizierung wurde vor ca. einem Jahrzehnt die Vermehrung der Information mithilfe der T7-RNA-Polymerase eingeführt. Ein Ansatz, der unter dem Namen ‚RNA-Amplifikation oder ‚aRNA' bekannt wurde (Eberwine et al. 1992). Die viralen, DNA-abhängigen RNA-Polymerasen, von denen die T3-, T7- und SP6-RNA-Polymerasen die gebräuchlichsten sind, ermöglichen eine Vermehrung bis zum Tausendfachen. Im Gegensatz zu einer PCR-vermittelten Amplifizierung, die eine exponentielle Phase aufweist, ist die Amplifizierung mithilfe der RNA-Polymerasen linear. Um die Vorteile dieser Reaktionen nutzen zu können, muss das Template mit einem entsprechenden Promotor ausgestattet sein. Diese Promotoren sind Gott sei Dank relativ kurz (ca. 20 Nucleotide) und somit einfach in die DNA einzufügen (Abb. 3-32). Dabei muss natürlich beachtet werden, dass die Orientierung des Promotors korrekt ist, damit die abzuschreibende DNA auch tatsächlich transkribiert wird. Der klassische Weg die entsprechenden Promotoren einzufügen, ist derjenige, einen modifizierten Oligo(dT)-Primer für die cDNA-Synthese (ähnlich wie bei der PCR) einzusetzen, der auch z.B. die T7-RNA-Polymerase Promotorsequenz enthält. Damit erhalten wir die entsprechende Erststrang-cDNA mit dem T7-RNA-Promotor. Das Anfertigen der entsprechenden Doppelstrang-DNA kann auf ganz konventionellem Wege erfolgen. Nachdem die notwendigen Ingredenzien vorhanden sind, steht einer erfolgreichen Amplifizierung kaum mehr etwas im Wege. Bevor diese Reaktion gestartet wird, sollten einige wichtige Aspekte beachtet werden. Überraschenderweise hat sich gezeigt, dass im Reaktionsansatz verbliebene Primer interessante aber leider unangenehme Nebenwirkungen haben. Diese Primer induzieren eine Template-unabhängige cRNA-Synthese. Das bedeutet, dass cRNA auch dann synthetisiert werden kann, wenn gar kein Template vorhanden ist. Ein Phänomen, das sehr ärgerlich sein kann, da bei der Hybridisierung auf dem Microarray keinerlei Signal zu sehen ist. Dieses Phänomen ist insbesondere dann sehr nachteilig, wenn lediglich geringste Template-Mengen zur Verfügung stehen. Aber wie so oft im Leben können Probleme umschifft werden. In diesem Fall dadurch, dass der Reaktionsansatz nach der cDNA-Synthese von diesen Primern befreit wird. Das lässt sich relativ problemlos durch die Reinigung des Ansatzes mittels PCR-Produkt-Reinigungs-Säulen verhindern. Durch die

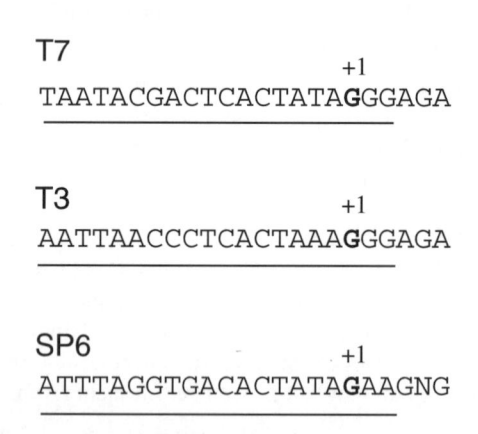

T7   +1
TAATACGACTCACTATAGGGAGA

T3   +1
AATTAACCCTCACTAAAGGGAGA

SP6   +1
ATTTAGGTGACACTATAGAAGNG

Abb. 3-32: Promotoren für DNA-abhängige RNA-Polymerasen. Eine alternative Methode zur Vermehrung des Materials bietet, wie bereits erwähnt, die so genannte ‚aRNA' (amplified RNA), die auf der Aktivität der DNA-abhängigen RNA-Polymerasen basiert. Um diese Option zu verwirklichen, müssen die entsprechenden Promotoren in die cDNA inkorporiert werden. Es sind hier die Promotorsequenzen der drei wichtigsten RNA-Polymerasen (T7-, T3-, und SP6-RNA-Polymerase) aufgeführt.

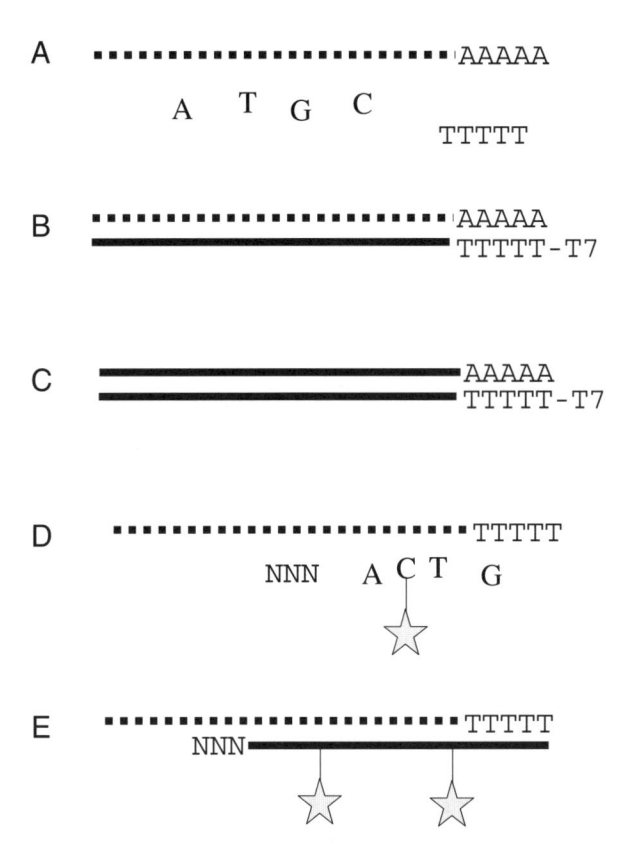

```
A  ••••••••••••••••••••••••AAAAA
         A   T   G   C
                         TTTTT

B  ••••••••••••••••••••••••AAAAA
   ━━━━━━━━━━━━━━━━━━━━━━━━TTTTT-T7

C  ━━━━━━━━━━━━━━━━━━━━━━━━AAAAA
   ━━━━━━━━━━━━━━━━━━━━━━━━TTTTT-T7

D  ••••••••••••••••••••••••TTTTT
         NNN   A C T   G
                  ☆

E  ••••••••••••••••••••••••TTTTT
      NNN━━━━━━━━━━━━━━━━━━
           ☆        ☆
```

Abb. 3-33: Herstellung und Markierung der RNA. Um das Potenzial der T7-RNA-Polymerase zur Amplifizierung der Information auszunutzen, muss während der cDNA-Synthese eine T7-RNA-Polymerase-Erkennungssequenz eingebaut werden. Das geschieht im Allgemeinen über die Verwendung eines entsprechend modifizierten Oligo(dT)-Primers (**A**, **B**). Nachdem doppelsträngige DNA erzeugt wurde (**C**), kann die cRNA bzw. aRNA ‚abgeschrieben' und dann zur Synthese, geprimed durch einen Random-Hexamer-Primer, markierter cDNA verwendet werden (**D**, **E**).

Reinigung werden alle DNA-Moleküle mit weniger als 100 bp Länge, also auch unsere Primer, eliminiert. Nachdem die RNA geschrieben und gereinigt wurde, kann sie ganz einfach wieder in cDNA umgeschrieben werden, wobei entweder eine direkte oder indirekte Markierung erfolgt (Abb. 3-33).

Für die aRNA- bzw. cRNA-Synthese gibt es eine Reihe verschiedener Transkriptions-Kits, die unterschiedliche Stärken und Schwächen haben. Um eine maximale Ausbeute zu erzielen, eignen sich so genannte ‚Mega-Prime'-Kits, die 20–50 µg RNA pro Ansatz erzeugen. Da die eingesetzte Nucleotidkonzentration sehr hoch ist, ist der Einsatz markierter Nucleotide (z.B. bei der Fluoreszenz-Markierung) zu kostspielig. Alternativ werden Kits (z.B. Ambion MaxiScript-Kits) eingesetzt, die mit einer geringeren Nucleotidkonzentration arbeiten, aber auch deutlich geringere Ausbeuten ergeben.

Obwohl die aRNA- bzw. cRNA-Synthese-Reaktionen eine lineare Amplifizierung des Materials bis zum Tausendfachen ermöglichen, wird dieser Wert in der Welt der realen Experimente kaum

A
```
================================AAAAA
================================TTTTT-T7
```

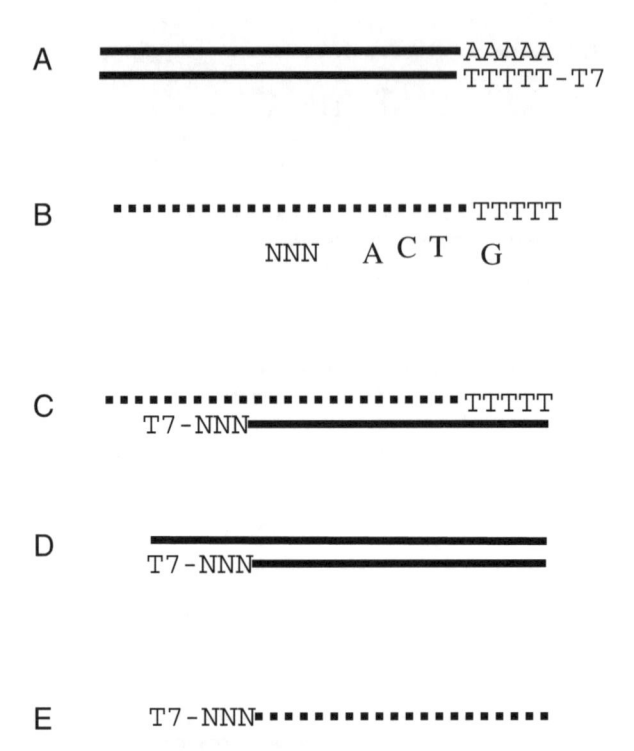

B
```
••••••••••••••••••••••••TTTTT
      NNN    A C T   G
```

C
```
•••••••••••••••••••••••••••TTTTT
T7-NNN==========================
```

D
```
================================
T7-NNN==========================
```

E
```
    T7-NNN•••••••••••••••••••
```

Abb. 3-34: Schematische Darstellung der cRNA-Synthese. Die cRNA-Synthese wird ausgehend von einer cDNA, in die ein T7-RNA-Polymerase Promotor integriert wurde, gestartet (**A**). Die T7-RNA-Polymerase produziert den cRNA-Strang ausgehend vom Promotor in 5' → 3'-Orientierung (**B**). Dabei wird die Promotorsequenz nicht mit in die cRNA umgeschrieben. Der Syntheseprozess kann vielfach an einem Template wiederholt werden, sodass lineare Amplifikationen bis auf das Tausendfache möglich sind. Die Amplifikationsrate kann weiter gesteigert werden, wenn die synthetisierte cRNA ihrerseits als Template für eine zweite cDNA-Synthese (unter Inkorporation eines entsprechenden Promotors) dient (**C**). Allerdings führt dies zu einem Informationsverlust, da die zweite DNA-Synthese durch einen Random-Primer initiiert werden muss (**D, E**).

erreicht. Man kommt demzufolge in die Situation, dass trotz dieser Amplifikation die enzymatisch erzeugte cRNA-Menge nicht ausreicht. Es gibt einen Ausweg, der eine zweite Runde der cRNA-Synthese erfordert. Dazu wird die in der ersten Runde erzeugte aRNA/cRNA mithilfe von so genannten ‚Random-Hexamer-Primer' wieder in cRNA umgeschrieben. Dabei handelt es sich 6-mer Oligonucleotide mit ‚zufallsbedingter' Sequenz, die an jeweils passende Bereiche der RNA hybridisieren können. Um die zweite Runde der cRNA-Synthese zu ermöglichen, muss auch in diesem Fall ein Promotor in die neu synthetisierte cDNA eingefügt werden, ein Schritt, der bereits weiter oben beschrieben wurde. Der Random-Hexamer-Primer wird durch die entsprechende Promotor-Sequenz ergänzt, sodass er sehr viel länger als der ursprüngliche Primer ist, aber seine Funktion als Random-Labeling-Primer noch wahrnehmen kann (Abb. 3-34). Ein Nachteil, dieses eigentlich bestechenden Ansatzes, ist die Verkürzung der cRNA-Populationen durch das Random-Priming. Die Oligonucleotide primen die cDNA-Synthese nicht am 5'-Ende und ermöglichen somit keine Komplettabschrift des RNA-Templates. Statistisch verteilt entstehen geringere Fragmentgrößen der RNA.

3.2.2.5 Kombination aus PCR und RNA-Amplifizierung

Um eine optimale Amplifizierung des Materials zu erreichen, bietet sich eine Kombination aus beiden, oben erwähnten Ansätzen an. Das Material kann zu Beginn einigen wenigen PCR-Zyklen unterzogen werden, woran sich eine cRNA-Synthese anschließt. Auf diese Weise wird selbst aus geringsten Mengen ausreichend Hybridisierungsmaterial erzeugt. Der erste Schritt entspricht der CapFinder-PCR, wobei Oligonucleotide gewählt werden, die einerseits einen T7-, andererseits einen SP6-RNA-Polymerase-Promotor tragen. Nach einigen PCR-Zyklen (weniger als 10) wird das amplifizierte Material entweder mit der T7- oder der SP6-RNA-Polymerase vermehrt. Die Wahl der Polymerase eröffnet die Möglichkeit, entweder den Sense- oder den Antisense-cRNA-Strang zu schreiben. Diese Option kann bei einigen Anwendungen von entscheidender Bedeutung sein (Abb. 3-35).

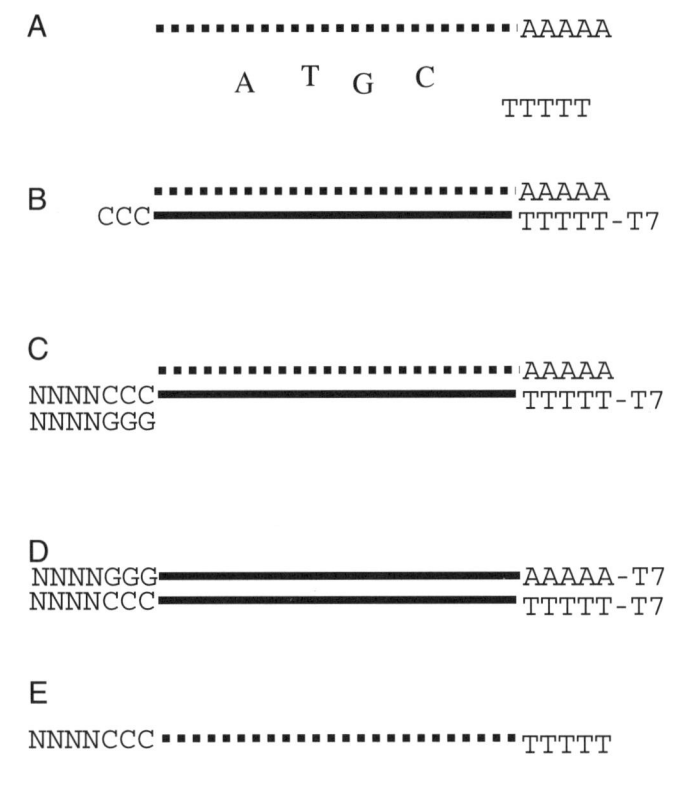

Abb. 3-35: Kombinierte Sondensynthese. Eine optimierte Form der Sondensynthese verspricht eine Kombination der beiden ‚Vermehrungsansätze', der PCR und der aRNA-Amplifizierung. Begonnen wird mit einigen wenigen PCR-Zyklen, sodass die PCR-inhärenten Probleme (Amplifikation in der Sättigungsphase) nicht auftreten (**A–D**). Daran schließt sich eine cRNA-Synthese an, die aus der präparierten cDNA entsprechend mehr cRNA synthetisiert. Dieser Ansatz ist insbesondere dann von Bedeutung, wenn sehr wenig Material zur Verfügung steht (**E**).

3.2.3 Herstellung von DNA-Microarrays

Derzeit stehen einige unterschiedliche Methoden zur Herstellung von DNA-Microarrays zur Verfügung. Die Verwendung eines dieser Systeme legt in einigen Fällen auch die Auswahl der erforderlichen, weiterführenden Hard- und Software-Komponenten fest. Lediglich im begrenzten Umfang ist eine freie Kombination der entsprechenden Technologie-Plattformen gegeben. Die derzeit zum Einsatz kommenden Methoden basieren auf vollkommen unterschiedlichen Philosophien. Neben Methoden, die aus der Halbleiter-Technologie abgeleitet wurden, kommen auch Ansätze zum Einsatz, die DNA auf dem Biochip mittels unterschiedlicher Verfahren deponieren. Zu unterscheiden sind hierbei die Ansätze, die sich einerseits einer ‚On Chip'-Synthese von Oligonucleotiden direkt auf dem Träger bedienen. Andererseits wird die vorab synthetisierte DNA auf dem Biochip durch Micro-Spotting aufgebracht. Bei den hier vorzustellenden Methoden handelt es sich um

- photolithografische Festphasensynthese,
- Inkjet-gesteuerte Festphasensynthese,
- mechanische Microspotting-Systeme und
- die Verwendung eines Inkjet-Applikators für die Deponierung der Nucleinsäuren.

3.2.3.1 ‚On-Chip'-Synthese

Photolithografische Festphasensysnthese

Die auf den ersten Blick komplizierteste und aufwendigste Technologie, die photolithografische Festphasensysnthese, ist die derzeit immer noch gebräuchlichste Form der DNA-Array-Herstellung. Es handelt sich um die von der Firma Affymetrix (http://www.affymetrix.com) unter dem Kürzel ‚VLSIPS' (Very Large Scale Immobilized Polymer Synthesis) angebotene und vermarktete Form der ‚On-Chip'-Herstellung von DNA-Arrays. Entwickelt wurde sie vor mehr als einem Jahrzehnt in der Halbleiterfirma ‚Affymax', vor dem Hintergrund der Herstellung komplexer Halbleiter-Microchips (Fodor et al. 1991). Das führte zur Ausgliederung der Firma Affymetrix, um diese Technologie für den biomedizinischen Bereich kommerziell zu nutzen.

Wie die Bezeichnung dieser Technologie suggeriert, werden die DNA-Moleküle (in der Regel sind es Oligonucleotide) direkt auf dem Glasträger-Biochip synthetisiert. Dazu werden photolabile Schutzgruppen auf den Glasträger aufgebracht, die als Startpunkt für die Oligonucleotid-Synthese dienen. Der Clou bei dieser Technologie liegt in der gerichteten Synthese der Oligonucleotide. Dieses wird dadurch ermöglicht, dass eine Reihe photolithografischer Masken eingesetzt werden, die eine ortsgebundene Synthese auf dem Glasträger ermöglichen. So werden z.B. an allen Positionen die Schutzgruppen durch eine direkte Bestrahlung entfernt, bei welchen die Oligonucleotide mit einem Adenin beginnen. Der gesamte Glasträger wird nun mit entsprechend modifizierten Adeninen ‚geflutet', wobei sie an den ungeschützten Positionen auf dem Träger kovalent ankoppeln. Eine weitere, unkontrollierte Synthese wird dadurch verhindert, dass die gekoppelten Nucleotide ihrerseits über eine photolabile Schutzgruppe verfügen (Abb. 3-36). Diese Entfernung der Schutzgruppen wird durch die entsprechenden photolithografischen Masken gesteuert. In dieser Form der Synthese sind demnach vier unterschiedliche photolitografische Masken erforderlich, um die entsprechenden Startnucleotide an allen gewünschten Orten des Trägers zu deponieren. Für das nächste Nucleotid erfolgt dann die Synthese der gewünschten Nucleotidsequenzen. Diese aufwendige Prozedur wird dann für alle Positionen der gewünschten DNA-Oligonucleotide wiederholt. Durch die Form der Synthese ist die Länge der Oligonucleotide auf ca. 20–30 beschränkt (Affymetrix arbeitet mit 25-mer Oligos), da jeder einzelne Syntheseschritt mit einer Effektivität von lediglich ca. 90 % erfolgt. Rechnet man das für ein 30-mer Oligonucleotid hoch, so kommt es da-

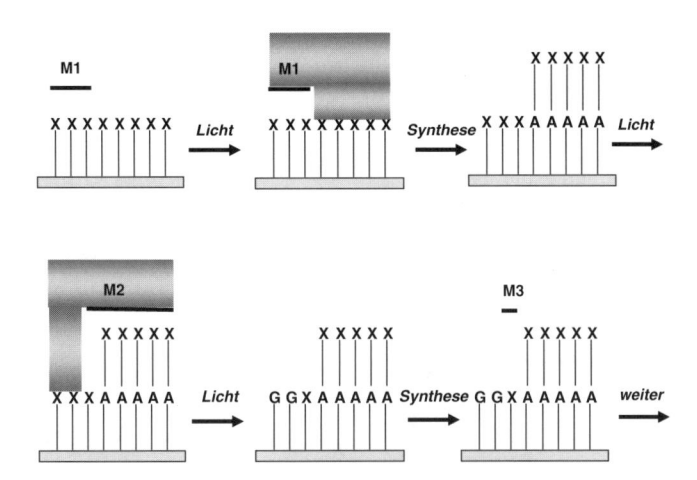

Abb. 3-36: ‚On-Chip'-Herstellung von Oligonucleotiden mithilfe photolithographischer Masken. Das von der Firma Affymetrix bevorzugte Verfahren der ‚On-Chip'-Herstellung verwendet photolithographische Masken. Die Spots, an denen die Synthese mit einem Nucleotid erfolgen soll, werden bestrahlt. Dadurch werden entsprechende Schutzgruppen entfernt, und das nächste Nucleotid kann an diese aktivierten Spots binden. Dieser Vorgang wiederholt sich für alle vier möglichen Basen solange, bis die entsprechende Oligonucleotidsequenz entstanden ist. M1 = Maske 1, M2 = Maske 2, M3 = Maske 3, A = Adenin, X = Schutzgruppe.

zu, dass lediglich ca. 4 % über die volle Länge der Oligos synthetisiert werden. Bei entsprechend längeren Oligos vermindert sich dieser Wert drastisch. Ein weiterer Nachteil dieser Syntheseform liegt in der Tatsache begründet, dass durch das Synthesedesign die Oligonucleotide in 3' → 5'-Orientierung auf dem Chip deponiert sind, wodurch das 3'-Ende maskiert ist. Daran erfolgen aber in der Regel die meisten enzymatischen Modifikationen. Durch eine Modifikation der Schutzgruppenarchitektur lässt sich dieser Nachteil allerdings aufheben, wodurch Oligonucleotide erzeugt werden, die in der ‚richtigen' Reihenfolge auf dem Chip immobilisiert sind (Beier und Hoheisel 2002). Der Aufwand für diese Form der DNA-Array-Synthese hat natürlich Vor- und Nachteile. Zu den Vorteilen gehört die sehr hohe zu erreichende Dichte der Spots (250.000 pro cm^2). Die Tatsache, dass die Oligonucleotide direkt aus den entsprechenden Datenbankeinträgen abgeleitet werden, eröffnet viele experimentelle Optionen. Die Nachteile des Systems sind ebenfalls offensichtlich. Die Herstellung ist kompliziert und teuer. Man ist an den Hersteller gebunden, da eine ‚inhouse'-Synthese nicht möglich ist. Es lassen sich aufgrund der geringen Anwendungsflexibilität nur vorab definierte Modellorganismen untersuchen. Die Länge der Oligonucleotide ist auf ca. 25-mere begrenzt, und anstelle des 3'-Endes werden die 5'-Enden in den dreidimensionalen Raum exponiert, was wiederum zu sterischen Schwierigkeiten bei der Hybridisierung führen kann. Weiterhin ist man für die Auswertung der Ergebnisse zwingend an die Technologie-Plattform des Herstellers gebunden. Diese Nachteile hat Affymetrix egalisiert, indem sie für jedes Gen 11 Paare von 25-mer Oligonucleotiden einsetzen, die jeweils einen ‚Perfect-Match' und einen ‚Missmatch' beinhalten. Diese Fehlbase, die genau in der Mitte der Oligonucleotide lokalisiert ist, führt zu einer nicht optimalen Hybridisierung. Das Gesamtergebnis errechnet sich aus dem Mittel aller Differenzen zwischen dem Perfect-Match- und Missmatch-Hybridisierungen (Abb. 3-37).

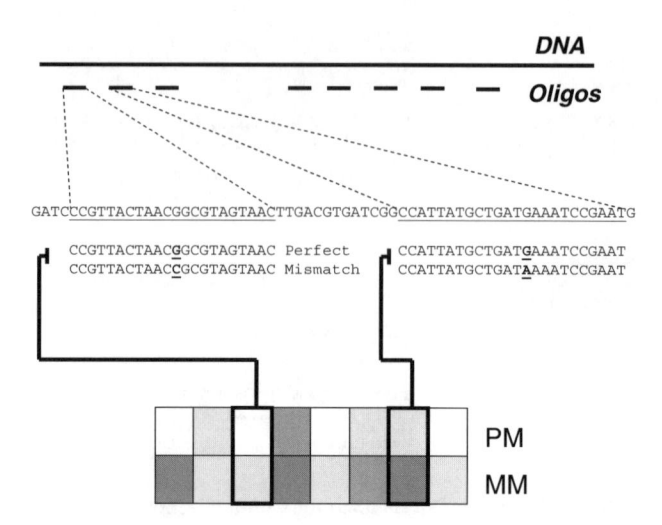

```
                                                          DNA
                                                          Oligos

        GATCCCGTTACTAACGGCGTAGTAACTTGACGTGATCGGCCATTATGCTGATGAAATCCGAATG

        CCGTTACTAACGGCGTAGTAAC Perfect    CCATTATGCTGATGAAATCCGAAT
        CCGTTACTAACCGCGTAGTAAC Mismatch   CCATTATGCTGATAAAATCCGAAT
```

PM
MM

Abb. 3-37: Perfect-Match- und Mismatch-Oligonucleotide. Um die eigentlich schlechten Hybridisierungsbedingungen der kurzen Oligonucleotide auszugleichen, verwendet Affymetrix elf Oligonucleotidpaare, die aus unterschiedlichen Bereichen der Zielsequenz abgeleitet wurden (kleine Balken unterhalb der Sequenz). Zu jeder dieser Positionen werden dann zwei Oligonucleotide hergestellt, einmal ein Perfect-Match-Oligonucleotid (PM), das in Gänze der abgeleiteten Sequenz entspricht, sowie ein Mismatch-Oligonucleotid (MM), das eine Fehlbase in der Mitte trägt (fett, unterstrichen). Die Differenz der Hybridisierungsergebnisse beider Oligonucleotide wird verwendet, um letztendlich das abschließende Ergebnis zu erhalten.

Das Agilent-Festphasen-Verfahren

Alternativ dazu kann die Oligonucleotid-Festphasensynthese mithilfe einer anderen Technologie-Plattform erfolgen. Die Firma Agilent (http://www.agilent.com) hat sich diesbezüglich besonders hervorgetan. Die Technologie, die von diesem Anbieter bevorzugt wird, basiert ebenfalls auf der Verwendung von freien Nucleotiden zur Oligonucleotidsynthese, die direkt auf dem Biochip erfolgt. Eingesetzt wird die Inkjet-Technologie, die von der Firma HewlettPackard für die Inkjet-Drucker entwickelt wurde. Anstelle der vier Farben, die in den vier Kartuschen eines Farbdruckers genutzt werden, befinden sich die vier Phosphoamidite der entsprechenden Basen (A, G, C, T) in den Vorratsbehältern. Die erforderlichen Oligonucleotide werden auf dem Biochip durch eine sequentielle Applikation der einzelnen Basenbausteine an den gewünschten Microarray-Koordinaten (den Spots) erzeugt (Abb. 3-38). Für ein 60-mer Oligonucleotid bedeutet es, dass dieser Vorgang 60fach wiederholt werden muss. Agilent favorisiert 60-mer Oligonucleotide, die jeweils ein Gen repräsentieren. Diese Form der Applikation ermöglicht die Herstellung von DNA-Microarrays, die eine außerordentlich gleichmäßige Spot-Morphologie aufweisen, und deshalb sehr gut auszuwertende Ergebnisse liefern.

3.2.3.2 Deponierung vorgefertigter DNA auf dem Microarray

Im Gegensatz zur ‚On-Chip'-Herstellung der Affymetrix-Technologie, hat sich eine offensichtlich sehr einfache Methode in vielen Laboren durchgesetzt. Bei diesen alternativen Methoden werden die Synthese und die Deponierung der DNA auf den Biochips voneinander getrennt, und in zwei verschiedenen Arbeitsgängen durchgeführt. Es können sowohl Oligonucleotide als auch länge-

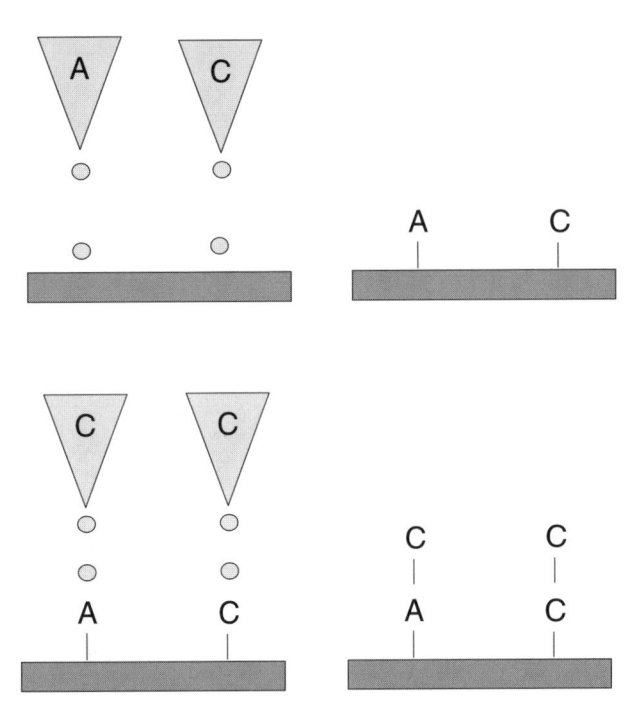

Abb. 3-38: ‚On-Chip'-Synthese nach dem Agilent-Verfahren. Alternativ besteht die Möglichkeit, längere Oligonucleotide ‚On-Chip' herzustellen, indem die entsprechenden Basenbausteine mittels eines Inkjet-Applikators auf die Spots gespritzt werden. In den Kartuschen sind die vier Basenderivate vorhanden, sodass die Oligonucleotide durch sequentielle Applikation der Basenbausteine ‚On-Chip' an den jeweiligen Spots hergestellt werden können.

re cDNAs auf den Trägern immobilisiert werden. Die Immobilisierung erfolgt im Allgemeinen auf modifizierten Glasoberflächen, die einerseits für die Immobilisierung größerer DNA-Moleküle (z.B. PCR-Produkte) andererseits für kurze Oligonucleotide geeignet sind. Im ersteren Fall (die Immobilisierung größerer DNA-Moleküle) werden oft Amino-modifizierte bzw. Poly-L-Lysine-behandelte Glasoberflächen verwendet (siehe auch Abschnitt 3.1.2.3). Hierbei sind elektrostatische Interaktionen zwischen den positiv-geladenen Amino-Gruppen und den negativ-geladenen Gruppen des DNA-Phosphatrückrades von entscheidender Bedeutung. Diese elektrostatische Bindung ist ausreichend, um längere DNA-Moleküle zu immobilisieren. Auch bei stringenter Behandlung (z.B. Denaturierung) bleibt die elektrostatische Bindung intakt, sodass die DNA nicht vom Träger entfernt wird. Um kleinere Moleküle (Oligonucleotide) zu koppeln, reicht die elektrostatische Bindungskapazität im Allgemeinen nicht aus. Darum werden die zu deponierenden Oligonucleotide oft mit einer 5'-Amino-Gruppe versehen, um eine kovalente Kopplung zwischen dem Träger und dem Oligonucleotid zu ermöglichen. Diese 5'-Modifikation ist gegen einen relativ geringen Aufpreis zu erhalten. Ein nucleophiler Angriff der Amino-Gruppe auf das Kohlenstoff-Atom der Aldehyd-Gruppe verursacht eine Dehydrationsreaktion, die letztendlich zur Bildung einer kovalenten Iminbindung (Schiff'sche Base) führt (Abb. 3-39). Eine Auflistung diverser Biochip-Substrate für die Kopplung von Nucleinsäuren und anderen Makromolekülen ist in Tabelle 3-9 zu ersehen.

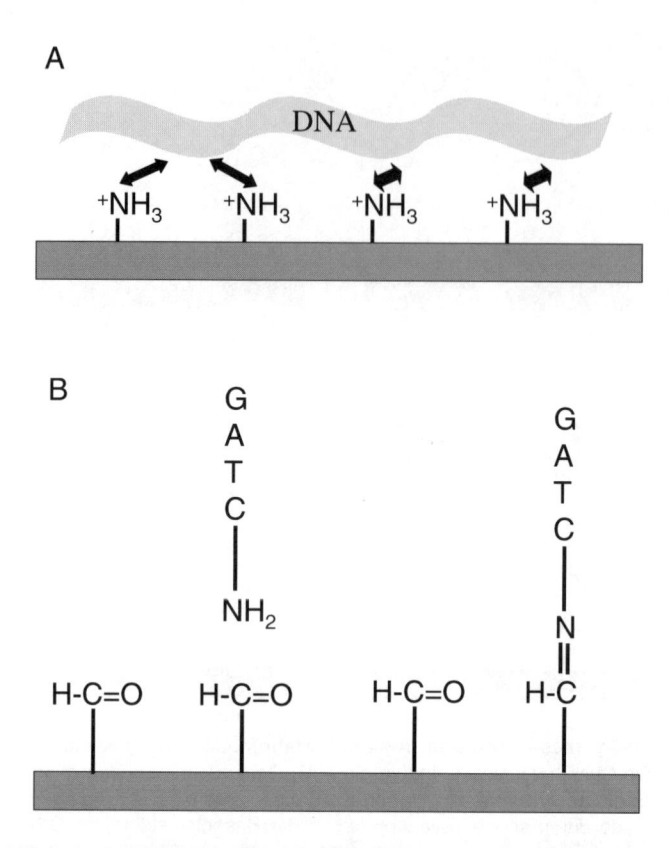

Abb. 3-39: Immobilisierung der DNA an den Biochip. Eines der Hauptprobleme bei der Herstellung von DNA-Microarrays ist die Immobilisierung der DNA auf dem Biochip. Es gibt eine Reihe unterschiedlicher Ansätze, von denen zwei der wichtigsten hier dargestellt sind. Für längere DNA-Fragmente (PCR-Amplifikate) bietet sich eine Bindung an Amin-modifizierte Oberflächen an, die eine elektrostatische Bindung zwischen den positiven Ladungen der protonierten Amino-Gruppen und dem negativen Grundgerüst der DNA ermöglichen (**A**). Die Oberflächen können direkt mit Amino-Gruppen ausgestattet sein, oder aber mit z.B. Poly-L-Lysin beschichtet werden, um diesen Effekt zu gewährleisten. Kürzere Oligonucleotide können über eine Amino-Modifikation kovalent an Aldehyd-modifizierte Oberflächen gekoppelt werden (**B**).

Wie eben dargestellt, bestehen verschiedene Optionen für die Herstellung von DNA-Microarrays. Die beiden unterschiedlichen Strategien, die ‚On-Chip'-Synthese und die Deponierung fertiger DNA-Moleküle haben beide Vor- und Nachteile. Für den ‚Heimwerker' ist die zweite Gruppe sicherlich die einzig sinnvolle Alternative, da die technologischen Probleme für normale Labore bei der ‚On-Chip'-Synthese kaum zu bewältigen sind. Die Oligo-Chips werden ihre große Zeit noch erleben, da sie von zentraler Bedeutung im stetig (und exponentiell) steigenden Markt der SNP-Detektion sind, und im Laufe der Zeit auch Eingang in die Routinelabore erhalten.

Tabelle 3-9: Auflistung verschiedener Anbieter von aktivierten Biochips.

Firma	Amersham Biosciences	Clondiag Chip Technologies	Greiner Bio-One	Pall Life Sciences	PerkinElmer Life and Analytical Sciences	PerkinElmer Life and Analytical Sciences
Produktname	CodeLink activated Slides	ArrayTube (AT) System	ParoCheck Kit 10, ParoCheck Kit 20	Vivid Gene Array Slides	MicroMax Superchip I	Hydrogel coated slides
Zu bindende Moleküle	Nucleinsäuren, Proteine, Peptide	Nucleinsäuren, Proteine, Peptide	Nucleinsäuren	Nucleinsäuren, Proteine, Peptide	Nucleinsäuren, Proteine, Peptide	Nucleinsäuren, Proteine, Peptide
Biochip-Oberfläche	3D Oberfläche mit aktivierten NHS-Estern	Amino-, Epoxy- oder Aldehyd-Oberfläche	Kompartimentierter Kunststoffobjektträger mit poröser Oberfläche inkl. 3D-Funktionalisierung	Spezielle Membranoberfläche zur Bindung	Aminosilan-beschichter Objektträger	Acrylamid-beschichter Objektträger
Auswertungsmethode	Fluoreszenz	Fluoreszenz	Fluoreszenz	Fluoreszenz	Fluoreszenz	Fluoreszenz
Probendurchsatz	bis 20.000 Spots	AT-Chip (Größe 2 × 2) mit bis zu 144 Spots/Chip, oder m. bis zu 4096 Spots/Chip	Beliebig solange Standardformat von Glassobjektträgern nicht überschritten wird.	Beliebig solange Standardformat von Glassobjektträgern nicht überschritten wird.	Beliebig solange Standardformat von Glassobjektträgern nicht überschritten wird.	Beliebig solange Standardformat von Glassobjektträgern nicht überschritten wird.

Firma	Peqlab (Hersteller Quantifoil)	Peqlab (Hersteller Quantifoil)	Peqlab (Hersteller Quantifoil)	Schleicher & Schuell BioScience	Schott Nexterion	Scienion
Produktname	QMT Aldehyd Slides	QMT Amino Slides	QMT Epoxy Slides	Fast Pak Protein Array Kit	Nexterion Glass A	sciTracer Custom
Zu bindende Moleküle	Nucleinsäuren, Proteine, Peptide	Nucleinsäuren, Proteine, Peptide	Nucleinsäuren, Proteine, Peptide	Proteine, Peptide	Nucleinsäuren	Nucleinsäuren, Proteine, Peptide
Biochip-Oberfläche	Aldehyd-beschichter Objektträger	Aminosilan-beschichter Objektträger	Expoxy-beschichter Objektträger	spezielle Nitrocellulose-Rezeptur, Klebstofffreie Beschichtungstechn.	Aminosilan-beschichter Objektträger	Modifiziertes Glas, Kunststoff
Auswertungsmethode	Fluoreszenz	Fluoreszenz	Fluoreszenz	Fluoreszenz	Fluoreszenz	Fluoreszenz
Probendurchsatz	Beliebig solange Standardformat von Glassobjektträgern nicht überschritten wird.	Beliebig solange Standardformat von Glassobjektträgern nicht überschritten wird.	Beliebig solange Standardformat von Glassobjektträgern nicht überschritten wird.	Beliebig solange Standardformat von Glassobjektträgern nicht überschritten wird.	Beliebig solange Standardformat von Glassobjektträgern nicht überschritten wird.	Beliebig solange Standardformat von Glassobjektträgern nicht überschritten wird.

3.3 Microarray-Detektion

H.-J. Müller

Der Nachweis einer spezifischen Bindung zwischen gekoppelten und freien Interaktionspartnern geschieht bei den Microarray-Applikationen meistens über die Messung von Fluoreszenzintensitäten. Die Fluoreszenz-Moleküle sind in der Regel an den freien Liganden gebunden, sodass nach Interaktion beider Bindungspartner ein spezifisches Fluoreszenzsignal detektiert wird. Um zu verstehen, wie das Fluoreszenzsignal entsteht und letztendlich durch einen Scanner gemessen und dann in ein digitales Format übersetzt werden kann, müssen grundlegende Kenntnisse über die elektromagnetische Strahlung in Form des Lichts sowie dem schematischen Aufbau eines Scanner verinnerlicht werden.

Tabelle 3-10: Elektromagnetische Wellenlängen. Die Spannbreite des elektromagnetischen Spektrums reicht von Wellenlängen mit mehreren Kilometern bis zur sehr energiereichen Gammastrahlung, deren Amplitude kleiner als 10 Pikometer ist. (THz =Tera-Hertz, GHz =Giga-Hertz, MHz =Mega-Hertz, KHz =Kilo-Hertz)

Bezeichnung	Wellenlänge	Frequenz
Gammastrahlen	$< 10\,\text{pm}$	$> 30 \times 10^{-6}\,\text{THz}$
Röntgenstrahlen	$< 10\,\text{nm}$	$> 30 \times 10^{-3}\,\text{THz}$
Starke UV-Strahlen	$< 200\,\text{nm}$	$> 1{,}5 \times 10^{-3}\,\text{THz}$
Schwache UV-Strahlen	$< 380\,\text{nm}$	$> 789\,\text{THz}$
Sichtbares Licht	$< 780\,\text{nm}$	$> 384\,\text{THz}$
Nahes Infrarot	$< 2{,}5\,\mu\text{m}$	$> 120\,\text{THz}$
Mittleres Infrarot	$< 50\,\mu\text{m}$	$> 6{.}00\,\text{THz}$
Fernes Infrarot	$< 1{,}0\,\text{mm}$	$> 300\,\text{GHz}$
Mikrowellen	$< 30\,\text{cm}$	$> 1{,}0\,\text{GHz}$
Dezimeterwellen	$< 1{,}0\,\text{m}$	$> 300\,\text{MHz}$
Ultrakurzwelle (UKW)	$< 10\,\text{m}$	$> 30\,\text{MHz}$
Kurzwelle (KW)	$< 180\,\text{m}$	$> 1{,}7\,\text{MHz}$
Mittelwelle (MW)	$< 650\,\text{m}$	$> 650\,\text{KHz}$
Langwelle (LW)	$< 10\,\text{km}$	$> 30\,\text{KHz}$
Längstwellen	$> 10\,\text{km}$	$< 30\,\text{KHz}$

3.3.1 Licht und Strahlung

Licht ist der für unser Auge sichtbare Teil der elektromagnetischen Strahlung. Die Bandbreite der elektromagnetischen Strahlung reicht von Radiowellen (Wellenlängen: Zenti- bis Kilometern), über den für uns sichtbaren Lichtbereich (Wellenlängen: $\sim$ 400–750 Nanometer), bis zu den sehr energiereichen Gammastrahlen (Wellenlängen: $<$ 10 Pikometer), wobei alle Wellenlängen eine spezifische Frequenz aufweisen (siehe Tab. 3-10). Das sichtbare Spektrum des Lichts reicht von einem intensiven Rot bis zum kräftigen Violett, welches uns jedes mal bei einem Regenbogen demonstriert wird. Wenn wir das gesamte Spektrum der sichtbaren Wellenlängen auf einmal betrachten, dann sehen wir aufgrund dieses polychromatischen Lichts ein reines Weiß. Leitet man das Licht durch ein Prisma oder Beugungsgitter, so wird aus dem polychromatischen Licht ein Spektrum monochromatischer Lichtwellen erzeugt, die uns als so genannte Spektralfarben oder Regenbogenfarben bekannt sind (Tab. 3-11). Die Übergänge der einzelnen Spektralfarben sind fließend, und es gestalten sich dadurch weitere Farbwahrnehmungen, die bezogen auf den Betrachter rein subjektiv sind. Nach den intensiven Rottönen erfolgt das Infrarot, und jenseits des violetten Lichtes folgt die ultraviolette Strahlung, wobei bereits beide Bereiche nicht mehr für uns sichtbar sind. Allerdings kennen wir die Intensität der UV-Strahlung aus dem Photolabor sehr gut, falls man wieder nicht genügend Zeit hatte die Schutzbrille aufzusetzen, oder ‚kurz' mal einen Blick riskierte. Die heilende Wärmestrahlung des Infrarotlichts hat uns im Falle plagender Rückenschmerzen schon oft Linderung bereitet.

Ein kleiner Exkurs in die Quantenphysik ist für das weitere Verständnis der ‚Lichtenergie' hilfreich. Das Licht hat nicht nur einen Wellencharakter, sondern auch einen so genannten Teilchencharakter, der durch seine elektromagnetischen Elementarteilchen, den Photonen, repräsentiert wird. Das Photon bewegt sich immer mit Lichtgeschwindigkeit und ist durch seine Wellenlänge so-

Tabelle 3-11: Spektralfarben des sichtbaren Lichts. Polychromatisches Licht lässt sich durch ein Prisma in verschiedene monochromatische Wellenlängen unterteilen, sodass unterschiedliche Spektralfarben zu erkennen sind.

Spektralfarbe	Wellenlänge
Violett	400–420 nm
Blau	420–490 nm
Grün	490–575 nm
Gelb	575–585 nm
Orange	585–650 nm
Rot	650–750 nm

wie Frequenz, seine Ausbreitungsrichtung und Polarisation eindeutig definierbar. Die Wellenlänge und Frequenz stellt die Energie des Photons dar, und lässt sich mit folgender Formel berechnen:

- Energie $(E) = h\nu \rightarrow$ wobei ‚h' das ‚Plancksche Wirkungsquantum' ($h = 6{,}6261 \times 10^{-34}$ Joules) und ‚ν' die Frequenz definiert.

Das Photon kann eine Wechselwirkung mit elektrisch geladenen Teilchen (z.B. einem Elektron) eingehen, wie es in der Quantenelektrodynamik beschrieben ist. Für unser ‚Microarray-Verständnis' sind wir jetzt wiederum an den Punkt gekommen, die Tiefen der Quantenphysik zu verlassen, und uns mit den Auswirkungen der Wechselwirkung zwischen Elektronen und Photonen zu befassen.

Wenn wir unser Schulwissen noch mal rekapitulieren, dann erinnern wir uns alle an das ‚Bohrsche Atommodell'. Fokussieren wir nun auf die Elektronen, so kreisen diese in einem bestimmten Abstand, dem so genannten Grundniveau (G-Niveau), um den Atomkern, solange ihnen keine Energie von Außen zugeführt oder entzogen wird (Abb. 3-40: A). Lenkt man jetzt eine Energiequelle

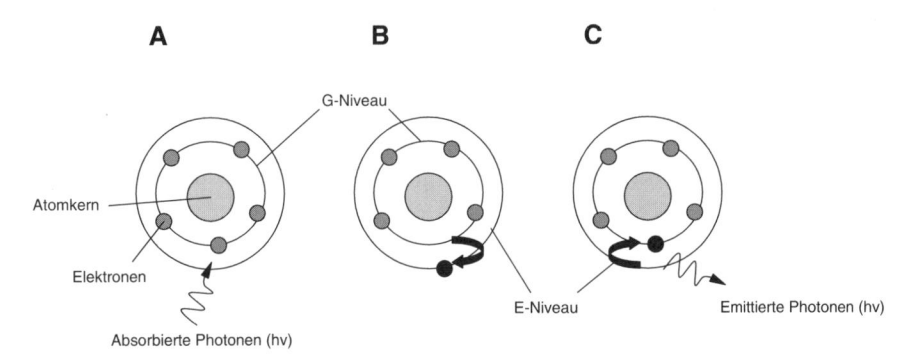

Abb. 3-40: Schematischer Aufbau des Atommodells und der Wechselwirkung zwischen Elektronen und Photonen. A) Durch Zufuhr von energiereichen Photonen (z.B. mit einem Laserstrahl) wird die Energie von den Atomen bzw. Molekülen absorbiert, worauf die betroffenen Elektronen aus dem Grundniveau (G-Niveau) in ein energetisch höheres Niveau (E-Niveau) gelangen **(B)**. **C)** Nach sehr kurzer Verweildauer kehren die Elektronen unter Freisetzung (Emission) eines Photons zurück auf das G-Niveau. Das emittierte Licht ist als Fluoreszenzsignal detektierbar, wobei die Wellenlänge der emittierten Photonen in der Regel länger sind, als die des absorbierten Lichts. ($h\nu$) = Lichtenergie

(z.B. einen gebündelten Lichtstrahl) als ‚Anregungslicht' auf das Atom, so werden die Elektronen durch die energiereichen Photonen angeregt, und verlassen aufgrund des erhöhten energetischen Zustandes das G-Niveau (Abb. 3-40: B). Die Energie des Photons wurde absorbiert, wobei man den Vorgang als ‚Absorption' bezeichnet. Das nächsthöhere, energiereichere Niveau wird als ‚E-Niveau' bezeichnet, und in Abhängigkeit der zugeführten Energiemenge relativ schnell (im Mikrosekundenbereich, $\sim 10^{-8}$–10^{-9} Sek) wieder verlassen. Sobald das Elektron von dem E-Niveau zurück auf das G-Niveau ‚fällt', wird ein Photon emittiert (Abb. 3-40: C). Dieser Vorgang der Photon-Freisetzung nennt sich Lichtemission, oder für den Experimentator mehr sprachgebräuchlich: ‚Emission'. Das emittierte Licht ist in der Regel energieärmer als das Anregungslicht, weshalb die emittierten Photonen eine längere Wellenlänge aufweisen, als die Photonen, welche absorbiert wurden. Dieses optische Phänomen wird als ‚Fluoreszenz' bezeichnet und stellt eine ‚spontane Emission' dar.

3.3.2 Leuchtende Fluorophore

T. Röder

Das Phänomen der Fluoreszenz wurde vor schon im 17ten Jahrhundert von Anastasius Kircher, einem Jesuiten-Pater, Universalgelehrten und schillernden Alchimisten beschrieben. Er beobachtete, dass wässrige Extrakte des Blauen Sandelholzes (*Lignum nephriticum*) eine blaue Farbe abstrahlten, wenn sie mit weißem Licht bestrahlt wurden. Diese Beobachtungen wurden von Isaac Newton in den Beschreibungen der spektralen Eigenschaften des weißen Lichts aufgenommen. In der Mitte des 19ten Jahrhunderts lieferte George Stokes die entscheidende Beobachtung, die das Phänomen der Fluoreszenz verständlich werden ließ. Die Absorptionswellenlänge ist immer kürzer und damit energiereicher als die Emmissionswellenlänge. Demnach wird einfallendes Licht von der fluoreszierenden Substanz absorbiert und, mit einer kurzen Verzögerung, energieärmeres, längerwelliges Licht emittiert. Gemäß der ‚Stokes'schen Regel' muss die Wellenlänge des emittierten Photons mindestens gleich oder größer sein, als die des absorbierten Photons. Bei exakt gleichen Wellenlängen spricht man auch von ‚Resonanz-Fluoreszenz'. Der Unterschied zwischen dem Absorptions- und Emissionsmaximum ist immer abhängig von dem eingesetzten Fluorophor. Im Falle des Fluoreszenz-Moleküls ‚FITC' (Fluorescein-Iso-Thio-Cyanat) beträgt der ‚Stokes'sche Shift' 24 nm (Abb. 3-41). Eine Ausnahme der Stokes'schen Regel ist dadurch repräsentiert, dass im Falle von zwei absorbierten Photonen (Zwei-Photonen-Fluoreszenz) nur ein Elektron betroffen ist, und dieses aufgrund der doppelt erhöhten Energie ein Photon emittiert, welches eine kürzere Wellenlänge als das Anregungslicht besitzt.

Die Fluoreszenz ist primär dadurch charakterisiert, dass bestimmte Atome oder Moleküle (Fluorophore) nach Absorption energiereichen Lichts Photonen mit längerer Wellenlänge abgeben, und das entsprechende Molekül daraufhin mit einer anderen Wellenlänge gegenüber dem absorbierten Licht fluoresziert. Andere Arten der Fluoreszenz sind die Lumineszenz (‚kaltes Leuchten' z.B. bei dem Mineral Fluorit in Flussspat und Calciumfluorid) und die Phosphoreszenz, bei welcher die verzögerte Emission erst nach Millisekunden oder gar Tagen auftritt. Weiterhin kann neben der Fluoreszenz auch Wärme abgegeben werden, wobei uns aber diese Phänomene hinsichtlich unserer Microarray-Applikation nicht besonders beeinflussen.

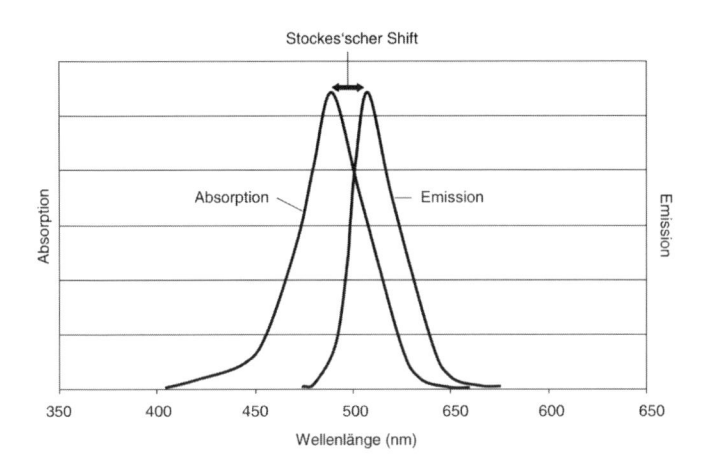

Abb. 3-41: Absorption und Emission und ‚Stokes'scher Shift' fluoreszierender Moleküle. Der Unterschied in den Maxima von Absorptions- und Emissionswellenlänge, äquivalent dem Energieverlust zwischen Absorption und Emission wird als Stokes'scher Shift bezeichnet. In der vorangegangenen Darstellung des Lichts und seiner chimären Natur, die sich im ‚Wellen-Teilchen-Dualismus' äußert, ist deutlich geworden, das Licht einer bestimmten Wellenlänge eine definierte Energie zugeordnet werden kann. Das bedeutet, dass Substanzen, die Licht absorbieren, eine bestimmte Energiemenge aufnehmen, und beim Verlust dieser Energie entsprechend Licht abstrahlen können. Diese abgestrahlte Energie ist aber natürlich geringer als die aufgenommene, da der Verlust ein allgegenwärtiges Phänomen des Lebens ist, und somit ist das abgestrahlte Licht längerwellig, sprich energieärmer. Beispielhaft wird das Absorptions- und Emissionsspektrum von FITC (Absorptionsmaximum: 494 nm; Emissionsmaximum: 518 nm) dargestellt. Die Differenz zwischen den ‚Maxima' der einzelnen Kurven wird als ‚Stokes'scher Shift' bezeichnet. In Abhängigkeit des Fluoreszenzmoleküls kann der Stokes'sche Shift größer oder kleiner sein.

3.3.2.1 Konjugierte Doppelbindungen

Nicht alle Substanzen in der Natur sind in der Lage dieses Fluoreszenz-Phänomen zu offenbaren. Notwendig ist dafür ein System konjugierter Doppelbindungen. Diese Eigenschaft teilen fluoreszierende Substanzen mit Farbstoffen, die entsprechende absorbierende Eigenschaften haben, aber die Energie nicht in Form eines Lichtblitzes verlieren. In Erinnerung an den Chemie-Unterricht sei nochmals darauf verwiesen, dass diese konjugierten Systeme ‚delokalisierte' Elektronen aufweisen. Da sind Elektronen, die keiner Funktion fest zugeordnet werden können, sondern sich im System der konjugierten Doppelbindungen relativ frei bewegen können. Das wiederum bedeutet, dass die Bindung der Elektronen nicht so fest und damit energiereich ist, wie es in einem ‚normalen', nicht-konjugierten System der Fall ist. Während nur extrem energiereiches, kurzwelliges Licht (z.B. UV-Licht) in der Lage ist, Elektronen in nicht-konjugierten Systemen auf eine höhere Anregungsebene zu bringen, reichen bei den Fluorophoren geringere Intensitäten, dankenswerterweise im Bereich des sichtbaren Lichts, für diesen Zweck aus. Eine Substanz wird dann fluoreszierend, wenn der Übergang von dem angehobenen Energiezustand in den niedrigeren Energiezustand direkt durch Aussendung von Licht geschieht.

Die Bedeutung der Doppelbindungenanzahl wird deutlich, wenn man die Absorptionswellenlängen von Molekülen differenter Anzahl an Doppelbindungen miteinander vergleicht. Als sehr einfaches Modell kann die Aminosäure Tyrosin dienen, die einen aromatischen Ring mit drei konjugierten Doppelbindungen besitzt. Tyrosin absorbiert dadurch bei einer Absorptionswellenlänge von

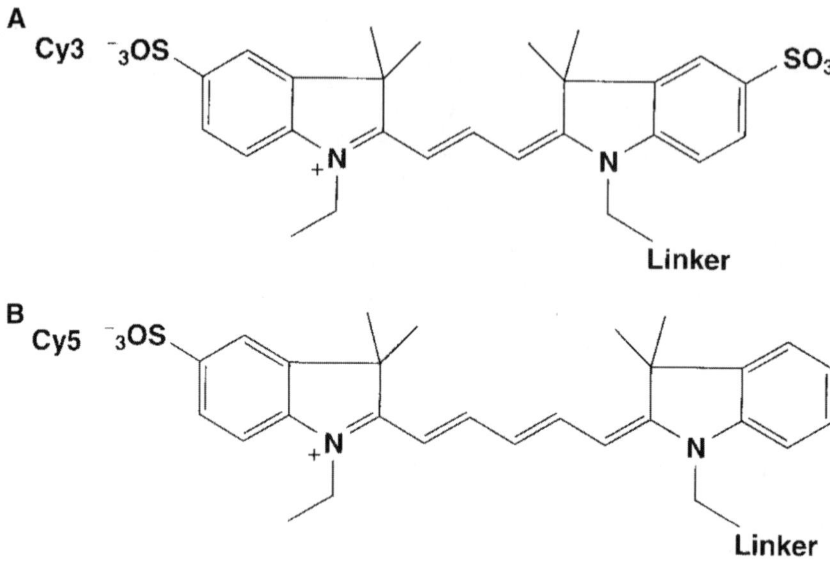

Abb. 3-42: Strukturbilder von Cyanine-3 und Cyanine-5. A) Das Strukturbild von Cyanine-3 (Cy3) lässt neun Doppelbindungen erkennen, wohingegen bei Cyanine-5 zehn Doppelbindungen vorhanden sind **(B)**.

275 nm. Diese Eigenschaft (ebenso wie die anderer aromatischer Aminosäuren) ist allerdings sehr wichtig für den Molekularbiologen/Biochemiker, da er sich diese Absorption bei 280 nm zu Nutze macht, um Proteinmengen zu quantifizieren. Weiterhin kann man die Proteine von den Nucleinsäuren differenzieren, da aufgrund der spektroskopischen Eigenschaften der konjugierten Ringsysteme bei Nucleinsäuren, diese bei 260 nm absorbieren. Im Vergleich zum Tyrosin mit seinen drei konjugierten Doppelbindungen verfügt einer der gebräuchlichsten Fluoreszenzfarbstoffe, das Cyanine-3 (Cy3) über insgesamt neun konjugierte Doppelbindungen (Abb. 3-42: A). Dies führt zu einen ‚Shift' der Absorptionswellenlänge weit in das sichtbare Licht hinein (550 nm). Eine weitere Steigerung der Doppelbindungenanzahl auf 10, wie sie bei dem ebenfalls häufig verwendeten Farbstoff Cyanine-5 (Cy5) vorhanden ist, führt zu einer Absorptionswellenlänge von 649 nm (Abb. 3-42: B).

3.3.2.2 Fluorophore

Es gibt derzeit eine Unzahl verschiedener fluoreszierender Substanzen, die gewisse, oben schon erwähnte Gemeinsamkeiten aufweisen. Sie zeigen ein System konjugierter Doppelbindungen unterschiedlicher Ausprägung. Im Laufe der Entwicklung dieser Substanzen wurden die ‚kritischen Eigenschaften' (Photobleaching, Fluoreszenzintensität, Fluoreszenzspektrum) minimiert und Nachteile, die bei den ‚älteren' Substanzen zu beobachten waren, konnten eliminiert werden. Der Experimentator benötigt fluoreszierende Moleküle, die mehrere Eigenschaften aufweisen:

- Sie sollen ein enges Exzitations- (Absorptions-) und Emissionsspektrum besitzen,
- möglichst intensiv leuchten und über
- Photostabilität verfügen.

Tabelle 3-12: Auswahl verschiedener Real-Time-PCR-Fluorophore sowie deren Extinktions- und Emissionsparameter. Alle Fluorophore lassen sich in Abhängigkeit ihrer Extinktions- und Emissionsspektren in den verschiedenen Real-Time-Instrumenten einsetzen. Mit Ausnahme des interkalierenden SYBRGreens können die genannten Fluoreszenzmoleküle an die 5'- bzw. 3'-Enden entsprechender Oligonucleotide gekoppelt werden.

Fluorophor	Extinktion (nm)	Emission (nm)	Fluorophor	Extinktion (nm)	Emission (nm)
ALEXA 430	430	545	HEX	466	556
ALEXA 488	493	516	SYBRGreen	488	520
ALEXA 594	588	612	6-TAMRA	555	580
Cascade Blue	400	425	TET	488	538
Cy3	550	570	Texas Rot	595	615
Cy5	649	670	6-ROX	575	602
Cy5.5	675	694	Rhodamine	550	575
JOE	527	548	Rhodamine Grün	502	527
FAM	488	518	Rhodamine Rot	570	590

Fluoreszierende Substanzen werden seit Ende des 19ten Jahrhunderts hergestellt und auch für biomedizinische Fragestellungen eingesetzt. Besonders hervorzuheben sind hierbei das Kristallviolett, das für die Gram-Färbung von Bakterien dient, sowie das FITC, das Adolf von Baeyer Ende des 19ten Jahrhunderts synthetisierte (Abb. 3-43:A1). FITC wird noch heute als Fluoreszenzmarker in unterschiedlichen Anwendungen eingesetzt, was insofern verwundert, da es diverse andere Substanzen mit weitaus besseren Fluoreszenz-Eigenschaften gibt. FITC absorbiert Licht besonders gut bei 494 nm und strahlt Licht mit einer Wellenlänge von 518 nm ab, was dem Experimentator am Fluoreszensmikroskop als grün erscheint. Die Grundstruktur des FITC-Moleküls, stellt ein polyzyklisches Benzen-System dar, welches aus insgesamt vier aromatischen Ringen besteht. FITC stand Pate für die Entwicklung einer Reihe weiterer Fluorophore, die sich durch variierende Substituenten von der parentalen Struktur unterscheiden. Zu dieser Gruppe gehören weit verbreitete Fluoreszenzfarbstoffe, die Mitglieder der ‚Alexa-Familie', ‚Oregon' und ‚Rhodamine Green', oder auch Fluorophore wie ‚JOE'. Viele der FITC-abgeleiteten Moleküle finden ihre Anwendung in der Real-Time-PCR und Sequenzierung (Tab. 3-12). In jüngerer Vergangenheit wurden auch andere Substanzen entwickelt, die auf anderen Grundstrukturen basieren, sich aber trotzdem durch das System konjugierter Doppelbindungen auszeichnen. Zu diesen Substanzen gehören Mitglieder der BODIPY-Familie sowie die bereits erwähnten Cyanine-Farbstoffe (Indocarbocyanine).

3.3.2.3 Photobleaching

Ein unschönes Charakteristikum der meisten fluoreszierenden Substanzen ist das so genannte ‚Photobleaching' oder ‚Bleichen'. Unter normalen Bedingungen, d.h. bei sehr geringen Beleuchtungsintensitäten, kann der Prozess der Absorption und der Emission zyklisch immer wieder ablaufen, und somit mehrere hundert Photonen pro Molekül erzeugen. Leider möchte der Experimentator aber nicht ewig warten und sich auf Versuche mit sehr geringen Beleuchtungsstärken einlassen. Deshalb lautet die Entscheidung: Je heller, desto besser! Diese Entscheidung hat allerdings den Nachteil des Fluorophor-Bleichens. Photobleaching führt dazu, dass ehemals sehr schön leuchtende Substanzen diese Fähigkeit in Windeseile verlieren, und sich deprimierende Dunkelheit ausbreitet. Das beruht wahrscheinlich auf einer Phototoxizität, die auf der Interaktion zweier

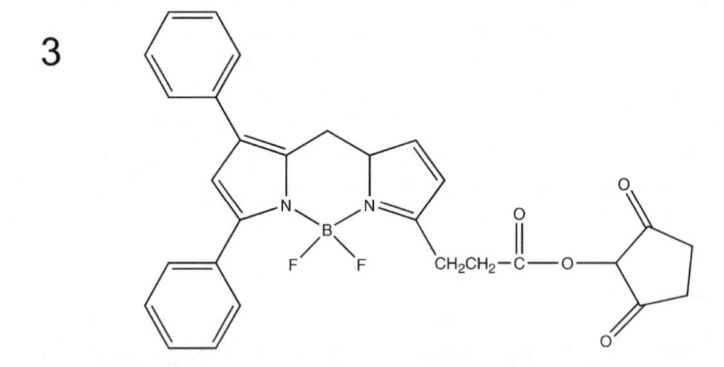

Abb. 3-43: Darstellung verschiedener Fluorophore und deren Abhängigkeit zum Photobleaching-Effekt. A) Chemische Struktur einiger fluoreszierender Substanzen, die in der biomedizinischen Forschung Anwendung finden. Als Prototypus für eine ganze Reihe von Substanzen diente das 1905 entwickelte Fluorescein (1). Davon abgeleitet wurden Substanzen wie die Alexa-Farbstoffe, von denen hier das Alexa 532 abgebildet ist (2). Als weitere Gruppe gebräuchlicher Fluoreszenzfarbstoffe fungieren Mitglieder der BODIPY-Familie. Hier abgebildet ist das BODIPY 630/650 (3).

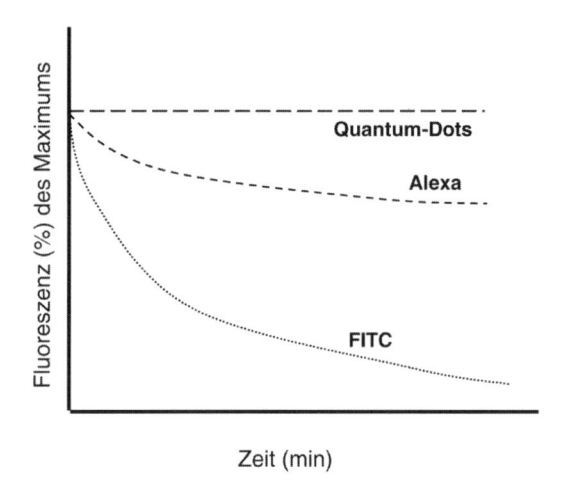

Abb. 3-43: Darstellung verschiedener Fluorophore und deren Abhängigkeit zum Photobleaching-Effekt. B) Schematische Darstellung des Photobleaching-Effekts. Bei längerer Belichtung kommt es durch phototoxische Effekte zu einer Verringerung der Fluoreszenz. Dieser Photobleaching-Effekt ist bei verschiedenen Substanzen unterschiedlich stark ausgeprägt. Während FITC und andere ältere Substanzen eine starke Anfälligkeit aufweisen, ist diese bei Alexa-Farbstoffen stark reduziert. Überhaupt kein Photobleaching kann bei den so genannten Quantum-Dots festgestellt werden.

oder mehrerer aktivierter Farbstoffmoleküle beruht und zu irreversiblen Veränderungen der Struktur dieser Substanzen führt. Dies geht mit einem Verlust der fluoreszierenden Eigenschaften einher. Aus diesem Grund sind die ‚involvierten' Chemiker daran interessiert, das Photobleaching auf ein Minimum zu reduzieren. Das wird entweder durch den Zusatz bestimmter ‚Lebensverlängerer' (z.B. ‚Prolong Antifade' Kit von Molecular Probes) erreicht oder aber durch die Entwicklung neuartiger Fluoreszenzfarbstoffe. Vergleicht man den Photobleaching-Effekt ‚älterer' Substanzen, wie z.B. FITC, mit demjenigen neuerer Farbstoffe (z.B. die Mitglieder der Alexa-Familie), so wird deutlich, dass die letzteren über eine sehr viel bessere Photostabilität verfügen. In diesem Zusammenhang muss man die ‚Quantum-Dots' bzw. fluoreszierenden ‚Nanopartikel' erwähnen, die über keinerlei Photobleaching verfügen, und in Kapitel 3.4.3 näher beschrieben werden.

Wie auch immer die Photostabilität geartet ist, für die Anregung von Fluorophoren mit Hinblick auf die Microarray-Anwendungen müssen energiereiche Lichtquellen eingesetzt werden, die z.B. die Verwendung von Laserlicht erfordern.

3.3.3 Energiereiches Laserlicht

H.-J. Müller

Was ist energiereiches Anregungslicht? Diese Frage müssten wir jetzt eigentlich beantworten können. Energiereiches Anregungslicht kann die normale Glühbirne sein, die unsere Phosphoreszenz-Sternchen an der Decke zum Leuchten bringt, oder das UV-Licht, welches das interkalierte Ethidiumbromid unserer DNA in einem kräftigen Orange zum fluoreszieren verhilft. Um aber die für die Microarray-Detektion erforderlichen Fluorophore anzuregen, benötigen wir stärkere Lichtquellen. Der Lichtstrahl muss schlicht amplifiziert und gebündelt werden. Dieses erreicht man durch ei-

A **B**

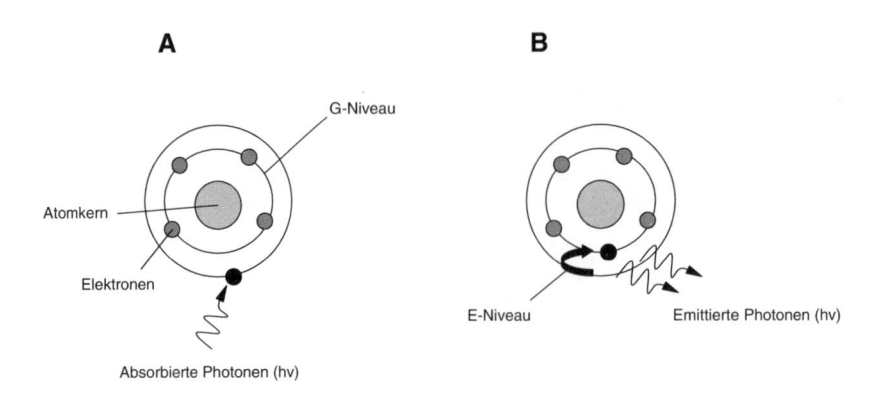

G-Niveau

Atomkern

Elektronen

E-Niveau   Emittierte Photonen (hv)

Absorbierte Photonen (hv)

Abb. 3-44: Stimulierte Emission. A) Im Gegensatz zur spontanen Emission wird durch das Anregungslicht das sich auf einem höheren Energieniveau (E-Niveau) befindliche Elektron auf ein niedrigeres Niveau (G-Niveau) transferiert **(B)**, wobei zwei Photonen mit gleicher Wellenlänge, Frequenz, Phase, Polarisation und Ausbreitungsrichtung emittiert werden.

ne monochromatische, kohärente (zusammenhängende) und kollimierte (parallel laufende) Lichtquelle, welche uns als ‚Laser' bekannt ist. Das Akronym ‚Laser' ist eine Abkürzung für ‚Light Amplification by Stimulated Emission of Radiation'. Monochromatisches Licht besteht aus einer Wellenlänge. Wenn dieses gebündelte Licht aus einer einzigen Quelle stammt, und die gleiche Frequenz sowie Ausbreitungsrichtung besitzt, dann erhält man einen kohärenten und kollimierten Lichtstrahl.

Das Wirkungsprinzip eines Lasers ist etwas anders, als bei der oben beschriebenen spontanen Emission. Wird z.B. ein angeregtes Elektron, welches sich bereits auf dem E-Niveau befindet, durch ein Photon dazu stimuliert, auf ein niedrigeres Energieniveau auszuweichen, dann werden durch die Energie-Freisetzung zwei Photonen emittiert (dieses hat aber nichts mit der Zwei-Photonen-Fluoreszenz zu tun). Dieser Vorgang nennt sich ‚stimulierte Emission', und das Resultat ist ein verstärktes Licht mit gleicher Frequenz, Phase, Polarisation und Ausbreitungsrichtung (Abb. 3-44). Da die Wahrscheinlichkeit für das Elektron genauso hoch ist, durch ein Photon auf ein höheres Niveau oder eben auf niedrigeres Energieniveau transferiert zu werden, muss bei einem Laser dafür gesorgt werden, dass die stimulierte Emission vorwiegend abläuft. Diesen optimal zu erreichenden Zustand nennt man ‚Besetzungsinversion' (Population Inversion), und er wird dadurch erreicht, dass das Licht zwischen zwei Reflektoren (oder Spiegel) permanent hin und her geleitet wird (Abb. 3-45). Die instrumentelle Anordnung, in welcher das erreicht werden kann, nennt sich ‚Resonator'. Die Energie für die Besetzungsinversion wird durch einen Oszillator generiert. Einer der Reflektoren besitzt einen teildurchlässigen Bereich (Teilreflektor), aus welchem ein gebündelter Laserstrahl austreten kann (Abb. 3-45). Die Energie des Laserstrahls reicht in Abhängigkeit des Lasersystems (z.B. eines Diodenlasers) von wenigen Mikrowatt (µW) bis zu mehreren Terawatt (TW).

Es gibt diverse Lasersysteme, wobei das Medium in welchem die Besetzungsinversion innerhalb des Resonators erreicht werden soll, aus einer festen, flüssigen oder gasförmigen Matrix bestehen kann. Für die Microarray-Scanner werden hauptsächlich Festphasen- und Gas-Medium-Laser eingesetzt. Als Gas dienen z.B. Gemische aus Helium und Neon (He-Ne-Laser) oder Krypton und Argon (Kr-Ar-Laser). Typische Festphasen-Laser sind die Dioden, welche aufgrund ihrer hohen Effizienz und preiswerter Herstellung immer häufiger in Microarray-Scanner und anderen

LASER-Aufbau

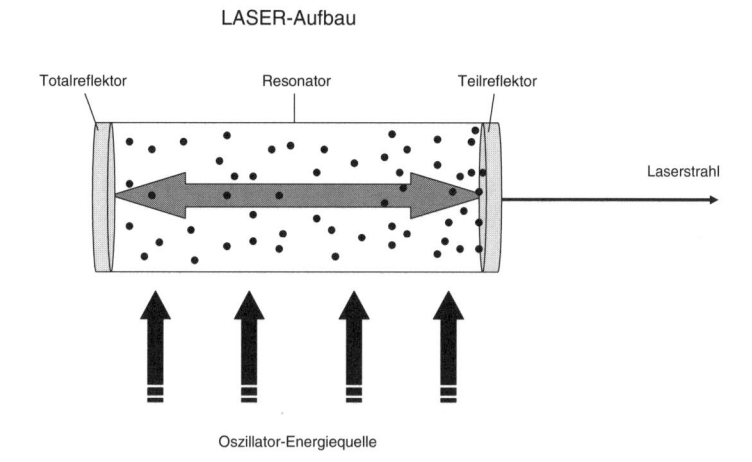

Abb. 3-45: Schematischer Laser-Aufbau. Die Funktionsweise eines Laser beruht auf dem Phänomen der ‚stimulierten Emission'. Die stimulierte Emission wird durch die Besetzungsinversion in einem Resonator erreicht, wobei die freigesetzten Photonen zwischen zwei Reflektoren (Total- und Teilreflektor) hin und her strahlen. Das zu durchdringende Medium kann aus einer festen, flüssigen oder gasförmigen Phase bestehen. Die für die Erreichung der Besetzungsinversion erforderliche Energie wird von einem Oszillator bereitgestellt. Bei genügend hohem Anteil der Photonen treten diese als kohärenter, kollimierter und monochromatischer Laserstrahl aus.

Tabelle 3-13: Übersicht der für die Microarray-Scanner gebräuchlichen Laser-Quellen. Es sind verschiedene Laser-Quellen für den Einsatz in Microarray-Scannern aufgeführt. Aufgrund des guten Preisleistungsverhältnisses haben sich die Dioden durchgesetzt. (DPSS = Diode-Pumped-Solid-State; He-Ne = Helium-Neon-Laser; Kr-Ar = Krypton-Argon-Laser)

	He-Ne	Kr-Ar	Diode	DPSS
Medium	Gas	Gas	Festphase	Festphase
Wellenlänge (nm)	543, 594, 611, 633	488, 514,	568, 647, 752	635, 650, 780
Qualität des Laserstrahls	Sehr gut	Sehr gut	Gut	Sehr gut
Haltbarkeit	Gut	Gut	Sehr gut	Sehr gut
Kosten	Hoch	Hoch	Gering	Gering

molekularbiologischen Instrumenten (z.B. in einem Real-Time-PCR-Cycler) eingebaut werden. Die Dioden-Laser lassen sich in Gehäuse unterbringen, die zwei bis 10 cm lang sind. Wir kennen sie sehr gut von unserem kleinen Laser-Pointer. Die Strahlungsintensität des Dioden-Lasers liegt bei ca. 10 mW. In Tabelle 3-13 ist eine Übersicht der für die Microarray-Scanner gebräuchlichen Laser-Quellen aufgeführt.

Es muss hier nochmals explizit darauf hingewiesen werden, dass die Laser sehr gefährlich für das organische Leben sein können. Die Laser werden in vier Sicherheitsklassen eingeteilt: Klasse I ist mehr oder weniger harmlos, wohingegen Klasse IV Laser extrem gesundheitsschädlich und gefährlich sind. Die für die Microarray-Scanner verwendeten Laser stellen Klasse II oder III Laser-Systeme dar. Während des Arbeitens mit Laser-Quellen müssen unbedingt die erforderlichen Sicherheitsmassnahmen eingehalten werden.

3.3.4 Funktionsweise der Microarray-Scanner

Die Funktionsweise eines Scanners ist den meisten von uns bereits bekannt. Wir legen etwas (z.B. ein Bild) zwischen einer Leuchtquelle und einer hinteren Abdeckung, drücken auf den Scan-Knopf, und nach wenigen Minuten haben wir ein digitales Abbild dessen, was wir als Scan-Matrize verwendet haben. Bevor wir durch die Heim-PC-Revolution die erschwinglichen Flachbett-Scanner kaufen konnten, wurde das Scanner-Prinzip bereits vor Jahrzehnten in den Kopier- und Fax-Geräten eingesetzt. Allerdings sind die Anforderungen an einen Microarray-Scanner (wird auch häufig ‚Reader' genannt) nun doch ‚etwas' größer.

Ein Microarray-Scanner muss eine sehr hohe Auflösung besitzen. Es müssen Spots mit einem ‚Center-To-Center' (CTC)-Abstand von wenigen Mikrometern gemessen, und hinsichtlich ihrer Fluoreszenzintensität deutlich voneinander unterschieden werden. Nach der Messung werden die gelesenen Daten digitalisiert und in einem entsprechenden Bild-Format bereitgestellt. Jeder einzelne Schritt benötigt eine komplexe Anordnung diverser Bauteile, wobei weiterhin die Anforderungen an einem kompakten und kleinen Instrument mit potenzieller HTS-Fähigkeit kombiniert werden soll. Als wichtiges Bauteil wird hier auf die verschiedenen optischen Laser-Systeme eingegangen.

3.3.4.1 Optische Laser-Systeme

Der generelle Aufbau eines Laser-Systems ist für die Microarray-Scanner in Abb. 3-46 aufgeführt. Ein Laserstrahl wird über einen Exzitationsfilter, Lasersplitter und einer optischen Linse geleitet, um als gebündelter und fokussierter Strahl auf den jeweiligen Spot des Biochips zu gelangen. Die

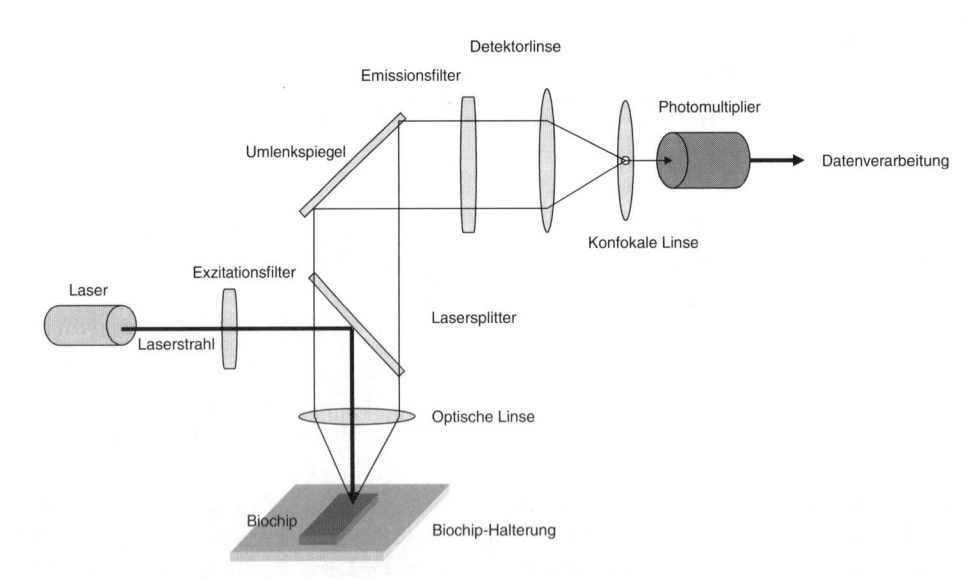

Abb. 3-46: Typischer Aufbau eines Microarray-Laser-Systems. Ausgehend von der Laserquelle wird ein gebündelter Lichtstrahl über verschiedene Filter, Linsen und Spiegel auf den Microarray gelenkt. Nach Emission der Fluorophore wird das längerwellige Lichtsignal wiederum über Filter, Spiegel und Linsen in einem Photomultiplier geführt. Dort wird es verstärkt, um anschließend in digitale Informationen umgewandelt zu werden.

Fluorophore absorbieren das Laserlicht und emittieren ein längerwelliges Licht, welches ebenfalls durch die optische Linse und dem Lasersplitter geleitet wird. Durch einen Umlenkspiegel wird der emittierte Lichtstrahl weiterhin über einen Emissionsfilter, einer Detektorlinse und gegebenenfalls durch eine konfokale Linse in das Photomultiplier-Tube (PMT) (siehe Abschnitt 3.3.4.2) geführt. Von dort aus wird der Lichtstrahl in ein analoges, elektrisches Signal und anschließend im Analog-to-Digital-Konverter (ATDK) (siehe Abschnitt 3.3.4.3) in digitale Signale umgewandelt, woraufhin ein digitales Abbild des Microarrays z.B. als Tiff-Datei abgespeichert werden kann.

Das Prinzip der Laserumwandlung wird im Allgemeinen bei jedem Scanner eingesetzt, aber es gibt zwei grundlegende Unterschiede auf welche Art und Weise der Laser den Biochip ‚abscannt'. Die eine Alternative ist es, dass sich bei einer stationären Laseroptik das Substrat (also der Biochip) sowohl in X- als auch in Y-Achse bewegt (Abb. 3-47: A). Die andere Möglichkeit ist dadurch charakterisiert, dass die Laseroptik in X- und Y-Richtung über den stationären Biochip schwebt (Abb. 3-47: B). Für die beiden grundlegenden Systeme gibt es jeweils gute und schlechte Argumente. Die Verfechter der stationären Substrate bemängeln bei den ‚fliegenden' Optiken, dass diese dadurch zu sehr beansprucht werden, wobei die andere Gruppe eher behauptet, dass sich ein bewegender Biochip nicht optimal auf eine sehr hohe Auflösung einstellen lässt. Die Bewegungsgeschwindigkeit ist in der Regel für die X-Achse deutlich höher als es für die Y-Achse der Fall ist. Die schnelle Bewegung in Richtung der X-Achse wird häufig durch einem ‚Positionstransducer', dem so genannten Galvonometer, kontrolliert, wohingegen ein Elektro-Stepper-Motor die Bewegung in Y-Richtung übernimmt. Die Mechanik der sich bewegenden Laseroptik wird nochmals in ein ‚Pre-Objective'- und in einem ‚Flying-Objective'-System unterteilt. Bei dem Ersteren stellt der Laserstrahl, welcher durch einen Galvonometer-kontrollierten Spiegel über den Microarray geführt wird, die dynamische Komponente dar. Bei den ‚Flying Objectives' bewegt sich anstelle des Laserstrahl die optische Linse derart, dass der Laserstrahl über die jeweiligen Microarray-Positionen gelenkt wird. Welches System ist nun besser oder schlechter? Das kann hier nicht beantwortet werden, da sowohl der Preis als auch die eigentlichen Anforderungen an den Microarray-Scanner selbstverständlich von dem individuellen Budget und der experimentellen Fragestellung abhängig ist.

Es gibt noch weitere Variationen, um den Laser über den Microarray zu jagen, aber das generelle Prinzip ist immer gleich. Die Aufgabe des Laser-Systems besteht darin, dass die Fluorophore mit

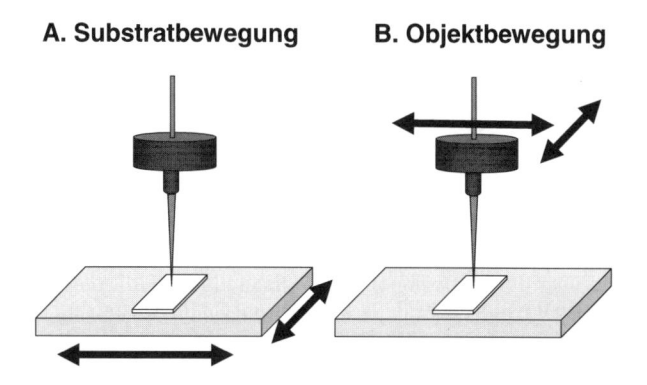

Abb. 3-47: Zwei grundlegende Methoden zum Ablesen eines Biochips. A) Bei einer unbeweglichen, stationären Laserquelle muss sich die Biochip-Halterung in X- und Y-Richtung bewegen. **B)** Im Falle einer stationären Biochip-Halterung bewegt sich die Laseroptik in Richtung der X- und Y-Achse.

der erforderlichen Wellenlänge angeregt und die Emission mehr oder weniger gleichzeitig gemessen werden kann. Da in der Regel mindestens zwei verschiedene Fluorophore detektiert werden sollen, muss der Scanner in der Lage sein, die unterschiedlichen absorbierten und emittierten Wellenlängen zu messen. Dieses geschieht z.B. durch die Verwendung mehrerer Laser, Filter und PMTs mit spezifischer Wellenlänge. Im Falle von Cyanine-3 und Cyanine-5 werden zwei separate Laser eingesetzt, die Cy3 bei 550 nm und Cy5 bei 649 nm anregen. Moderne Scanner können durch Verwendung diverser Laser und Filter teilweise mehr als zehn verschiedene Fluorophore in einer Bandbreite von 488–652 nm messen. Die Messung erfolgt entweder synchron oder simultan.

Wie auch immer der Microarray-Biochip abgelesen wird, entscheidend ist die Qualität der erhaltenen Daten. Die Qualität ist unter anderem von der Auflösung des gescannten Bereiches abhängig. Sehr hochauflösende Scanner weisen eine Auflösung von 3,0 µm auf, wobei Spots mit einem Durchmesser von 100 µm immer noch sehr gut mit einer 10 µm-Auflösung zu analysieren sind. Ein weiteres Qualitätsmerkmal ist eine geringe Hintergrundstrahlung, die sich z.B. durch die Verwendung von konfokalen optischen Systemen minimieren lässt.

Nachdem nun das emittierte Licht in der richtigen Wellenlänge über das optische System in das Photomultiplier-Tube geleitet wurde, wird es in diesem in ein elektrisches, analoges Signal umgewandelt.

3.3.4.2 Photomultiplier-Tube

In dem Photomultiplier-Tube (PMT) wird das elektromagnetische Lichtsignal in ein analoges, elektrisches Signal umgewandelt und verstärkt. Die Photonen treffen auf eine Photokathode und katapultieren durch den Photoemissionsmechanismus Elektronen heraus. Die freigesetzten ‚Photoelektronen' werden wiederum durch das im PMT vorhandene elektrische Feld beschleunigt, und fliegen in Richtung der Anode. Allerdings treffen sie auf weitere Elektroden, welche als Dynoden bezeichnet werden, und setzen pro Elektron mehrere Sekundärelektronen frei. Auf diese Weise erhöht sich die Anzahl der freien Elektronen exponentiell, sodass nach Durchlauf des gesamten PMT

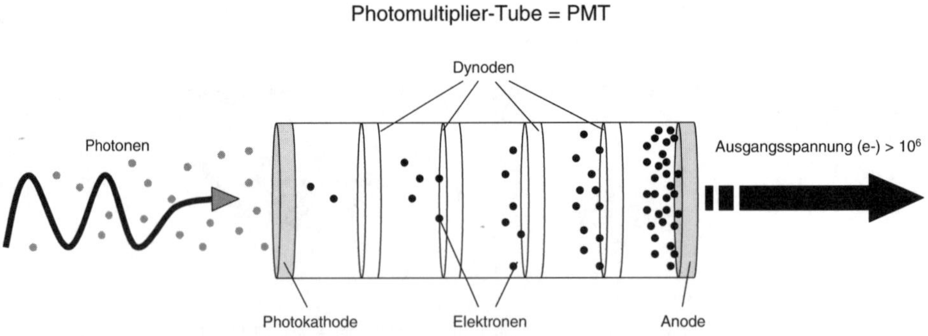

Abb. 3-48: Das Photomultiplier-Tube. Die Photonen treffen auf die Photokathode und veranlassen dadurch den Ausstoß von Photoelektronen, die aufgrund des elektrischen Feldes innerhalb des PMTs in Richtung der Anode fliegen, und auf weitere Elektroden (Dynoden) treffen. Hierbei werden wiederum Elektronen freigesetzt, sodass eine exponentielle Amplifikation der Elektronen verursacht wird. Dadurch wird ein analoges Stromsignal mit erhöhter Ausgangsspannung (e$^-$) von der Anode abgegeben.

Analog-To-Digital-Konverter = ATDK

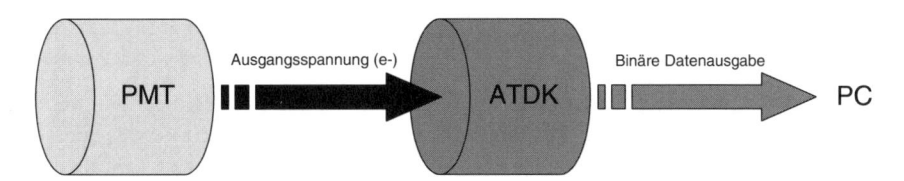

Abb. 3-49: Der Analog-To-Digital-Konverter (ATDK). Das analoge Stromsignal wird innerhalb des ATDK durch Messung der einzelnen Stromstärken direkt in binäre Signale umgewandelt. In Abhängigkeit von der Konverterkapazität lassen sich z.B. bei einem 16-Bit-Konverter 65.536 Einzelwerte pro Pixel (z.B. 0111001010010101) in den Computer (PC) übertragen.

ein stark erhöhtes Stromsignal aus der Anode heraustritt (Abb. 3-48). Das nun analoge, verstärkte Stromsignal wird anschließend in den Analog-To-Digital-Konverter geleitet.

3.3.4.3 Analog-To-Digital-Konverter

Damit das gescannte Microarray-Bild am Computer bearbeitet und gespeichert werden kann, muss das analoge elektrische Signal, welches aus dem PMT tritt in ein digitales, binäres Signal umgewandelt werden. Dieses wird durch den Analog-To-Digital-Konverter (ATDK); auch als AD-Board bezeichnet) erreicht (Abb. 3-49). Der ATDK misst die Stromstärke und wandelt jeden Messpunkt (z.B. die Fluoreszenzintensität eines Pixels) in ein binäres Bit-Signal (0 oder 1) um. Die Anzahl der einzelnen Bits ist von der Kapazität des eingesetzten ATDK abhängig. Für die meisten Microarray-Scanner werden 16-Bit-Konverter eingesetzt, sodass die maximalen Ausgabewerte der digitalen Information 65.536 (2^{16}) Einzelwerte für je einen Pixel erlauben. Verglichen dazu können bei 8-Bit- (2^8) und 12-Bit-Konverter (2^{12}) jeweils nur 256 oder 4.096 einzelne Werte gespeichert werden. Je höher die Bit-Zahl ist, umso aussagekräftiger wird die ‚Dynamic Range' sein (siehe Abschnitt 3.3.6). Nach der Umwandlung des emittierten Lichts in ein elektrisches, analoges und letztendlich digitales, binäres Signal, wird die vom Microarray abgelesene Information in den Computer übertragen und in einem geeigneten Format gespeichert.

3.3.4.4 Bildaufnahme und ‚Bit Maps'

Die Bits, die von dem ATDK an den Computer gesendet wurden, werden als zusammenhängende ‚Bit Map' gespeichert. Diese Bit-Map stellt ein 1 : 1 Abbild von allen gemessenen Pixels eines Microarrays dar, wobei die Wertzuordnung (z.B. 0111001010010101) des gemessenen Pixels bei einem 16-Bit-Konverter zwischen 1 und 65.536 liegen kann. Eine Bit-Map wird auch als grafische Datei, oder einfacher als ‚Graphic File', bezeichnet. Das Format dieser Files wird häufig als ‚Tagged image file format' (Tiff) abgespeichert, wobei die Dateien die Endung ‚*.tif' erhalten. Tiff-Files können sehr große Datenmengen beinhalten, weshalb der Computer über eine ausreichende Speicherkapazität verfügen sollte. Beispielhaft werden für einen Standard-Glasobjektträger, der komplett mit einer Auflösung von 10 µm gescannt wurde, ca. zwei Megabyte (MB) Speicherplatz benötigt. Andererseits lassen sich die Grafik-Dateien auch in andere Grafik-Formate (Gif = Graphic interchange format; JPEG = Joint Photographic Experts Group) komprimieren, was allerdings mit einem Verlust der Bildqualität einhergeht.

3.3.5 Funktionsweise der Microarray-Imager

Ein Microarray-Imager erstellt, ebenso wie der Scanner, ein digitales Abbild der emittierten Fluoreszenz auf einem Microarray-Biochip. Allerdings geschieht dieses auf eine etwas andere Weise, als es bei dem Scanner der Fall ist. Im Gegensatz zum Laser-Scanner wird kein Laserlicht verwendet, und es bewegt sich weder die Biochip-Halterung noch die optische Einheit. Vielmehr wird als Lichtquelle weißes, polychromatisches Licht verwendet, welches ebenfalls über Filter und Linsen auf den Microarray gelenkt, emittiert und anschließend in eine Kamera geführt wird (Abb. 3-50). Die Kamera photographiert simultan größere Bereiche (ca. $1,0 cm^2$), und setzt diese zu einem gesamten Microarray-Abbild zusammen. Die emittierte Fluoreszenz wird in der Kamera von einem ‚Imaging-Detector' (Detektoren) gespeichert, und die analogen Daten werden wiederum an einen ATDK weitergeleitet, der diese in digitale Signale umwandelt und als Grafik-Datei an den PC transferiert.

Das polychromatische Weißlicht wird z.B. über Xenon-Lampen bereitgestellt, und die erforderliche Anregungswellenlänge kann durch die Passage eines Exzitations-Filterrades mit vorgegebenen Wellenlängen erhalten werden. Prinzipiell lässt sich aus dem Weißlicht jede für die Microarray-Analysen benötigte Exzitations-Wellenlänge herausfiltern. Nachdem die Fluorophore angeregt wurden, wird das emittierte Licht durch einen Emissionsfilter und einer optischen Kameralinse in die Kamera geleitet. Gegebenenfalls sind in diesem Strahlengang weitere Umlenkspiegel und optische Fokussierlinsen inkorporiert. Innerhalb der Kamera trifft der emittierte Lichtstrahl auf einen Detektor, der wiederum die Fluoreszenzinformation einer Fläche bis zu einem cm^2 speichern kann. Sind mehrere Detektoren aneinandergereiht, dann lässt sich ein gesamter Microarray simultan, ohne dass der Lichtstrahl auf der X- und Y-Achse hin und her geführt werden muss, ablesen. Die Detektoren sind nun mit einer analogen und spezifischen Bildinformation beladen, weshalb diese analoge Ladung an den ATDK zur weiteren digitalen Umwandlung überführt wird (Abb. 3-50).

Die Detektoren der Imager sind prinzipiell mit der Aufgabe der PMTs vergleichbar. So genannte ‚Charge coupled devices' (CCD) sind Photosensoren, die emittierte Photonen eines Pixels messen und in eine elektrische Ladung überführen können. Die Auflösung einer CCD-Kamera ist abhängig von der maximalen Anzahl der zu lesenden Pixel, wobei in Microarray-Imagern die Pixelgröße zwischen 7,0 und 12 µm betragen kann. Lassen sich z.B. jeweils 1.000 Pixel in X- und Y-Orientierung messen, so besitzt die CCD-Kamera eine Auflösung von 1.000.000 Pixel (1,0 Megapixel). Die Geschwindigkeit, mit der die Microarray-Information gelesen und gespeichert werden kann, ist abhängig von der Qualität der CCD-Kamera, wobei eine schnelle CCD-Kamera für das Ablichten und Speichern eines Microarray-Bereiches ca. eine Minute benötigt. Dieser Zeitaufwand ist mit dem der Scanner zu vergleichen. Alternativ zu den CCD-Kameras können auch so genannte CMOS-Detektoren (Complementary metal oxide semiconductor) eingesetzt werden, die aufgrund ihres Designs einige theoretische Vorteile bieten, jedoch in ihrer derzeitigen Form noch nicht die Qualitäten der CCD-Kameras aufweisen.

Die CCD-Kameras haben gegenüber dem Laser-Scanner verschiedene Besonderheiten, die hier kurz aufgeführt werden. Aufgrund von Temperatur-bedingten Entladungen auf der Detektor-Oberfläche, kommt es zu so genannten ‚Dark-counts'. Das ist eine Art Hintergrundstrahlung, die nicht durch die Emission von Licht, sondern durch die Abgabe von Elektronen hervorgerufen wird.

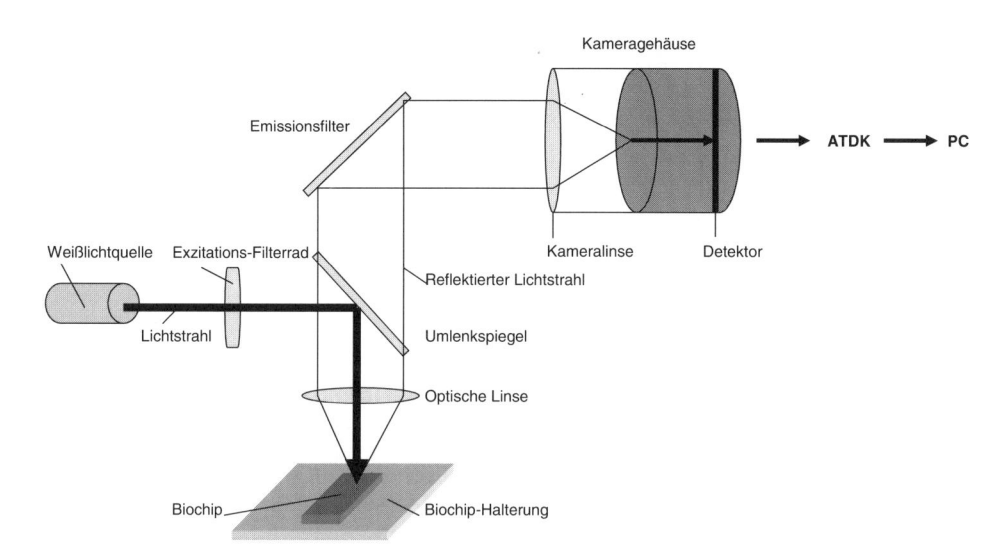

Abb. 3-50: Prinzip des Microarray-Imagers. Ähnlich wie bei einem Laser-Scanner wird ausgehend von einer Lichtquelle der Lichtstrahl über einen Exzitationsfilter auf den Microarray gelenkt, und das emittierte Fluoreszenzsignal über einen Emissionsfilter und einer Kameralinse auf einen Detektor geleitet. Im Unterschied zum Scanner wird bei einem Imager polychromatisches Weißlicht verwendet, wobei die erforderliche Anregungswellenlänge durch das Exzitations-Filterrad generiert wird. Die Detektoren geben das analoge Signal an den Analog-To-Digital-Konverter (ATDK) weiter, welcher wiederum die digitale, binäre Bit-Map an den PC transferiert.

Die Dark-counts verursachen bei Raumtemperatur eine vermeintliche Pixel-Detektion auf dem Microarray. Da die Dark-counts Temperatur-abhängig sind, sollten die CCD-Kamers gekühlt werden (z.B. bis $-20\,°C$ bis $-40\,°C$). Ein weiterer CCD-abhängiger Artefakt ist das ‚Blooming'. Hierbei kommt bei besonders intensiven Pixel zu einem ‚Ausstrahlen' (Übersprechen) in die benachbarten Pixel. Ein gegenläufiger Prozess wird auch als ‚Anti-Blooming' bezeichnet, bei welchem die Anzahl der Pixel-Intensitäten reduziert wird. Weitere Artefakte können durch defekte Pixel auf dem CCD-Chip verursacht werden. Diese punktuellen Defekte werden als ‚Point effects' oder ‚Defect clusters' bezeichnet, und äußern sich durch sehr aktive (‚Hot pixel'), inaktive (‚Dead pixel') und schwache (‚Dark pixel') Pixel-Ladungen. In Abhängigkeit der Qualitätsstufe (und somit der Kosten) einer CCD-Kamera lassen sich CCD-Chips ohne defekte Pixel verwenden (Klasse 0).

Das Lesen und Abspeichern eines Microarrays ist leider nicht ganz so einfach, wie es in den letzten Kapiteln beschrieben worden ist, da noch sehr viele Anpassungen vor dem Scannen oder ‚Imagen' hinsichtlich der Geräte-Parameter notwendig sind. Damit von vornherein das Hintergrundsignal weitestgehend eliminiert wird, müssen diverse Optimierungen durchgeführt werden.

3.3.6 Dynamic Range

T. Röder

Ein ganz entscheidender Aspekt bei der Betrachtung der technischen Gegebenheiten ist die so genannte ‚Dynamic Range' (Dynamischer Bereich) eines Aufnahmesystems (z.B. einer CCD-

Kamera). Bei gebräuchlichen Aufnahmesystemen mit einer Pixelgröße von 9 µm² ergibt sich eine Speicherkapazität von 81.000 speicherfähigen Ladungen (siehe Abschnitt 3.3.7). Das ist ein Wert, der im 16-Bit-System darzustellen ist (noch einmal zur Wiederholung: 16-Bit-Systeme können Werte zwischen 1 und 65.536 darstellen). Das bedeutet, dass prinzipiell Unterschiede in der Intensität, die um den Faktor 81.000 variieren, repräsentiert werden können (1 bis 81.000). Dieser Faktor ist recht beeindruckend, da ein Signal, das 81.000fach stärker ist als das Schwächste, immer noch entsprechend abgebildet werden kann. Diese Systeme zeichnen sich, exemplarisch für die Welt des Biomediziners, durch belastendes Hintergrundmaterial aus. Ein Hintergrund, von lediglich 100, der beim Detektionssystem auftritt, führt dazu, dass die Dynamic Range jetzt nur noch zwischen 100 und 81.000 liegt (der Maximalwert ändert sich ja nicht durch den entsprechenden Faktor). Auf den ersten Blick ist das eher unkritisch, aber in der Realität hat es dramatische Folgen. Jetzt können nur noch Signale, die um den Faktor 810 variieren, im Dynamischen Bereich abgebildet werden. Das wäre mit einem 10-Bit-System vergleichbar. Der Dynamische Bereich lässt sich demzufolge sehr einfach berechnen:

- Realer dynamischer Bereich = Speicherkapazität/Gesamthintergrund.

Das hat zwei Implikationen: Erstens ist der zur Verfügung stehende Dynamische Bereich eher klein (eine Tatsache, die man sich merken sollte), und zweitens ist die Unterdrückung des Hintergrundes von entscheidender Bedeutung. Wird der Hintergrund von 100 auf 10 reduziert erhöht sich der Dynamische Bereich um den Faktor 10. Eine sehr erhebliche und unbedingt anzustrebende Steigerung. Die meisten Micorarray-Imager weisen einen Hintergrund auf, der sich in diesem Bereich bewegt. Die Kühlung von Raumtemperatur ($\sim 20\,°C$) auf ca. $-40\,°C$ reduziert den Dunkelstrom, um den Faktor 25. Aus diesem Grund werden gekühlte Kamerasysteme eingesetzt, die demzufolge einen sehr viel geringeren Hintergrund erzeugen.

Im Kontext der Microarray-Experimente ist dieser Dynamische Bereich nicht zu unterschätzen. Wenn Hybridisierungsereignisse miteinander verglichen werden sollen, dann kommen sowohl sehr starke als auch sehr schwache Ereignisse (Signale) vor. Diese Unterschiede können größer sein als der Dynamische Bereich (sie sind es im Allgemeinen auch). Daraus folgt hinsichtlich der Fluoreszenzintensitäten: Möchte der Experimentator wissen was die ‚Schwachen' machen (ein löbliches Unterfangen), dann verliert er die ‚Starken' (die befinden sich in der Sättigung und erlauben damit keinerlei quantitativen Vergleich). Fokussiert er hingegen auf die starken Fluoreszenzen und stellt sicher, dass alle Unterschiede tatsächlich abgebildet werden, dann verliert er die schwächeren. Die ‚dümpeln' im Bereich des Hintergrunds, und erfordern nahezu meditative Betrachtungen der Ergebnisse, um gewünschte und erwartete Hybridisierungen im Nachhinein zu interpretieren. Man kann sich damit trösten, dass man nicht alles haben kann, und das ist gut so. Aber eine einfache Lösung ist (oder wäre) die Mehrfachmessung eines Microarrays bei unterschiedlichen Belichtungs- bzw. Aufnahmezeiten durchzuführen. Daraus folgt, lange Belichtungszeiten für die Schwachen und kurze Belichtungszeiten für die starken Fluoreszenzen. Um beides miteinander zu verknüpfen, dient dann eine intermediäre Zeit. Die Auswertung derartiger Versuchsdesigns erfordert allerdings einiges in puncto Software. Aber das kann man meistern.

3.3.7 Pixel und Spots

Die Auflösung eines Detektionssystems ist von entscheidender Bedeutung für die Analyse der Microarrays. Durch die Miniaturisierung der Experimente sind die einzelnen messbaren Punkte (Pixel) in Dimensionen eingedrungen, die sich im µm Bereich bewegen. Dadurch ist es notwendig geworden, die Auflösung der Detektionssysteme diesen Anforderungen anzupassen. Für die nachgeschalteten Auswerteprogramme ist es unbedingt erforderlich, dass jeder Spot durch eine Mindestanzahl von Pixeln dargestellt wird. Es sollten mindestens 64 Pixel für diesen Zweck vorhanden sein. Das wiederum bedeutet, dass der Spot von einem Feld, bestehend aus mindestens 8×8 Pixel dargestellt werden muss. Weist der Spot einen Durchmesser von 100 µm auf, und das Detektionssystem misst eine Pixelgröße von 10 µm, dann können von $10 \times 10 = 100$ Pixel dargestellt werden. Misst das Detektionssystem lediglich eine Pixelgröße von 20 µm, dann wird der Spot mit $5 \times 5 = 25$ Pixeln definiert, das ist allerdings zu wenig (Abb. 3-51). Demzufolge ist zu verstehen, dass Detektionssysteme eine möglichst hohe Auflösung haben sollten. Je geringer die Pixelgröße, desto besser die Auflösung. Das ist leider nicht ganz so einfach, wie es sich so auf den ersten Blick liest. Eine Verkleinerung der Pixelgröße wird von zwei weiteren Phänomenen begleitet, die damit fest verknüpft sind. Der erste Faktor ist die Empfindlichkeit. Je kleiner die Pixelfläche, desto geringer ist die Empfindlichkeit des Systems. Das ist schlicht und einfach darin begründet, dass die Fläche, die für die Detektion von Photonen zur Verfügung steht, geringer ist. Ein physikalisches Phänomen, das sehr einfach zu verstehen ist, gegen das man allerdings auch überhaupt nichts machen kann. Diese Korrelation ist verständlich und leicht nachzuvollziehen. Hingegen gibt es einen weiteren Zusammenhang, der mit der Verkleinerung der Pixelfläche verbunden ist, und im Allgemeinen übersehen wird. Der Dynamische Bereich eines Detektionssystems ist direkt abhängig von der Pixelgröße. Berechnet man die Speicherkapazität eines Pixelfeldes (der Kennwert für den Dynamischen Bereich), dann ergibt sich folgende Gleichung:

- Speicherkapazität $= 1.000 \times (\text{Pixelfläche})^2$

Bei einer Pixelfläche von 10 µm² ergibt sich ein Wert von: $1.000 \times 10 \times 10 = 100.000$, der sehr gut im 16-Bit-Format abzuspeichern ist. Hingegen führt eine Pixelfläche von 5 µm² zu einem Wert von $1.000 \times 5 \times 5 = 25.000$. Ein Wert, der lediglich einem Viertel des Ersteren entspricht, und somit eine recht drastische Reduktion des Dynamischen Bereichs zur Folge hat. Die Auflösung, die mit

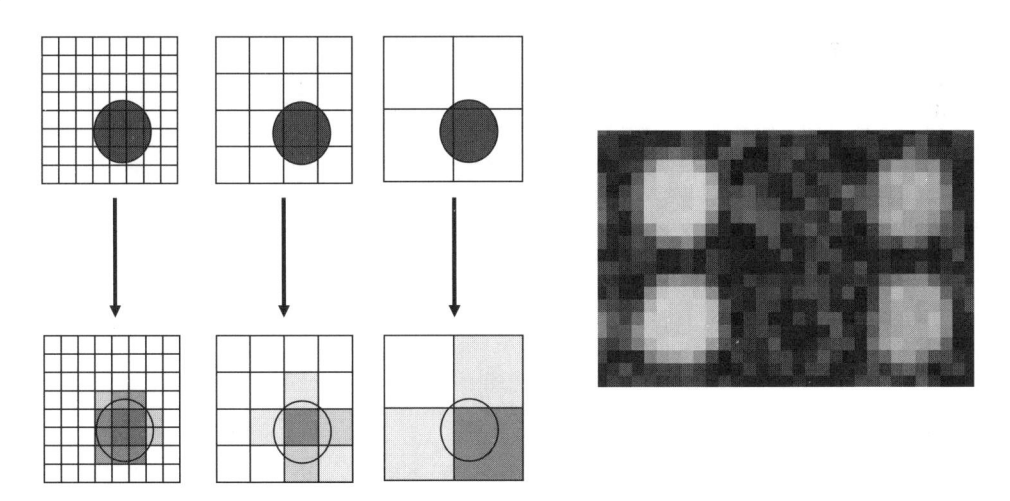

Abb. 3-51: Pixelung. Die gepixelte Aufnahme hat einen entscheidenden Einfluss für die Aufnahme und damit für die Darstellung der einzelnen Spots. Ist die Anzahl der Pixel pro Dot zu gering, kann dieser nicht richtig dargestellt werden, und es passiert, dass die Signale zweier oder mehrerer Spots ineinander laufen. Durch Erhöhung der Auflösung kann die Spot-Morphologie, und damit die Abgrenzung zu anderen Spots sowie zum Hintergrund, besser durchgeführt werden. Jeder Spot sollte von 50–100 Pixeln dargestellt werden. Eine Anzahl, die eine halbwegs ausreichende Darstellung ermöglicht.

einem Detektionssystem zu erreichen ist, kann durch einige Faktoren negativ beeinflusst werden. Dazu gehört das so genannte ‚Blooming', das dann auftritt, wenn ein Pixelfeld maximal belegt ist. In diesem Fall kann es zu einem ‚Übersprechen' (Ausstrahlen) auf benachbarte Felder kommen, wodurch die Auflösung des Systems teilweise drastisch verringert wird. Moderne Detektionssysteme versuchen diese Problematik durch entsprechende Funktionen zu umgehen, was in Grenzen auch möglich ist.

3.4 Microarray-Markierungssysteme

T. Röder

Der entscheidende Schritt bei allen Microarray-Experimenten ist die Auswertung. Dafür müssen die jeweiligen Signale erst einmal detektiert werden. Das kann auf ganz unterschiedliche Arten und Weisen erfolgen, jedoch sind die in den einzelnen Fluoreszenzsysteme unterschiedlich ausgeprägt. Wie schon ausführlich erwähnt, gibt es eine Reihe unterschiedlicher Fluoreszenzfarbstoffe. Sie sind die Mittel der Wahl bei ‚unkritischen' Anwendungen, sofern genügend Material zur Verfügung steht, und es nicht unbedingt auf eine maximale Sensitivität ankommt. Markierungen mit Farbstoffen der Cyanine, Alexa- oder BODIPY-Familien können in allen Variationen durchgeführt und ausgewertet werden. Falls es allerdings Probleme gibt, und alternative Formen der Detektion eine höhere Empfindlichkeit versprechen, dann müssen diese eingesetzt werden. Dazu stehen eine ganze Reihe alternativer Ansätze zur Verfügung, die im Folgenden näher erläutert werden.

3.4.1 Tyramide-Signal-Amplification

Das Tyramide-Signal-Amplification (TSA)-System stellt eine Möglichkeit dar, ein Signal zu verstärken. Eine Option, die bei der Analyse von Microarray-Experimenten von essentieller Bedeutung sein kann. In Fällen, in denen nicht ausreichend Material zur Verfügung steht, der Experimentator das Experiment allerdings trotzdem durchführen möchte (oder muss), sind derartige sekundäre Signalverstärkungs-Methoden erforderlich. Das System basiert auf der katalytischen Wirkung der Meerettich-Peroxidase (Horseradish Peroxidase – HRP), die biotinyliertes Tyramid (aber auch andere Tyramid-Konjugate wie z.B. Cy3-Tyramid) aktiviert. Das TSA-System erfordert, dass die HRP an dem Ort, an dem der Verstärkungseffekt tatsächlich erfolgen soll, gelangt. Dafür ergeben sich verschiedene Möglichkeiten. Entweder ist die HRP an spezifische Antikörper, direkt an komplementäre DNA, oder an andere Bindungsmoleküle gekoppelt. Wie so oft, sind auch in diesem Fall der Fantasie kaum Grenzen gesetzt. Wichtig ist, dass diese primäre Bindung spezifisch erfolgt, da ein nicht-spezifischer Hintergrund durch den sehr ansehnlichen Verstärkungseffekt (bis zum 100fachen) ebenfalls verstärkt würde. Nachdem dieser Schritt abgeschlossen wurde, kann das Tyramid-Konjugat hinzugegeben werden, sodass katalytische Signalverstärkung erfolgt, und die eigentliche Detektion direkt oder durch einen weiteren Schritt (z.B. Avidin-gekoppelte Fluoreszensfarbstoffe) geschehen kann (Abb. 3-52). Obwohl das TSA-System sehr gut funktioniert, hat sie sich bisher nicht so recht durchgesetzt (zumindest bezogen auf die DNA-Microarrays). Das mag zum Einen an Problemen bei der Reproduzierbarkeit liegen, zum Anderen ist diese Zurückhaltung aber sicherlich darin begründet, dass pro Microarray jeweils nur eine einzige Probe nachgewiesen werden kann, obwohl es theoretisch durchaus möglich ist, zwei verschiedene Proben auf einem Microarray zu verwenden. Vertrieben wird das TSA von der Firma PerkinElmer Life and Analytical Sciences, die auch über das entsprechende Patent verfügt.

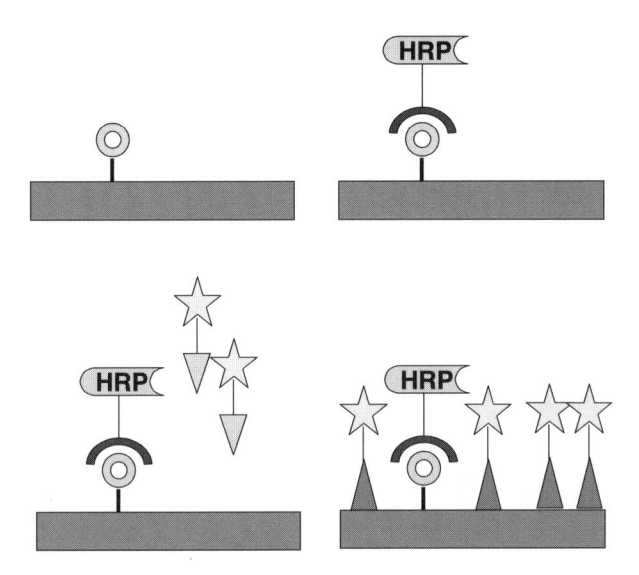

Abb. 3-52: Tyramide-Signal-Amplification (TSA). Um das Signal zu verstärken, bieten sich Methoden wie die TSA an. Mithilfe dieses relativ einfachen Systems können Primärsignale verstärkt werden. Diese Verstärkung beruht auf der enzymatischen Aktivität einer HRP (Meerrettich-Peroxidase), die Tyramid-Konjugate (z.B. Fluoreszenz-markiertes Tyramid) aktiviert. Dies führt zu einem Verstärkungseffekt.

3.4.2 Dendrimere

Die sehr eindrucksvolle und auch effektive Technologie der Dendrimer-Amplifikation hat einen relativ breiten Eingang in verschiedene Anwendungen gefunden. Mit dem Problem, dass einfach nicht genug zu sehen ist, wird der Experimentator oft konfrontiert. Das liegt nicht immer an eigener Unfähigkeit, sondern kann, in seltenen Fällen auch in der Natur der Dinge begründet sein. Falls einfach nicht genügend Material zur Verfügung steht, ist das Microarray-Experiment nicht zur vollkommenen Befriedigung abzuschließen. Diese sehr unschöne Situation lässt sich durch Verstärkungsmethoden wie das oben beschriebene TSA-System, oder aber durch die Dendrimer-Technologie beheben. Wie nahezu bei allen dieser Verstärkungsreaktionen beruht auch die Dendrimer-Technologie auf der Tatsache, dass aus einem schwachen Primärsignal, ein verstärktes Signal hergestellt wird. Im Rahmen der Dendrimer-Technologie erfolgt das durch die Etablierung aus gemischten Bäumchenstrukturen, die sowohl eine Verknüpfung untereinander aber auch die Bindung von Reportermolekülen (z.B. Fluoreszenzfarbstoffen) ermöglichen. Die DNA-Dendrimere sind eine spezielle Applikation der Dendrimer-Technologie. Sie entstehen durch die Hybridisierung von Oligonucleotiden, die verschiedene Funktionen tragen. Zwei verschiedene Oligonucleotide, die im mittleren Bereich über komplementären Sequenzen verfügen, hybridisieren zur Elementareinheit der Dendrimere. Es bleiben vier nicht-hybridisierte Arme an den Enden des Monomers verfügbar. An diesen Enden können wiederum andere Dendrimere untereinander hybridisieren, und somit größere Aggregate bilden. Auch bei größeren Aggregaten bleiben in den äußeren Bereichen immer sehr viele dieser Arme unbesetzt. An diese Arme lassen z.B. komplementäre Oligonucleotide koppeln, die Fluoreszenz-markiert sind. Somit entsteht nach wenigen Runden ein großer Baum (eher eine Kugel), der eine große Zahl von Fluoreszenzfarbstoffen trägt (Abb. 3-53). Das an sich ist schön, nutzt allerdings nichts. Aber der Experimentator plant sein

| Monomer | 1 Runde | 2 Runde | 4 Runde |
| 4 Arme | (12 Arme) | (36 Arme) | (324 Arme) |

Dendrimer-Arm

Markiertes Oligonukleotid

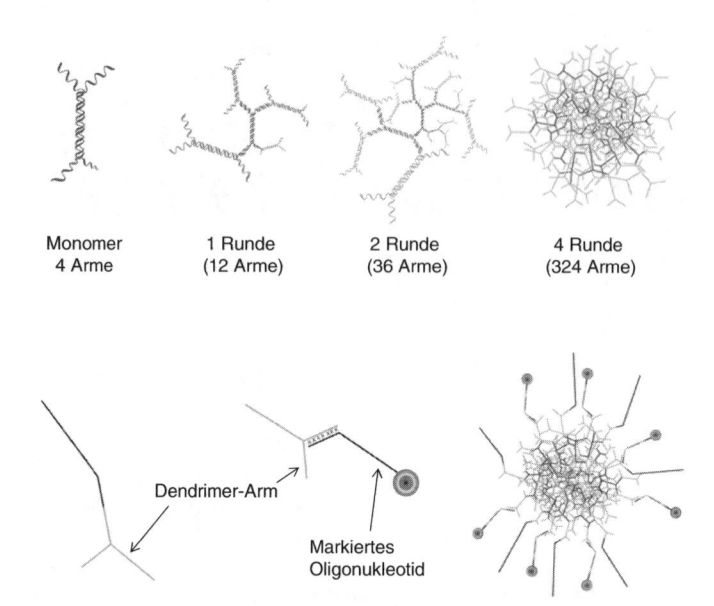

Abb. 3-53: Dendrimer-Technologie. Als alternative Verstärkungsmöglichkeit steht die Dendrimer-Technologie zur Verfügung. Sie basiert auf der Vernetzung von Strukturen, die es einerseits ermöglicht untereinander zu interagieren, aber andererseits die Bindung eines Markermoleküls (z.B, eines Fluoreszenz-markierten Oligonucleotids) forciert. Das Monomer besteht aus zwei Oligonucleotiden, die eine komplementäre Bindungsdomäne haben. An den ‚freien' Enden besteht die Möglichkeit der weiteren Interaktion untereinander, aber auch für die Bindung (Hybridisierung) entsprechend modifizierter (markierter) Oligonucleotide. Nachdem ein derartiger Komplex aufgebaut wurde, können entsprechende Markierungen durchgeführt werden. Auf diese Weise lassen sich Verstärkungen um den Faktor 100 erreichen.

Experiment natürlich so gut, dass seine Hybridisierungssonden am 5'-Ende mit einer Dendrimer-Sequenz ausgestattet sind, die komplementär zur Sequenz der bereits erwähnten Arme ist. Dann kann das Wunder der spezifischen Hybridisierung sein edles Werk beginnen. Im Allgemeinen sind diese Dendrimer-Komplexe schon präformiert, wodurch die Anwendung sehr vereinfacht wird. Prinzipiell können auch mehrere Experimente auf einem Chip abgerufen werden, da unterschiedliche Typen von Dendrimeren (mit unterschiedlichen Hybridisierungssequenzen und unterschiedlichem Label) eingesetzt werden können. Obwohl viele positive Beschreibungen bezüglich der Dendrimer-Technologie veröffentlich wurden (Yu et al. 2002), bestehen einige Vorbehalte in puncto Reproduzierbarkeit und Hintergrund.

3.4.3 Quantum-Dots

Quantum-Dots, oder auch Nanopartikel genannt, werden seit geraumer Zeit in unterschiedlichen Anwendungen eingesetzt (Akerman et al. 2002, Jaiswal et al. 2003, Wu et al. 2003). Der Ausdruck Nanopartikel ist insofern spannend, als derzeit alles was mit dem Label ‚Nano' versehen wird, ‚en vogue' ist. Es handelt sich um Partikel, die zu einer intrinsischen Fluoreszenz befähigt sind. Diese Fluoreszenz beruht allerdings nicht auf Anregungszuständen irgendwelcher Elektronenpaare, sondern auf den Schwingungseigenschaften der Partikel. Diese Partikel bestehen im Allgemeinen aus kristallinen Halbleiterpartikeln, die Größen im Bereich weniger Nanometer aufweisen. Als

Material kommen z.B. Cadmium-Selen (Cd-Se)-Verbindungen in Frage. Um diesen inneren Kern können weitere Schalen aus Halbleitermaterial (z.B. ZnS) etabliert werden. Als äußerste Schale dient ein Polymer, das eine Beschichtung mit unterschiedlichsten Funktionen ermöglicht. Die optischen Eigenschaften werden ausschließlich durch die Größe und Struktur der Partikel bestimmt, und sind unabhängig von der Beschichtung. Aus diesem Grund wird die Größe der Quantum-Dots während des Produktionsprozesses streng kontrolliert, was es wiederum ermöglicht, Dots herzustellen, die auf ganz definierte Wellenlängen ‚getunt' sind. Die Partikel haben einige Eigenschaften, die sie gegenüber allen anderen Fluoreszenzfarbstoffen auszeichnen. Sie besitzen ein sehr breites Anregungsspektrum, das eine Exzitation aller Partikel in einem Experiment (z.B. drei verschiedene Farben) mit lediglich einer Anregungswellenlänge ermöglicht. Diese Anregungswellenlänge kann derart gewählt werden, dass sie möglichst weit von den jeweiligen Emissionswellenlängen entfernt ist. Ein Aspekt der bei Farbstoffen mit einem geringen Stokes'schen Shift nicht gegeben ist. Dieser große Abstand zwischen Anregungs- und Emissionswellenlänge (ein großer Stokes'scher Shift) reduziert den Hintergrund dramatisch, da entsprechend geeignete Filter eingesetzt werden können, und Phänomene wie Autofluoreszenz minimiert werden. Des Weiteren zeigen die Partikel ein schmales, symmetrisches und immer konstantes Emissionsspektrum (bei ‚normalen' Fluoreszenzfarbstoffen ist das nicht immer der Fall), das vollkommen unabhängig von der Anregungswellenlänge ist (Abb. 3-54). Diese Kombination aus nahezu beliebiger Anregungswellenlänge und distinkter Emissionswellenlänge bildet die optimale Voraussetzung für komplexe Multiplex-Experimente, bei denen mehrere Farbstoffe zum Einsatz kommen. Diese einzigartige

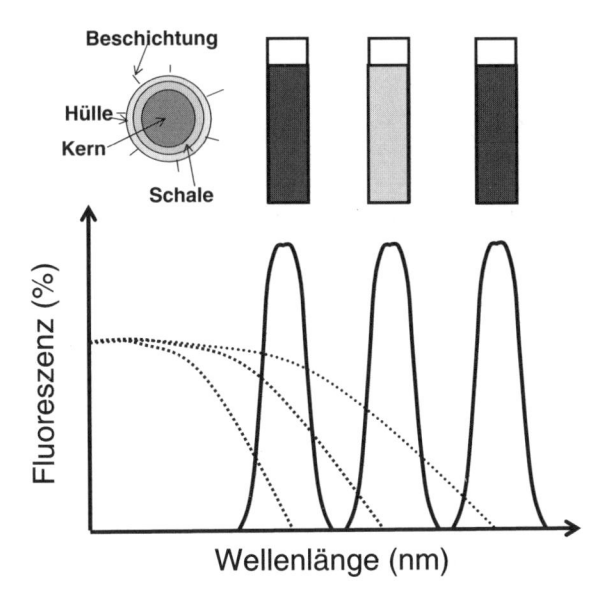

Abb. 3-54: Quantum-Dots. Quantum-Dots, oder auch Nanopartikel, sind kleine Partikel, die einen sehr einfachen Aufbau zeigen. Ausschlaggebend ist der Aufbau aus einem Kern, der aus Halbleitermaterial besteht, und einer ebenfalls aus Halbleitermaterial bestehenden Hülle (einem anderen Material). Umschlossen wird alles durch eine Polymerschicht, an die unterschiedliche Funktionen zum Koppeln von diversen Molekülen angefügt sind. Die Fluoreszenzeigenschaften werden lediglich durch die Größe der Partikel bestimmt. Eine entsprechende Größenselektion ermöglicht es, nahezu monochromatische Partikel herzustellen. Hier sind blau, grün oder rot fluoreszierende Partikel schematisch dargestellt. Alle Quantum-Dots haben einen sehr breiten Anregungsbereich und einen sehr engen, symmetrischen Emissionsbereich.

Eigenschaft eröffnet die für Microarray-Anwendungen visionäre Möglichkeit, eine Vielzahl unterschiedlicher Exprimente auf einem einzigen Biochip durchzuführen. Da alle Typen von Dots mit einer Absortionswellenlänge aktiviert werden können, ist es theoretisch möglich vier oder sechs verschiedene Experimente, jeweils repräsentiert durch einen Dot-Typus mit nicht-überlappenden Emissionbereichen, parallel durchzuführen. Dieser potenzielle direkte Vergleich umgeht Probleme, die bei der Analyse parallellaufender DNA-Microarray-Experimenten anfallen.

Das oben gesagte mag eine Begründung für die überschwängliche Beschreibung der Möglichkeiten sein, die sich mit den Quantum-Dots ergeben. Neben der sehr intensiven Fluoreszenz, die von keinem normalen Flureszenzfarbstoff erreicht wird, gehören Begriffe wie Photobleaching der Vergangenheit an. Einen kleinen Schönheitsfehler muss man allerdings noch einräumen. Es stehen erst in einigen Monaten die entsprechenden, z.B. direkt an Nucleotide zu koppelnden Quantum-Dots zur Verfügung. Nichtsdestotrotz, die Zukunft wird zeigen, dass selbige den Quantum-Dots gehört. Die Quantum-Dots werden durch die Firma Quantum Dot Corporation, Hayward, CA, USA (http://www.qdots.com) vertrieben.

3.4.4 Chemilumineszenz

Die Chemilumineszenz beruht auf einem Phänomen, das bei der enzymatischen Umsetzung einiger Substanzen zu beobachten ist: die Freisetzung von Licht. Entwickelt wurden die Chemilumineszenz-Applikationen um die bekannten Nachteile der radioaktiven Substanzen zu umgehen. Der Reaktionstyp, der diesem Phänomen zugrunde liegt, ist beispielhaft für 1,2-

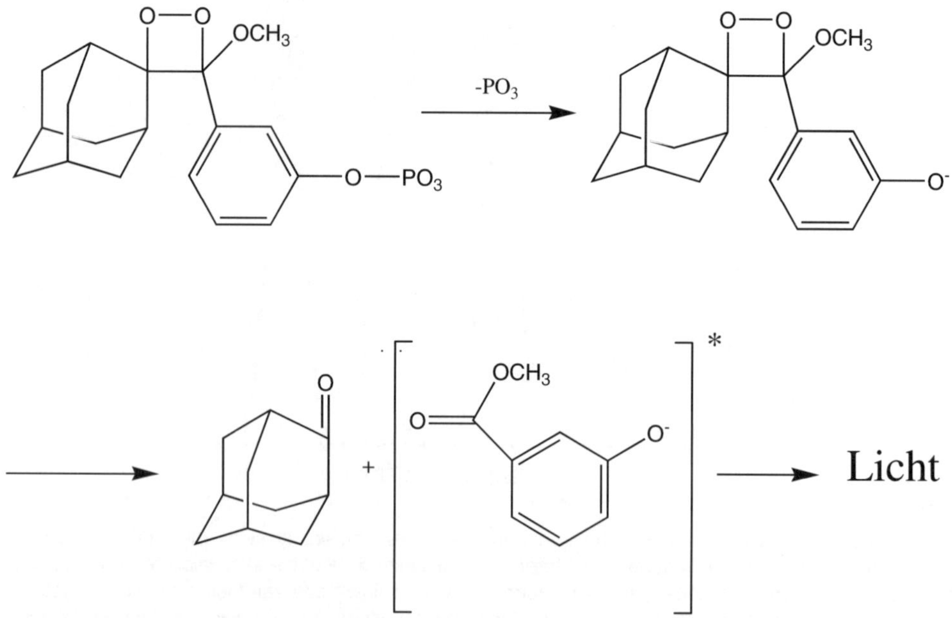

Abb. 3-55: Struktur des 1,2-Dioxetane. Die Enzym-katalysierte Dephosphorylierung des Substrats führt zur Bildung eines metastabilen Zwischenprodukts, dass in zwei Produkte zerfällt. Das beim Zerfall entstandene Anion ist aktiviert und kann Licht emittieren.

Dioxetane aufgezeigt, die von der Alkalischen Phosphatase modifiziert werden. Die Enzymkatalysierte Dephosphorylierung des Substrats führt zur Bildung eines metastabilen Zwischenprodukts, dass in zwei Produkte zerfällt. Das beim Zerfall entstandene Anion ist aktiviert und kann Licht emittieren. Da es sich um einen definierten Übergang handelt, liegt das Emissionslicht in diesem Fall bei einer Wellenlänge von 477 nm (Abb. 3-55). Diese Form der Aussendung sichtbaren Lichts ermöglicht es, verschiedenste Detektionsmethoden einzusetzen. Dazu gehören konventionelle Filme, aber auch CCD-Kameras, Photomultiplier und Phosphoimager. Eine Reihe unterschiedlicher Chemilumineszenz-Substrate wird derzeit angeboten, die sich in ihren Eigenschaften grundlegend unterscheiden. Der Experimentator möchte Substanzen (bzw. Systeme) verwenden, die einen möglichst geringen Hintergrund aufweisen, sehr spezifisch und effektiv angeregt werden können, sowie über einen möglichst langen Zeitraum ihr strahlendes Verhalten zeigen. Einige der Substanzen entsprechen weitgehend diesen Anforderungen. Zu den bekanntesten Chemilumineszenz-Substraten (bei diesen Substanzen handelt es sich um 1,2-Dioxetan-Derivate) gehören AMPPD, CSPD, CDP und CDP-Star der Firma Tropix (Bedford, Massachussetts, USA), sowie Lumigen PPD, Lumi-Phos, Lumi-Phos 530 und Lumi-Phos Plus, die von der Firma Lumigen (Southfield, Michigan, USA) hergestellt werden. Um das Signal überhaupt zu erhalten, ist es erforderlich, die entsprechenden Enzyme (in den allermeisten Fällen handelt es sich um die Meerrettich-Peroxidase oder um die Alkalische Phosphatase (AP)) an den Ort des Geschehens zu bringen. Diese kann über Antikörper-gekoppelte Enzyme, aber auch durch eine direkte Kopplung der Enzyme an z.B. komplementäre DNA erfolgen. Der Einsatz von Systemen, die auf Chemilumineszenz basieren, ist in der Microarray-Technologie bislang ausgesprochen gering.

3.4.5 Radioaktivität

Radioaktivität wird in bestimmten Bereichen der Microarray-Anwendungen eingesetzt. Bezüglich der Empfindlichkeit ist die Radioaktivität die derzeit noch empfindlichste Nachweisform, was sicherlich demnächst nur noch eine Randnotiz wert ist. Neben diesem Vorteil sind natürlich einige entscheidende Nachteile vorhanden, die dem normalen Anwender radioaktiver Substanzen seit langem bekannt sind. Dazu gehören die Probleme und Sicherheitsrisiken und -bestimmungen beim Umgang mit den unterschiedlichen Formen der Radioaktivität, aber auch die Kosten, die (inklusive der Entsorgungskosten) als nicht gerade niedrig einzustufen sind. Nichtsdestotrotz mag die Radioaktivität (insbesondere die Markierung mit P^{32}, P^{33} oder S^{35}) für einige Applikationen relevant bleiben, da eine Markierung sehr einfach durchzuführen ist, und die Effekte sehr einfach zu messen sind. Hierbei sei an Kinasierungsassays erinnert, die sich z.B. bei den Peptid-Biochips einsetzen lassen. Durch die Tatsache, dass Radioaktivität aus vielen Labors verbannt wird, kommt es dazu, dass derzeit noch einige Nischen-Applikationen denkbar sind, diese allerdings in der allernächsten Zukunft verschwinden werden.

3.4.6 Time-Resolve-Fluorescence

Wir haben bereits über die Charakteristika verschiedener Fluorophore geschrieben, aber bisher fluoreszierende Moleküle ausgelassen, die zur Zeit noch nicht gebräuchlich für die Microarray-Applikationen sind. Allerdings weisen die nun vorgestellten Fluorophore sehr gute Eigenschaften auf, die sie für den Einsatz in den Microarray-Applikationen prädestinieren. Es handelt sich bei diesen Molekülen um Lanthanide. Das sind Fluorophore, die zu einer zeitverzögerten Emission (Time-resolve-fluorescence (TRF)) befähigt sind (Soini & Hemmilä 1979; Hemmilä 1991). Als

Vertreter der Lanthanide sind hier Europium, Terbium und Samarium erwähnt, die folgende Charakteristka besitzen:

- Die Fluoreszenzemission ist deutlich gegenüber den bekannten Fluorophoren (Cy3, Cy5, FITC etc.) verzögert, sodass keine Hintergrundemission gemessen wird. Im Vergleich zu FITC (3 Nanosekunden Verzögerung) emittiert Europium erst nach 730 µSek.
- Sie weisen einen sehr großen Stokes'schen Shift (> 200 nm) auf.
- Keine ‚Self-Quenching'-Aktivität ist zu beobachten.
- Die Lanthanide lassen sich leicht an dNTPs und Proteinen koppeln.
- Das Fluoreszenzsignal wird durch Chelat-Bildung verstärkt.

Die TRF-Moleküle werden standardmäßig für FIAs mit dem bekannten DELFIA-System eingesetzt (Hemmilä 1991). Die Empfindlichkeit des TR-FIA-Systems reicht bis zur Nachweisgrenze eines RIAs herunter. Das Fluoreszenzsignal wird durch chelatisierende Substanzen verstärkt. Hierfür eignet sich eine ‚Enhancer'-Lösung für alle drei Lanthanide. Als Anregungslicht können Wellenlängen von 300 nm für Europium und Samarium sowie bei Terbium von 330 nm eingesetzt werden. Die Emissionsmaxima sind allerdings deutlich voneinander unterschieden: Europium emittiert bei 613–615 nm, Samarium bei 590 und 643 nm, sowie Terbium bei 490 und 545 nm.

Der Einsatz der Lanthanide in den Microarray-Applikationen hat sich aufgrund des Fehlens eines geeigneten Scanners noch nicht etabliert. Sobald die entsprechenden Miroarray-Scanner in der Lage sind TRF-Signale zu messen, werden sich die Lanthanide als Markierung für die Microarray-Sonden durchsetzen.

Literatur

Akerman, M.E., Chan, W.C.W., Laakkonen, P., Bhatia, S.N., Ruoslahti, E. (2002) Nanocrystal targeting in vivo. Proc. Natl. Acad. Sci. USA 99: 12617-12621.

Barnes, W.M. (1994) PCR amplification of up to 35-kb DNA with high fidelity and high yield from lambda bacteriophage templates. Proc Natl Acad Sci U S A. 91: 2216-2220.

Beavis, R.C., Chait, B.T. (1996) Matrix-assisted laser desorption ionization mass-spectrometry of proteins. Methods Enzymol. 270: 519-51.

Beier, M., Hoheisel, J.D. (2002) Analysis of DNA-microarrays produced by inverse in situ oligonucleotide synthesis. J. Biotechnol. 94: 15-22.

Braun, P., LaBaer, J. (2003) High throughput protein production for functional proteomics. Trends Biotechnol. 21(9): 383-8.

Ducret A, Van Oostveen I, Eng JK, Yates JR 3rd, Aebersold R. (1998) High throughput protein characterization by automated reverse-phase chromatography/electrospray tandem mass spectrometry. Protein Sci. 3: 706-19.

Eberwine, J., Yeh, H., Miyashiro, K., Cao, Y., Nair, S., Finnell, R., Zettel, M., Coleman, P. (1992) Analysis of gene expression in single live neurons. Proc Natl Acad Sci U S A. 89: 3010-3014.

Figeys, D., Linda, D., McBroom, L.D., Moran, M.F. (2001) Mass spectrometry for the study of protein-protein interactions. Methods 24: 230-39.

Fodor, S.P., Read, J.L., Pirrung, M.C., Stryer, L., Lu, A.T., Solas, D. (1991) Light-directed, spatially addressable parallel chemical synthesis. Science 251: 767-773.

Franz, O., Bruchhaus, I., Roeder, T. (1999) Verification of differential gene transcription using virtual northern blotting. Nucleic Acids Res 27, e3.

Google: www.google.de

Haab, B. B., Dunham, M. J., Brown, P.O. (2001) Protein microarrays for highly parallel detection and quantitation of specific proteins and antibodies in complex solutions. Genome Biol. 4: 1-13.

Hemmilä, I. (1991) Fluorescence in Immunoassays. Wiley-Interscinece, New York, USA.

Hancock, J.F. (1995) Reticulocyte lysate assay for in vitro translation and posttranslational modification of Ras proteins. Methods. Enzymol. 255: 60.

Ikonomou L, Schneider YJ, Agathos SN. (2003) Insect cell culture for industrial production of recombinant proteins. Appl Microbiol Biotechnol. 2003 Jul; 62(1):1-20. Epub 2003 May 06.

Jaiswal, J.K., Mattoussi, H., Mauro, J.M., Simon, S.M. (2003) Long-term multiple color imaging of live cells using quantum dot bioconjugates. Nature Biotechnol. 21: 47-51.

Kiyonaka, S., Sada, K., Yoshimura, I., Shinkai, S., Kato., N, Hamachi, I. (2003) Semi-wet peptide/protein array using supramolecular hydrogel. Nat Mater. 2003 Dec 7 [Epub ahead of print].

Knecht, B.G., Strasser, A., Dietrich, R., Martlbauer, E., Niessner, R., Weller, M.G. (2004) Automated microarray system for the simultaneous detection of antibiotics in milk. Anal Chem. 76(3): 646-54.

Kozak, M. (1990) Downstream secondary structure facilitates recognition of initiator codons by eukaryotic ribosomes. Proc Natl Acad Sci U S A. 87(21): 8301-5.

Krishna, R.G., Wold, F. (1993) Post-translational modification of proteins. Adv. Enzymol. Relat. Areas Mol. Biol. 67: 265-98.

Lewin, B. (1998) Molekularbiologie der Gene. Spektrum Akad. Verlag. Heidelberg; Berlin.

Loo, J. (1997) Studying noncovalent protein complexes by electrospray ionization mass spectrometry. Mass spectrometry Reviews 16: 1-23.

Lopez-Otin, C., Overall, C. M. (2002) Protease degradomics: a new challenge for proteomics. Nature Reviews. Molec. Cell Biol. 3: 509-19.

MacBeath, G., Schreiber, S. L. (2000) Printing proteins as microarrays for high-throughput function determination. Science 289: 1760-63.

Malmqvist, M. (1999) BIACORE: an affinity biosensor system for characterization of biomolecular interactions. Biochem. Soc. Trans. 27: 335-40.

Mueller, H.-J. (2001) Polymerase-Kettenreaktion (PCR) – Das Methodenbuch. Oktober 2001. Spektrum Akademischer Verlag. Heidelberg; Berlin.

O'Farrell, P.Z., Goodman, H.M., O'Farrell, P.H. (1977) High resolution two-dimensional electrophoresis of basic as well as acidic proteins. Cell 12: 1133-41.

Patterson, S. D., Aebersold, R. H. (2003) Proteomics: the first decade and beyond. Nat Genet. 33 Suppl: 311-23.

Protein Forest: www.proteinforest.com

PubMed: http://www.ncbi.nlm.nih.gov/PubMed

Rehm, H. (2002) Der Experimentator: Proteinchemie/Proteomics. 4. überarb. Aufl. Spektrum Akad. Verl. GmbH, Heidelberg, Berlin.

Reineke, U., Kramer, A., Schneider-Mergener, J. (2001). Epitope mapping with synthetic peptides prepared by SPOT synthesis. In: Antibody Engineering (Springer Lab Manual) Eds.: Kontermann/Dübel, 433-459.

Renshaw-Gegg, L., Guiltinan, M. (1996) Optimization of PCR template concentrations for in vitro transcription/translation Reaktionen. Biotech. Lett. 18: 670-682.

Revzin, A., Russell, R. J., Yadavalli, V. K., Koh, W. G., Deister, C., Hile, D. D., Mellott, M. B., Pishko, M. V. (2001) Fabrication of poly(ethylene glycol) hydrogel microstructures using photolithography. Langmuir. 17(18): 5440-7.

Roeder, T., Bruchhaus, I. (2002) Virtual Northern Blotting. In: Analyzing gene expression. A handbook of methods, possibilities and pitfalls. Eds: S Lokowski und P Cullen, Wiley VCH, Weinheim, S. 260-266.

Schaefer, B.C. (1995) Revolutions in Rapid Amplifications of cDNA Ends: New strategies for Polymerase Chain Reaction cloning of full-length cDNA ends. Anal. Biochem. 227, 255-273

Schaeferling, M., Schiller, S., Paul, H., Kruschina, M., Pavlickova, P., Meerkamp, M., Giammasi, C., Kambhampati, D. (2002) Application of self-assembly techniques in the design of biocompatible protein microarray surfaces. Electrophoresis 23(18): 3097-105.

Scrivener, E., Barry, R., Platt, A., Calvert R, Masih, G., Hextall, P., Soloviev, M., Terrett, J. (2003) Peptidomics: A new approach to affinity protein microarrays. Proteomics. 3(2): 122-8.

Seong, S.-Y., Choi, C.-Y. (2003) Current status of protein chip development in terms of fabrication and application. Proteomics 3: 2176-2189.

Shine, J., Dalgarno, L. (1975) Terminal-sequence analysis of bacterial ribosomal RNA. Correlation between the 3'-terminal-polypyrimidine sequence of 16-S RNA and translational specificity of the ribosome. Eur J Biochem. 57(1): 221-30.

Simon, R., Mirlacher, M., Sauter, G. (2003) Tissue microarrays in cancer diagnosis. Expert Rev Mol Diagn. 3(4):421-30.

Singh-Easson, S., Green, R.D., Yue, Y., Nelson, C., Blattner, F., Sussman, M.R., Cerrina, F. (1999) Maskless fabrication of light-directed oligonucleotide microarrays using a digital micromirror array. Nat. Biotechnol. 17: 974-978.

Soini, E., Hemmilä, I. (1979) Fluoromimmunoassay: Present status and key problems. Clin. Chem. 25: 353-61.

Ulman, A. (1991) An Introduction to Ultrathin Films, Academic Press, San Diego, CA

Wang, C. C., Huan, R. P., Sommer, M., Lisoukov, H., Huang, R., Lin, Y., Miller, T., Burke, J. (2002) Array-based multiplexed screening and quantitation of human cytokines and chemokines. J Proteome Res. 1(4): 337-43.

Wang, Y. (2004) Immunostaining with dissociable antibody microarrays. Proteomics. 4(1): 20-6.

Washburn, M.P., Wolter, D., Yates, J.R. (2001) Large-scale analysis of the yeast proteome by multidimensional protein identification technology. Nat. Biotechnol. 19: 242-47.

Weinberger, S.R., Boschetti, E., Santambien, P., Brenac, V. (2002) Surface-enhanced laser desorption retentate chromatography mass spectrometry (SELDI-RC-MS): a new method for rapid development of process chromatography conditions. J. Chromatogr. B Analyt. Technol. Biomed Life Sci 782: 307-16.

Welford, K. (1991) Opt. Quant. Electr. 23: 1-46.

Wu, X., Liu, H., Haley, K.N., Treadway, J.A., Larson, J.P., Ge, N., Peale, F., Bruchez, M.P. (2003) Immunofluorescent labelling of cancer marker Her2 and other cellular targets with semiconductor quantum dots. Nature Biotechnol. 21: 41-46.

Xu, Q., Lam, K.S. (2003) Protein and Chemical Microarrays-Powerful Tools for Proteomics. J Biomed Biotechnol. 2003; 2003(5):257-266.

Yu, J., Othmann, M.I., Farjo, R., Zaresparsi, S., MacNee, S.P., Yoshida, S., Swaroop, A. (2002) Evaluation and optimization of procedures for target labelling and hybridization of cDNA microarrays. Molecular Vision 8: 130-137.

Zhu H, Snyder M. (2003) Protein chip technology. Curr Opin Chem Biol 2003 Feb;7(1):55-63

Zhu, H., Bilgin, M., Bangham, R., Hall, D., Casamayor, A. (2001) Global analysis of protein activities using proteome chips. Science 293: 2101-5.

4 Instrumentation und Software

T. Röder

Um Microarray-Experimente erfolgreich durchzuführen, sind einige recht teure Geräte und Softwarekomponenten erforderlich. In den allermeisten Fällen sind viele der benötigten Geräte vor Ort nicht vorhanden, sondern Teil einer zentralen Serviceabteilung. Eine moderne ‚Microarray-Straße' umfasst Geräte für die Beladung der Biochips mithilfe der Microarray-Spotter, sowie Lesegeräte, so genannte Microarray-Scanner oder -Reader, für die Digitalisierung der Microarray-Messergebnisse, und abschließend Software für die Auswertung der Daten. Insbesondere die erstgenannten Geräte stellen die teuersten Instrumente im Microarray-Gerätepark dar, und sind für Normalsterbliche nur schwer zu finanzieren. Neben den Kosten sind derartige Geräte nur dann sinnvoll einzusetzen, wenn ein Mindestdurchsatz von Tausenden Microarrays gewährleistet ist. Berücksichtigt man, dass ein moderner Microarray-Spotter einige hundert Biochips am Tag beladen kann, ein fleißiges Labor aber Wochen bis Monate braucht um diese Microarrays zu verarbeiten, ist dieser Gegensatz offenkundlich. Selbiges gilt für die Pipettier-Roboter, die heutzutage integrale Bestandteile derartiger Produktionsstraßen sind. Neben den hohen Anschaffungspreisen ist insbesondere die recht komplizierte und aufwendige Bedienung hervorzuheben, die sehr erfahrenes und möglichst nur mit dieser einen Aufgabe befasstes Personal erfordert. Im Gegensatz dazu sollten mehrere Microarray-Scanner verfügbar sein, da ein schnelles Auslesen der hybridisierten Microarrays sehr hilfreich sein kann.

Wie schon erwähnt, gehören zu einer kompletten Microarray-Straße verschiedene Instrumente, die insgesamt drei Bereichen zuzuordnen sind:

- Die Erzeugung bzw. Vermehrung der zu deponierenden Makromoleküle,
- das Aufbringen (Spotten) der Makromoleküle auf die Biochips,
- das Hybridisieren bzw. Inkubieren sowie
- das Auslesen der Microarrays nach Beendigung der Experimente.

Der erste Teil der erwähnten Straße zum Glück umfasst alles, was man für die Synthese, Reinigung und Aufarbeitung der entsprechenden Makromoleküle benötigt. Falls allerdings ‚Affymetrix'-Microarrays verwendet werden, erfolgt die DNA-Synthese direkt auf dem Biochip, und wird demzufolge normalerweise vom Hersteller durchgeführt. Spezielle Spotter auf Seiten des Experimentators sind dafür nicht erforderlich.

Wenn es erforderlich ist, dass 10.000 bis 20.000 verschiedene Moleküle auf einem Microarray gespottet werden, dann sollte dieses aus humanitären Gründen möglichst nicht von Hand durchgeführt werden. Deshalb ist es vorteilhaft, Pipettier-Roboter, Hochleistungs-PCR-Straßen, automatisierte Gelanalysen und PCR-Produkt-Extraktionssysteme einzuplanen (Abb. 4-1). Da Pipettier-Roboter und allerlei automatisiertes Zeug zum Einsatz kommen, ist es gerechtfertigt von einem High-Throughput-Screening (HTS) zu sprechen. Einige grundsätzliche Anmerkungen, Aspekte und Randbedingungen sind im Kapitel 6 dargelegt.

Neben den Pipettier-Robotern, die eine in Hochdurchsatz-Laboratorien als klassisch zu bezeichnende Tätigkeit ausüben, sind nun Geräte erforderlich, die dafür Sorge tragen, die Moleküle tatsächlich dorthin zu bringen, wo sie auch benötigt wird: auf die Substrat-Oberfläche der Biochips. Hierbei kommen zwei unterschiedliche Philosophien zum Einsatz: Erstens die ‚On-Chip'-Synthese von Oligonucleotid-Biochips oder die Verwendung vorgefertigter Makromolekül-Biochips. Im

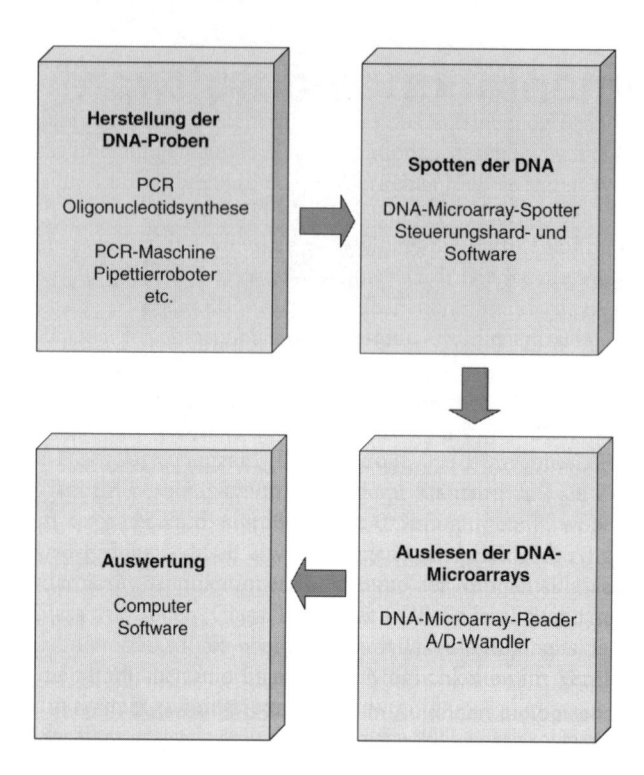

Abb. 4-1: Schema der Vorgehensweise bei der Planung komplexer Microarray-Experimente.

zweiten Fall steht die Deponierung vorab selbständig synthetisierter oder gereinigter Makromoleküle. Die erste Variante wird häufig genutzt, aber sie eröffnet kaum die Möglichkeit des eigenen flexiblen, experimentellen Zugriffs, und ist deshalb nicht Teil der Ausstattung eines ‚normalen' Microarray-Labors. Auf die technischen Details wird im Rahmen des Abschnitts Herstellung der DNA-Microarrays eingegangen (Abschnitt 3.2). Der zweite Weg, benötigt eine relativ komplexe Technik, die gewährleistet, dass das Spotten sehr genau und reproduzierbar erfolgt. Hierzu werden Microarray-Spotter eingesetzt.

4.1 Microarray-Spotter

T. Röder, H.-J. Müller

Die wesentlichen Prinzipien, nach denen diese Instrumente funktionieren, stellen sich wie folgt dar: Microarray-Spotter (werden häufig auch als ‚Writer', Plotter oder ‚Arrayer' bezeichnet) sind nichts anderes, als Computer-gesteuerte Roboter, die in der Lage sind sehr geringe Volumina aus einem Reservoir auf eine Biochip-Oberfläche zu transferieren. Hierbei verfügen diese Roboter über die Fähigkeit, einen bestimmten ‚Carrier' (die Spotter-Nadel oder Pin) in X-, Y- und Z-Achse zu bewegen, sodass prinzipiell jede Position innerhalb des Instrumentes angesteuert werden kann. Die Spotter-Nadel stellt sozusagen den verlängerten, aber enorm miniaturisierten Roboterarm dar. Generell lassen sich bei vielen Microarray-Spottern, in Abhängigkeit des zur Verfügung stehen

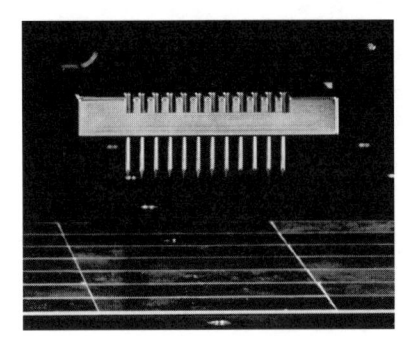

Abb. 4-2: Print-Head für die Aufnahme von 64 Pins. Dieser Print-Head ist für die Aufnahme von bis zu 64 Spotter-Nadeln geeignet. Alle Nadeln sind freibeweglich und können beliebig formiert werden. Das Bild wurde mit freundlicher Genehmigung von Herrn Dr. Marcus Neusser, Bio-Rad Laboratories GmbH bereitgestellt.

'Print-Heads', bis zu 384-Pins einsetzen (Abb. 4-2). Weiterhin unterscheiden sich die Spotter in der Kapazität der zu beladenen Biochips. Bei manchen Microarray-Spottern können mehr als 100 Biochips auf der Träger-Platform deponiert werden, wohingegen andere nur das simultane Beschichten von wenigen (< 10) Biochips zulassen. Welcher Microarray-Spotter für Sie geeignet ist, hängt natürlich im Wesentlichen davon ab, wieviel Biochips Sie in einem Microarray-Experiment beschichten müssen. In Tabelle 4-1 ist eine Auswahl diverser Microarray-Spotter aufgeführt, wobei deren Spezifikationen im Folgenden näher erklärt werden.

Das erste wichtige Kriterium eines Microarray-Spotters ist die Beweglichkeit des Print-Heads. Der Print-Head muss so flexibel bewegt werden, dass jede Position auf der gesamten Biochip-Platform des Spotters mit den Pins zu erreichen ist. Es muss möglich sein, dass die Spotter-Nadeln von der Mikrotiterplatte über die Wasch-Einheit zu den einzelnen Biochips in einer flüssigen Bewegung ('direct fly') geführt werden. Die Bewegungen in die drei unterschiedlichen Richtungen werden dabei durch Elektromotoren bewirkt. Hierbei müssen zwei verschiedene Ansätze erwähnt werden. Bei älteren Spottern wird der Print-Head dadurch bewegt, dass Keilriemen die auf Stangen befindliche Bewegungseinheit inklusive Print-Head in alle drei Achsen bewegt. Hierbei wird der Print-Head in der Regel immer erst in die eine (z.B. die Z-Achse), dann in die weitere (z.B. die Y-Achse) und abschließend in die dritte (X-) Richtung bewegt. Die Bewegungspräzision dieser 'Keilriemen-Spotter' liegt bei ca. $20\,\mu m \pm 10\,\mu m$. Eine andere Möglichkeit zur gerichteten Bewegung des Print-Heads ist durch die Verwendung von Spiralschienen gegeben, auf welchen eine kugelgelagerte Print-Head-Halterung in Abhängigkeit der Drehrichtung bewegt wird. Die Spiralschiene wird durch Elektromotoren nach links oder rechts gedreht, wobei durch die Kugellager der Print-Head-Halter in die eine oder andere Richtung bewegt wird. Für jede Achse (X-, Y-, und Z-Richtung) kann dieses Bewegungssystem eingesetzt werden, sodass eine beliebige Position innerhalb des Spotting-Bereiches angesteuert werden kann. Als Elektromotoren werden so genannte 'Stepper-Motoren' oder 'AC-Servo-Motoren' verwendet. Diese Motoren ermöglichen eine mehr oder weniger stufenlose Bewegung der Spiralschiene, und somit eine stufenlose dreidimensionale Bewegung des Print-Heads. Der Vorteil der erstgenannten ist der Preis, aber diese Motoren verursachen eine Wärmeausstrahlung, auch bei unbewegtem Print-Head, weshalb die AC-Servo-Motoren eher zu empfehlen sind. Bei diesen wird keine Wärme erzeugt, und sie lassen kleinere Bewegungsintervalle zu, die wiederum eine höhere Präzision der Microarray-Spotter bewirken. Die Präzision liegt unterhalb von $10\,\mu m$ sofern 'Micro-Stepper-Motoren' eingesetzt wurden. Mit-

Tabelle 4-1: Auswahl verschiedener Microarray-Spotter. Aufgeführt sind einige der zur Zeit kommerziell verfügbaren Microarray-Spotter. Eine detaillierte Beschreibung ist auf der jeweiligen Web-Seite der Hersteller zu ersehen. Abweichungen vorbehalten.

Firma	BioRad	BioRad	Genetix GmbH	Genetix GmbH
Produktname	VersArray ChipWriter Compact System	VersArray ChipWriter Pro Systems	Q-Array Mini Microarray Spotter	Q-Array2
Technologie	Kontakt-Spotter	Kontakt-Spotter	Kontakt-Spotter	Kontakt-Spotter
Erreichbarer Spot-Durchmesser	100 µm ± 8%	Minimum 75 µm	100–200 µm	100–200 µm
Empfohlene Spot-zu-Spot-Distanz	Minimum 150 µm	Minimum 120 µm	100–440 µm	100–440 µm
Anzahl der Spotter-Nadeln	Bis zu 48 Pins	Bis zu 48 Pins	Bis zu 48 Pins	Bis zu 48 Pins
Geeignete Biochips	Standard-Objektträger-Format: 76 mm × 26 mm	Standard-Objektträger-Format: 76 mm × 26 mm	Standard-Objektträger-Format: 76 mm × 26 mm	Standard-Objektträger-Format: 76 mm × 26 mm
Anzahl der gleichzeitig zu Spottenden Biochips	24 Standard-Objektträger	126 Standard-Objektträger	54 Standard-Objektträger	90/120 Standard-Objektträger

Firma	GeneMachines	MWG Biotech	PerkinElmer Life and Analytical Sciences	PerkinElmer Life and Analytical Sciences
Produktname	OmniGrid Accent	Affymetrix 427™ Arrayer	SpotArray™ 24 oder 72	Piezorray
Technologie	Kontakt-Spotter	Ring-and-Pin	Kontakt-Spotter	Piezo-Dispenser-Technik
Erreichbarer Spot-Durchmesser	100–200 µm	150 µm, ± 15 µm	50–200 µm	50–200 µm, 350 pl
Empfohlene Spot-zu-Spot-Distanz	100–400 µm	200 µm, ± 10 µm	75–300 µm	75–300 µm
Geeignete Biochips	Standard-Objektträger-Format: 76 mm × 26 mm	Standard-Objektträger-Format: 76 mm × 26 mm	Standard-Objektträger-Format: 76 mm × 26 mm	Standard-Objektträger-Format: 76 mm × 26 mm
Anzahl der gleichzeitig zu Spottenden Biochips	50 Standard-Objektträger	42 Standard-Objektträger	24 bzw. 72 Standard-Objektträger	24 Standard-Objektträger

hilfe eines auf der Spiralschiene angebrachten Mikro-Lineals (‚Linear Encoder' oder ‚Optical Encoder'), bei welchen Mikrometerbereiche ähnlich eines Barcodes markiert sind, lassen sich theoretisch kontrollierte Bewegungen unterhalb von 1,0 µm erreichen. Allerdings liegt die Präzision derzeitiger Microarray-Spotter mit AC-Sensor-Motoren bei ca. 3,0 µm ± 1,5 µm. Als Beispiel eines AC-Sensor-Spotters ist der ‚ChipWriter' von BioRad dargestellt (Abb. 4-3).

Egal wie die Bewegung der Spotter verursacht wird, ausschlaggebend ist neben der Präzision die Technik, auf welche die zu spottenden Proben aufgetragen werden. Der Auftrag bzw. die Deponierung der Molekül-Lösung auf das Biochip-Substrat kann auf mannigfaltige Weise geschehen. Entscheidend ist die Art der Spotter-Nadel, die in dem Print-Head integriert wurde. Die eingesetzte Spotting-Technik entscheidet darüber, welche Spot-Dichte sowie Spotting-Geschwindigkeit erreicht werden kann. Es wird prinzipiell zwischen mechanischem ‚Contact-Spotting' und ‚Non-Contact-Spotting' differenziert.

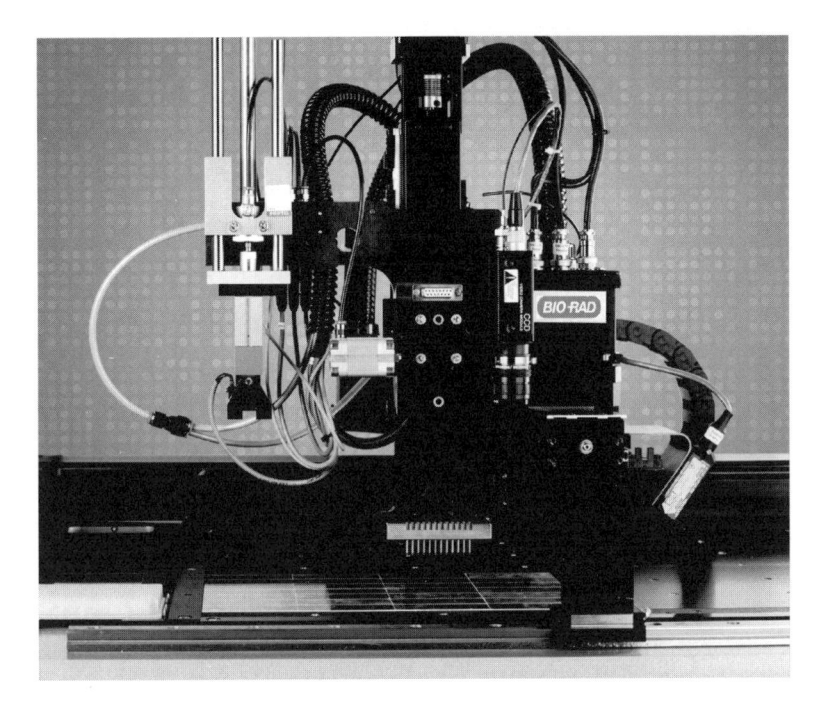

Abb. 4-3: Beispiel eines AC-Sensor-Microarray-Spotters. Das Bild wurde mit freundlicher Genehmigung von Herrn Dr. Marcus Neusser, Bio-Rad Laboratories GmbH bereitgestellt.

4.1.1 Mechanisches Contact-Spotting

Das erste der beiden gebräuchlichen Verfahren zur Deponierung vorgereinigter Makromoleküle auf einem Biochip, ist das so genannte ‚mechanische Microspotting'. Ein erheblicher Teil der Entwicklungsarbeit erfolgte im Labor von Pat Brown in Stanford (Brown & Shalon 1998), die diese Technologie einführten, die ersten Spot-Automaten herstellten, und sehr weit reichende technologische Fortschritte auf unterschiedlichen Ebenen dieser komplexen Technologie initiierten. Obwohl es einige Modifikationen des Microspottings gibt, beruht die Methodik im Prinzip darauf, dass Makromoleküle mittels kapillarer Kräfte von einer Lösung auf die Biochip-Oberfläche übertragen werden. Dieses wird durch das Eintauchen entsprechend geformter Spotter-Nadeln (auch Pins genannt) in die Molekül-Lösung erreicht, wobei die aufgenommene Flüssigkeit durch einen direkten Kontakt mit dem Biochip übertragen wird.

Die Pins, die aus unterschiedlichen Materialien hergestellt werden gelten als Präzisionsgeräte. Stahl oder Titan kommen als Material zum Einsatz, jedoch ist festzuhalten, dass Stahl das bei weitem geläufigste Material darstellt. In modernen Spottern werden z.B. 8- bzw. 64-Pin-Print-Heads eingesetzt, die demzufolge pro Lauf 8 bzw. 64 Proben deponieren können. Die entsprechenden Roboter haben einzig die Aufgabe, diesen Prozess zu wiederholen bis die z.B. 10.000 DNA-Proben deponiert sind und das auf z.B. 100 Biochips. Dafür ist insbesondere eine sehr präzise Steuerung der Pin-Positionen erforderlich, die einerseits sicherstellt, dass die DNA aus den richtigen Näpfen entnommen (ohne auf den Boden der Näpfe zu stoßen) und andererseits auf den exakt richtigen Positionen auf den Biochips deponiert wird. Spotter können natürlich von unterschiedlichen Anbietern bezogen werden, dem ambitionierten Heimwerker eröffnet sich allerdings

Abb. 4-4: Splitted-Pin mit Puffer-Reservoir. Die Makromolekül-Ladung wird von den Pins aufgenommen, und dann durch einen direkten Kontakt auf die Oberfläche des Biochips aufgebracht.

die Möglichkeit des Selbstbaus. Eine komplette Anleitung ist auf der Brown-Homepage zu finden (http://brownlab.stanford.edu).

4.1.1.1 Solid-Pin-System

Von sehr großer Bedeutung für denjenigen, der die Microarrays tatsächlich herstellt, sind seine eigentlichen Werkzeuge, die bereits oben erwähnten ‚Pins'. Im Allgemeinen werden Pins aus Stahl eingesetzt, die über entsprechend gute Eigenschaften verfügen. Die wesentlichen Unterschiede der diversen Pin-Modelle sind in der Aufnahmeart für die Makromolekül-Lösungen zu finden. Manche Spotter-Nadeln sehen aus wie Stahlnägel (‚Solid Pins') und können jeweils nur einmal in die zu spottende Lösung getaucht und daraufhin auf den Biochip gespottet werden. Anschließend muss die Nadel gegebenenfalls wieder gewaschen, getrocknet und ein weiteres mal in die aufzunehmende Makromolekül-Lösung getaucht werden. Es ist leicht einzusehen, dass diese Art des Biochip-Beladens sehr Zeit intensiv sein kann.

4.1.1.2 Splitted-Pin-System

Eine etwas bessere Alternative ist die Verwendung von so genannten ‚Splitted-Pins' (Abb. 4-4). Hierbei ist die Spitze der Spotter-Nadel mit einer Spalte versehen, sodass die Flüssigkeit aufgrund der Adhäsion in diese Spalte ‚gezogen' wird und somit ein mehrmaliges sukzessives Spotten ermöglicht (Abb. 4-5: A).

Das Flüssigkeitsreservoir kann weiterhin erhöht werden, indem neben der Spalte eine zusätzliche Aushöhlung, ähnlich eines Füllfederhalters, gebohrt wird (Abb. 4-5: B)). Durch diese Bohrung lassen sich nun bis zu 400 µl der zu spottenden Lösung aufnehmen und mehrere hundert Spots in einem Durchgang deponieren. Diese Design-Modifikationen wurden eingeführt, um das Volumen zu erhöhen. Das ist eine Notwendigkeit, falls viele Microarrays in einem Arbeitsgang (ohne wieder ins Vorratsgefäß zu müssen) beschickt werden sollen. Der Spot-Durchmesser wird durch

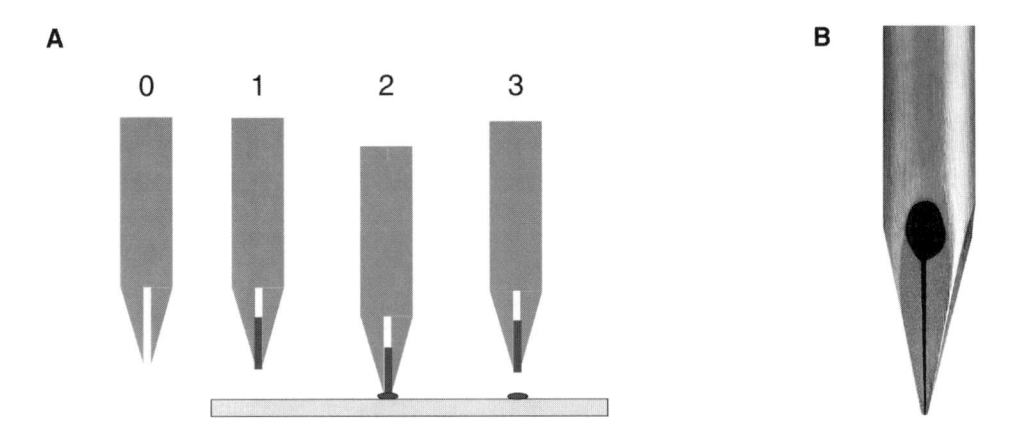

Abb. 4-5: Funktionsweise der Splitted-Pins bei einem mechanischen Microarray-Spotter. Es gibt eine Vielzahl unterschiedlicher Arten von Pins, die zum mechanischen Microspotting eingesetzt werden. Neben den ‚Solids', werden vor allem Pins eingesetzt, die Strukturen für die Aufnahme der Flüssigkeit aufweisen. **A)** Dabei kann es sich um einfache Schlitze, aber auch um kompliziertere Strukturen handeln (**B**). Als Vorlage für die Splitted-Pins wurde eine mikroskopische Aufnahme von TeleChem-Arrayit-Pins verwendet.

die Auflagefläche der Nadelspitze bestimmt. Es gibt Splitted-Pins, die eine Kontaktfläche von z.B. 30, 50, 100 oder 200 μm aufweisen, sodass deren Spot-Durchmesser die davon abgeleitete Fläche beinhalten.

Da in modernen Microarray-Spottern bis zu 384 Nadeln zur Verfügung stehen können, lassen sich hochbeladene Microarrays relativ schnell produzieren. Außerdem ist zu berücksichtigen, dass eine große Anzahl identischer Biochips bzw. Spot-Kopien hergestellt werden können, ohne dass die Nadeln nach jedem Spot wieder beladen und gewaschen werden müssen. Dadurch wird erreicht, dass z.B. 100 Biochips mit jeweils 20.000 Spots in einem sehr überschaubaren Zeitraum (einige Stunden) produziert werden. Moderne mechanische Microarray-Spotter verfügen über einen Mikrotiterplatten-Stacker, der es erlaubt, dass sehr viele unterschiedliche Substrate für das Spotten eingesetzt werden können. Weiterhin ist in diesen Spottern eine automatische Wasch- und Trocknungsanlage sowie gegebenenfalls auch ein Ultraschall-Bad integriert, die es ermöglichen, die Pins nach jedem Spotting-Vorgang zu waschen und zu trocknen. Nachdem die Nadeln mit der entsprechenden Makromolekül-Ladung benetzt wurden, sollte der erste Spot auf einem ‚Blank'-Biochip durchgeführt werden, damit an der Nadeloberfläche haftende Flüssigkeit entfernt wird. Ansonsten haben die ersten Spots deutlich größere Durchmesser.

4.1.1.3 Ring-and-Pin-System

Neben der kapillaren Attraktion durch unterschiedlich geformte Pins, kommt auch das ‚Ring-and-Pin'-System zum Einsatz (Abb. 4-6: A), in dem die Makromolekül-Lösung von einer Öse aufgenommen wird (wir kennen das von dem Seifenblasenpusten) und in Form eines Films vorliegt (Abb. 4-6: B) (Rose 1998). Die zu spottenden Moleküle werden auf dem Biochip dadurch deponiert, dass ein Pin durch den Film stößt und die Flüssigkeit mitführt, um sie dann auf dem Biochip aufzubringen (Abb. 4-6: C). Der Durchmesser des Spots ist wiederum durch die Fläche der Nadelspitze definiert. Auch mit dem Ring-and-Pin-System ist die sukzessive Deponierung von mehr als 100 Spots mit einer Proben-Ladung möglich.

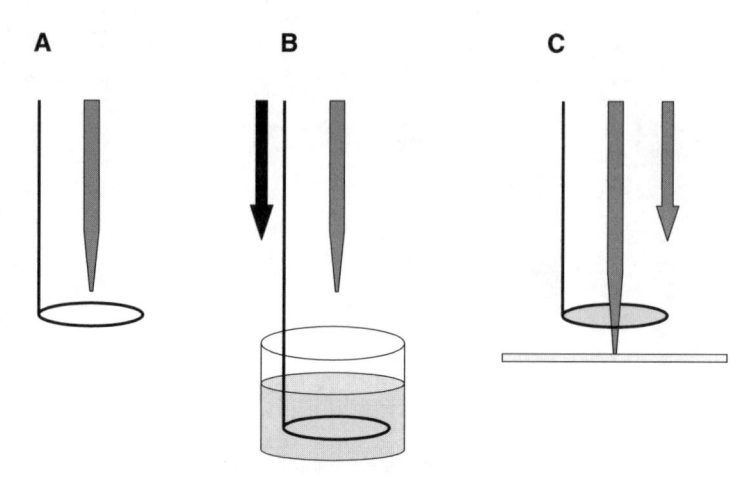

Abb. 4-6: Rin-and-Pin-System. A) Bei dem Ring-and-Pin-System wird ein Ring in die Flüssigkeit getaucht **(B)** und in Form eines Films mitgenommen. **C)** Der durchstoßende Pin nimmt jedes Mal entsprechende Flüssigkeitsmengen für die Deponierung auf dem Biochip mit.

4.1.2 Piezo-Dispenser-Technologie

Als Alternative zum mechanischen Microspotting kann die so genannte ‚Piezo-Dispenser-Technologie' (wird auch als InkJet-Technologie oder Nanopipetting bezeichnet) betrachtet werden. Hierbei erfolgt die Deponierung nicht durch einen direkten Kontakt mit dem Biochip, sondern die Makromoleküle werden auf den Biochip gespritzt. Das Prinzip der Piezo-Dispenser-Technologie basiert auf den Eigenschaften verschiedener Materialien (z.B. Keramik), welche durch einen elektrischen Impuls verformt werden können. Wird z.B. ein flexibler ‚Mikro-Schlauch' von einem Keramik-Ring umspannt, dann kann durch ein Stromimpuls der Schlauch derart verengt werden, dass ein Tropfen der zu spottenden Flüssigkeit ‚dispensiert' wird. Dadurch können mehr als 60.000 Tropfen (im Pikoliter-Bereich) pro Sekunde abgegeben werden. Diese Methodik entspricht dem Verfahren, das bei Inkjet-Druckern anzutreffen ist (Okamato et al. 2000) (Abb. 4-7).

Im Gegensatz zum mechanischen Microspotting hat sich diese Anwendungsweise nicht in einer derart großen Anzahl von Laboratorien durchgesetzt, obwohl diese Form der Makromolekül-Deposition prinzipiell eine Reihe von Vorteilen kombiniert. Die rasante Markt-Entwicklung der Inkjet-Technologie hat diese eigentlich komplexe Verfahrensweise effektiv und preiswert gemacht. Einige weitere, sehr wichtige Vorteile sind mit dieser Technologie ebenfalls verbunden:

- Die unerreichte Geschwindigkeit der Applikation ($>$ 60.000 Tropfen/Sek).
- Die sehr regelmäßige und reproduzierbare Spot-Morphologie, die eine anschließende Auswertung sehr viel einfacher macht.
- Die Proben werden nicht erhitzt oder einer erhöhten Temperatur ausgesetzt, sodass sich die Dispenser-Technologie sehr gut für das Spotten von Proteinen eignet.
- Die gespotteten Volumina der einzelnen Spots sind erstmals im Pikoliter-Bereich zu applizieren. Das wiederum erspart Probe und ermöglicht eine sehr hohe Spotting-Dichte.
- Es lassen sich in Abhängigkeit der Dispenser-Nadel-Anzahl verschiedene Lösungen simultan spotten.

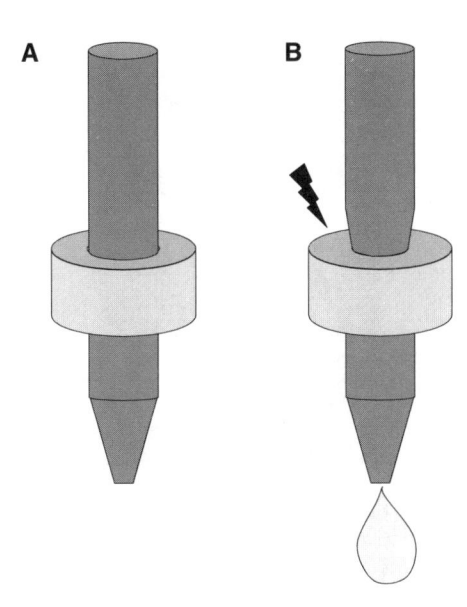

Abb. 4-7: Piezo-Dispenser-Technologie und Inkjet-Applikation. Das Prinzip der Inkjet-Applikation (bzw. Piezo-Dispenser-Technologie) beruht auf dem Besprühen und damit der Deponierung der Makromoleküle in Form distinkter Spots auf der Oberfläche der Biochips. Auf diese Art lassen sich alle Makromoleküle auf den Biochip bringen. **A)** Um einen flexiblen Schlauch ist ein Keramik-Ring gelegt. **B)** Wird ein elektrischer Impuls (Blitz) auf den Keramik-Ring appliziert, dann zieht sich dieser um den flexiblen Schlauch zusammen, sodass anschließend ein Tropfen der Makromolekül-Ladung herausgepresst wird.

Trotz dieser deutlichen Vorteile haben die Nachteile im Handling, z.B. genaue Kalibrierung und mögliche Verstopfung der ‚Düsen' (Abb. 4-8), den sehr weit gefächerten Einsatz bisher vermindert. Bislang wird diese Methodik, bei der die Inkjet-Technologie für die Deponierung vorgefertigter Oligonucleotide, PCR-Produkte oder Proteinen eingesetzt wird, lediglich von sehr wenigen Firmen angeboten. Zu den Pionieren gehört ‚PerkinElmer Life and Analytical Sciences'. Deren ‚Piezorray' deponiert Tropfen von 325 Pikoliter mit einer sehr geringen Standardabweichung der Wiederholungsgenauigkeit von 2,0–5,0 % (Abb. 4-9). Es lassen sich neben den üblichen Glasobjektträger-Substraten auch andere Biochips einsetzen, die z.B. eine dreidimensionale Oberfläche aufweisen (Steffens 2004). Der Einsatz der Düsen-Technologie erfordert etwas größere Flüssigkeitsvolumina und ein sehr intensives Waschen zwischen den einzelnen Applikationen. Da kleinste Staubpartikel sowohl die Düsen verstopfen als auch den gesamten Microarray (z.B. mit Tropfengrößen von 325 Pikoliter) negativ beeinflussen können, sollte unter Reinraum-Bedingungen (siehe Abschnitt 4.5) gearbeitet werden.

Die Flexibilität der Spotter-Instrumente betrifft natürlich auch das Microarray-Design, sodass maßgeschneiderte Lösungen zum Einsatz kommen. Es können nahezu alle Formen von Makromolekülen immobilisiert und vor allem unter eigener Regie durchgeführt werden. Für Proteine eignen sich allerdings eher die Splitted-Pins, das Ring-and-Pin-System und besonders die Piezo-Dispenser-Technologie. Darüber hinaus sind die mechanischen Microarrays relativ günstig in ihrer Herstellung, wobei der Hauptkostenfaktor durch die Glasobjektträger-Biochips gegeben ist. Als nachteilig kann sich die Tatsache offenbaren, dass alle Proben einzeln herzustellen sind. Sowohl die Verwendung von Oligonucleotiden, von PCR-Amplifikaten als auch von Peptiden und Proteinen ist

Abb. 4-8: Piezo-Dispenser-Nadeln. In diesem Beispiel sind die Dispenser-Nadeln und deren Flüssigkeitsreservoir des ‚Piezorrays' von PerkinElmer dargestellt. Das Bild wurde mit freundlicher Genehmigung von Herrn Dr. Hans-Peter Steffens, PerkinElmer Life and Analytical Sciences bereitgestellt.

häufig sehr Kosten- bzw. arbeitsintensiv. Im Allgemeinen werden die Oligonucleotide und Peptide von entsprechenden Anbietern hergestellt. Hierbei ist zu berücksichtigen, dass ein 50-mer Oligonucleotid, welches über einen 5'-Amino-Linker verfügt, etwa 50–60 Euro kostet, wobei pro Peptid (z.B. mit 20 Aminosäuren) in Abhängigkeit der Produktionsgröße Kosten von mehreren hundert Euro entstehen. Bei 1.000 Oligonucleotiden schlägt das schon mit 50.000 bis 60.000 Euro zu Buche, wohingegen bei 10.000 Oligonucleotiden das F&E-Budget sehr strapaziert wird. Auch die PCR-Amplifikation einer entsprechend großen Anzahl relevanter Klone ist nicht gerade umsonst zu haben. Um gut charakterisierte Gene zu erhalten, müssen diese oft von verschiedenen Anbietern bezogen werden, die die Gene und deren davon abgeleitete DNA-Proben hinreichend gut charakterisiert haben. Hierfür können Kosten in Höhe von wenigen Euro bis zu 100 Euro pro Klon anfallen. Die PCR-Amplifizierung sowie Reinigung der PCR-Produkte ist auch nicht umsonst, sodass sich

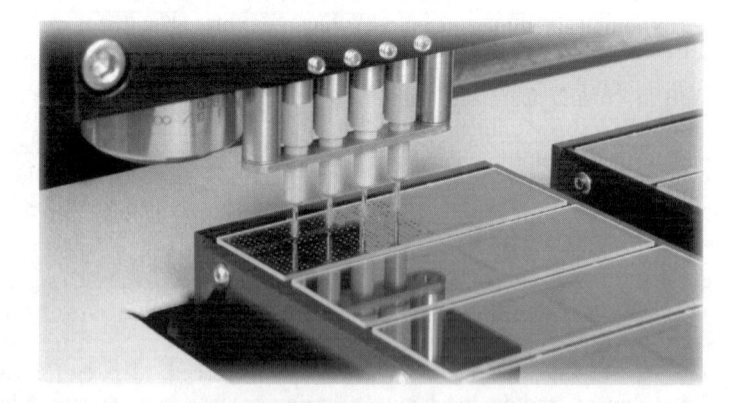

Abb. 4-9: Piezo-Dispensensing auf Glasobjektträger. Der 4-Nadel-Print-Head des Piezoarrays plaziert die Pikoliter-Proben auf normale Glasobjektträger. Das Bild wurde mit freundlicher Genehmigung von Herrn Dr. Hans-Peter Steffens, PerkinElmer Life and Analytical Sciences bereitgestellt.

die Herstellungskosten eines DNA-Biochips mit 10.000 repräsentierten Genen schnell im Bereich von mehr als 100.000 Euro bewegt (ohne die Preise für das Biochipmaterial zu berücksichtigen). Als weiteres Handicap ist die deutlich geringere Spot-Dichte (ca. 3.000–10.000 Spots/cm^2) zu erwähnen, die gegenüber der Festphasensynthese eher bescheiden aussieht. Die Bedienung der Microarray-Spotter ist teilweise kompliziert sowie arbeitsintensiv, und sollte normalerweise von einer entsprechenden ‚inhouse' Service-Einheit bewältigt werden.

4.1.3 Grids und Spots

Die praktische Anwendung eines Microarray-Spotters ist für Neulinge immer etwas schwierig und nicht gerade einladend, da schon kleinste Fehler (wir denken nur an die verbogenen Splitted-Pins) enorme Kosten verursachen können. Neben der praktischen Anwendung ist auch das eigentliche Spotting-Prozedere sehr schwer nachzuvollziehen. Ohne entsprechende Tracking-Software wären wir bei 20.000 (wahrscheinlich schon ab 50) Spots nicht mehr in der Lage, die einzelne Position einer bestimmten Makromolekül-Ladung zu definieren bzw. vorherzusagen. Allerdings müssen trotzdem einige Grundbegriffe erklärt und verstanden werden. Jede einzelne Spotter-Nadel erstellt ein für sie spezifisches Raster, dass als ‚Grid' bezeichnet wird. Das Grid zwischen zwei Pins ist nur dann identisch, wenn beide Pins die selbe Lösung spotten. In der Regel wird der Pin-1 In das Mikrotiter-Napf ‚A1' getaucht, wohingegen Pin-2 z.B. bei ‚A2' die Lösung aufnimmt. Falls beide Lösungen identisch sind (z.B. bei Duplikaten), dann stellen beide Nadeln ein identisches Grid her. Diese beiden Grids sind aber auf dem Biochip räumlich deutlich voneinander getrennt. Die Entfernung ist abhängig von der Distanz beider Nadeln zueinander. In dem oben beschriebenen Beispiel wären Pin-1 und Pin-2 genau 11 mm bei einer 96-Napf-Mikrotiterplatte voneinander

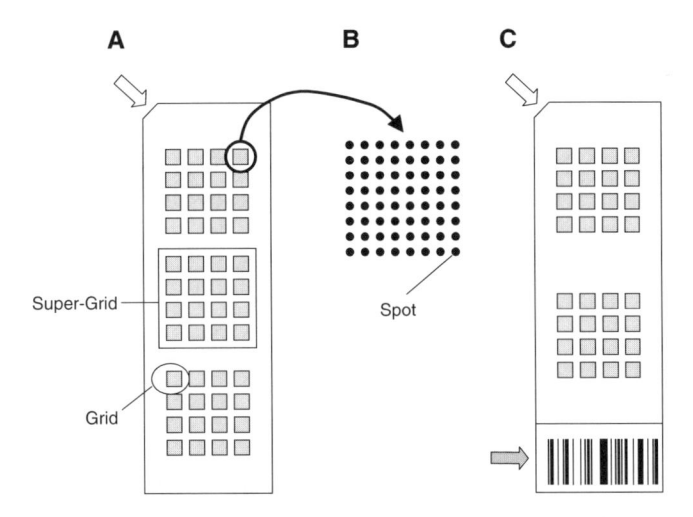

Abb. 4-10: Grids und Spots. A) Der hier schematisch dargestellte Biochip ist in drei größere ‚Super-Grid-Bereiche' aufgeteilt. Jeder Super-Grid besteht aus 16 kleineren Grids, die wiederum in jeweils 64 Spots untergliedert sind (**B**). Per Definition ist ein Grid das Spot-Muster, welches durch einen einzelnen Pin verursacht wird. Allerdings kann jeder Grid individuelle Spots verschiedener Makromoleküle aufweisen. **C)** Sobald sehr viele Biochips eingesetzt werden müssen, empfiehlt es sich mit Barcode-markierten (grauer Pfeil) Biochips zu arbeiten. Generell ist es auch vorteilhaft, wenn Biochips verwendet werden, die eine eindeutige Zuordnung durch markante Markierungen (weißer Pfeil) zulassen.

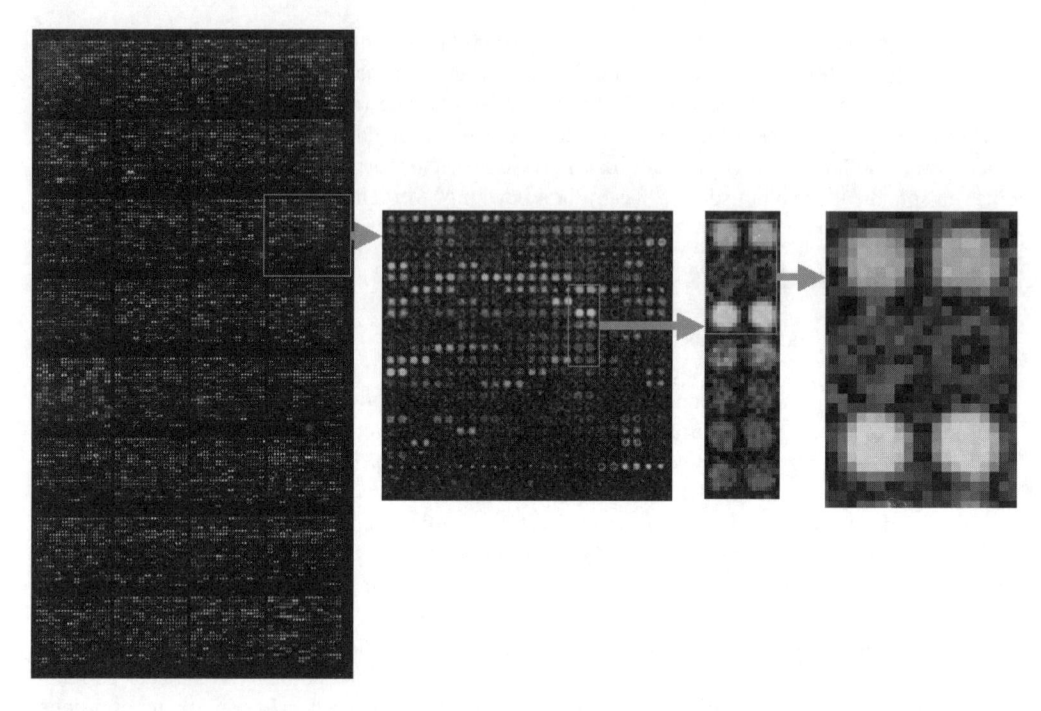

Abb. 4-11: Darstellung eines 18.000er Microarrays. Es wurden 18.432 Spots in Duplikaten auf einem Glasobjektträger-Biochip aufgebracht. Die 9.216 verschiedenen Proben wurden in 16 Grids zu jeweils 576 Spots untergliedert. Mit freundlicher Genehmigung von Dr. Thomas Röder. Eine farbige Abbildung ist auf der inneren Umschlagseite zu sehen.

entfernt. Je mehr Pins bzw. ‚Multiplikate' eingesetzt werden, umso verwirrender wird der Grid-Aufbau. Nichtsdestotrotz, in Abbildung 4-10 ist ein typischer Aufbau eines Grid-Musters auf einem Biochip dargestellt. Hierbei werden einzelne Grids, die durch einen Pin gespottet wurden zu einem Super-Grid zusammen gefasst.

In Abbildung 4-11 ist ein Microarray mit 18.432 Spots dargestellt, bei welchem die Proben in Duplikaten aufgebracht worden sind. Der Microarray besteht aus 32 Grids mit jeweils 576 Spots. Es ist leicht nachzuvollziehen, das eine Auswertung über verschiedene Grid-Bereiche bis hin zur Pixelauflösung nur noch durch einen sehr empfindlichen Scanner und mithilfe einer umfangreichen Microarray-Software zu bewerkstelligen ist.

4.2 Digitalisierung – Die Microarray-Scanner

T. Röder

Nachdem die Microarrays hergestellt wurden, und die Hybridisierung erfolgreich war, müssen die Ergebnisse irgendwie vom Biochip in den Computer, und von dort in den Kopf des Experimentators gelangen. Dazu dient (zumindest partiell) der Microarray-Scanner (auch als ‚Reader' benannt). Derartige Geräte werden von verschiedenen Firmen angeboten und leisten unterschiedlich gute Dienste. Im Prinzip stehen zwei verschiedene Methoden zur Auswahl: Erstens der ‚Imager', der das Gesamtbild in einem Schritt aufnimmt, und zweitens der ‚Scanner/Reader', der einzelne Objektpunkte abtastet, und dann das Bild im Nachhinein zusammensetzt.

4.2.1 Der Microarray-Imager

Der Microarray-Imager ist für den normalen Biologen/Mediziner sehr viel einfacher zu verstehen als der Scanner. Es werden relativ große Bereiche des Microarrays bestrahlt, und das entsprechende Bild mithilfe einer hochauflösenden und sehr empfindlichen Kamera aufgenommen. Im Allgemeinen wird weißes Licht zur Exzitation verwendet. Dieses weiße Licht durchläuft einen Exzitationsfilter, um möglichst nur Licht der richtigen Wellenlänge auf den Microarray zu leiten. Dieses Licht sollte natürlich exakt auf die zu untersuchenden Farbstoffe abgestimmt sein, ansonsten bleibt es dunkel. Das wunderbare Mysterium der Fluoreszenz (siehe Abschnitt 3.3.2) führt dazu, dass entsprechendes Licht abgestrahlt und durch einen Emissionsfilter geleitet wird, der nur die erforderliche Wellenlänge durchlässt. Darauf wird der Lichtstrahl durch eine Linse fokussiert und letztlich auf den Detektor der Kamera projiziert. Als Kameras fungieren oft CCD-Kameras (Charge-Coupled Device), die in Abschnitt 3.5 erklärt werden.

4.2.2 Der Microarray-Scanner

Alternativ zu den Imagern werden bevorzugt Scanner eingesetzt, die auf einem vollkommen anderen Mechanismus basieren. Hier wird nicht der gesamte Microarray bzw. ein großer Teil des Microarrays mit einer Kamera abgebildet, sondern die Detektion erfolgt in einer Reihe einzelner Schritte, in denen jeweils sehr kleine Flächen mithilfe eines Lasers abgetastet werden. Die Auflösung dieses Systems basiert nicht auf der Auflösung des nachgeschalteten Detektors, sondern auf der Abtastrate des Lasers. Das Laserlicht wird über einen entsprechenden Filter auf die Exzitationswellenlänge eingeschränkt und mithilfe eines optischen Lasersplitters auf das Objekt fokussiert. Die Funktionsweise der Laser-Systeme ist ausführlich im Abschnitt 3.3.4 nachzulesen. Eine Aufstellung diverser Microarray-Scanner ist auf Tabelle 4-2 zu ersehen.

4.3 Microarray-Software und Dokumentation

Das Experiment ist in nun soweit gediehen, dass die Rohdaten zur Verfügung stehen. Daraus sollen möglichst auswertbare und noch besser, publizierbare Schlüsse gezogen werden. Als erforderliche Hardwarekomponente ist neben den Microarray-Scanner ein leistungsfähiger Computer erforderlich. Heutzutage sind gebräuchliche PCs vollkommen ausreichend, um die erforderlichen Rechenleistungen zu erbringen. Vom Standpunkt der erforderlichen finanziellen Ressourcen sind demzufolge die Kosten für diese Komponenten, verglichen mit den anderen anfallenden Kosten, zu vernachlässigen. Die Computer sind nahezu beliebig in ihren Leistungen, die erforderliche Software hingegen nicht. Sie bildet das Kernstück der eigentlichen DNA-Microarray-Analyse. In diesem Fall gibt es eine große Vielzahl unterschiedlicher Software-Pakete von verschiedenen kommerziellen und universitären Anbietern, die natürlich alle unterschiedlich Vor- und Nachteile aufweisen. Die Auswahl der Microarray-Instrumente- und Software-Pakete bleibt dem Experimentator natürlich selbst überlassen (es sei denn, man wählt das Affymetrix-System: bei diesem ist ‚Nicht-Affymetrix-Software' absolut sinn- und zwecklos).

Tabelle 4-2: Auswahl verschiedener Microarray-Scanner und -Imager. Eine detaillierte Beschreibung ist auf der jeweiligen Web-Seite der Hersteller zu ersehen. Abweichungen vorbehalten.

Firma	Affymetrix	Agilent Technologies Deutschland GmbH	ATTO-TEC GmbH	Biacore International SA
Produktname	Affymetrix 428 Array Scanner	Agilent DNA Microarray Scanner	Immun-o-mat	Biacore Systeme
Technologie	Laserscanner	Laserscanner	Imager mit CCD-Kamera	Echtzeit-Biosensor
Geeignete Biochips	Standard-Objektträger-Format: 76 mm × 26 mm	Standard-Objektträger-Format: 76 mm × 26 mm	Standard-Objektträger-Format: 76 mm × 26 mm	Biacore Sensor-Chip
Auswertungsmethode	Fluoreszenz	Fluoreszenz	Immunologisch/ELISA	Surface Plasmon Resonance
Probendurchsatz/ Kapazität	1 Biochip pro Nachweisreaktion	Autolader: 48-Slide-Karrussel	1 Biochip pro Nachweisreaktion, max. 1600 Spots pro Chip	Bis 200 Proben pro Tag

Firma	Axon Instruments Inc.	Bio-Rad Laboratories GmbH	CLONDIAG chip technologies GmbH	LaVision BioTec
Produktname	Microarray Scanner: GenePix 4000/4100/4200	VersArray ChipReader	AT-Reader ATR 01 (auch mit PC)	BioAnalyzer 1μ, UV oder 4F/4S
Technologie	Laserscanner	konfokaler Laserscanner	Imager mit CCD-Kamera	Imager mit CCD-Kamera
Geeignete Biochips	Standard-Objektträger-Format: 76 mm × 26 mm	Biacore Sensor-Chip	Clondiag ArrayTube	Standard-Objektträger-Format: 76 mm × 26 mm
Auswertungsmethode	Fluoreszenz	Fluoreszenz	Fluoreszenz	Fluoreszenz und Chemiluminesz
Probendurchsatz/ Kapazität	1 Biochip pro Nachweisreaktion	1 Biochip pro Nachweisreaktion	1 ArrayTube pro Nachweisreaktion	1 Biochip pro Nachweisreaktion

Firma	Genetix GmbH	Infineon Technologie AG	PerkinElmer Life and Analytical Sciences	Tecan Deutschland GmbH
Produktname	AQuire Scanner	MGX 1200 Detektionsgerät	ScanArray Express	LS Laser Scanner Serie
Technologie	Konfokaler Laserscanner	Expressionsprofil, Genotypisierung, sekundäres Screening	Konfokaler Laserscanner	Laserscanner
Geeignete Biochips	Standard-Objektträger-Format: 76 mm × 26 mm	MGX 4D Microarrays	Standard-Objektträger-Format: 76 mm × 26 mm	Standard-Objektträger-Format: 76 mm × 26 mm
Auswertungsmethode	Fluoreszenz	Chemolumineszenz (CCD Kamera), MGX 1200 Detektionsgerät	Fluoreszenz	Fluoreszenz
Probendurchsatz/ Kapazität	1 Biochip pro Nachweisreaktion	1 Biochip pro Nachweisreaktion	Autolader für 20 Biochips als Option erhältlich	Bis zu 50 MTP-Halter mit jeweils 4 Objektträgern

Im Internet wird eine sehr gute Microarray-Software-Übersicht von Y.F. Leung unter ‚http://ihome.cuhk.edu.hk/~b400559/arraysoft.html' bereitgestellt, die wir wärmstens empfehlen. Es lassen sich dort nicht nur spezifische ‚Data-Mining'- und ‚Image Analysis'-Software finden, sondern auch Links und Tipps zum Design von Oligonucleotiden und Vieles mehr.

4.3.1 Dokumentation der Microarray-Experimente

DNA-Microarray-Experimente liefern einen zunächst ziemlich unübersichtlichen Datensalat, der in möglichst sinnvolle Aussagen transformiert werden soll. Diese komplexe Aufgabe übernehmen speziell entwickelte Programmpakete, die von unterschiedlichen Herstellern angeboten werden. Mit der Entwicklung der DNA-Microarray-Methodik hat sich der Umfang und die Leistungsfähigkeit dieser Programme gesteigert, sodass ausgeklügelte Auswertungen nahezu aller Microarray-Experimente möglich sind. Die Aussicht auf einige schöne, komplizierte und bunte Abbildungen verleitet den ‚Normalforscher' diese Optionen zu nutzen, auch wenn ihre Aussagefähigkeit oft begrenzt ist. Wie so oft im Leben kann eine Beschränkung auf das Wesentliche hilfreich sein – weniger ist oft mehr. Sinnvoll erscheint nur das zu dokumentieren, was man selbst intelektuell durchdrungen hat. Ein Vorsatz, der vor unangenehmen Fehlinterpretationen schützen kann. Falls der Experimentator einen Zugang zu entsprechenden Experten hat, sollte er diesen nutzen. Auch in diesem Fall benötigen wir aber einige Grundkenntnisse, da er nur dann dem Experten die Problematik und die gewünschten Analysen vermitteln kann. An dieser Stelle sei nochmals darauf hingewiesen, dass vor dem Beginn eines komplexen DNA-Microarray-Experiments sichergestellt sein muss, dass die Dokumentation und Auswertung der gewonnenen Daten einem der ‚Microarray-Standards' entspricht. Das ist eine notwendige Voraussetzung dafür, diese Daten tatsächlich veröffentlichen zu können. Falls diese Standards nicht eingehalten werden, ist unter Umständen eine Wiederholung des Experimentes notwendig, was wiederum viel Zeit und Geld kosten wird. Der bekannteste und derzeit geläufige Standard wurde von der ‚Microarray Gene Expression Data Society' (MGED; www.mged.org) erstellt. Es handelt sich um den so genannten MIAME-Standard (Minimal Information About a Microarray Experiment. Die entsprechende Liste (z.B. www.mged.org/Workgroups/MIAME/miame.html) enthält alle erforderlichen Informationen. Sinn und Zweck einer solchen Normierung ist es, verschiedene Microarray-Experimente miteinander vergleichen zu können. Das gilt sowohl für den Vergleich von Experimenten verschiedener Labors, als auch für die Experimente, die im Laufe der Zeit in einem Labor durchgeführt wurden. Die Checkliste sollte sehr sorgfältig durchgearbeitet, und die einzelnen Schritte entsprechend dokumentiert werden. Neben den Charakteristika des verwendeten Microarrays (Spot-Schema, Spot-Dichte, Art des Glas-Biochips, Name des Herstellers, etc.) müssen die Herkunft, Verarbeitung, Markierung und Analyse der entsprechenden Proben genau beschrieben werden. Es ist erforderlich die primär gescannten Rohdaten als Tiff-File, die transformierten Daten (als Excel-Tabelle) und die anderen, benötigten Informationen abzuspeichern. Da die anfallenden Datenmengen sehr umfangreich und komplex sind, sollte man sich, am besten vor Beginn der Experimente, Gedanken über die Struktur einer entsprechenden Datenbank machen. In dieser Datenbank werden alle Informationen, die nach dem MIAME-Standard erforderlich sind, abgespeichert. Darauf sollte man unbedingt achten, und es auch strikt einhalten. Dieses integrierte ‚Laboratory-Information Management-System (LIMS) wird zunehmend von entsprechenden Programmen verwendet, sodass ein Großteil der erforderlichen Informationen automatisch in einem entsprechenden Format zur Verfügung steht. Die Verwendung dieses Systems kann (quasi als Nebeneffekt) zu einer Standardisierung der Experimente führen. In einem Labor müssen die gleichen Protokolle verwendet werden, wodurch die eingebrachte Fluktuation minimiert wird.

Um die Standardisierung weiter voranzutreiben, gibt es Bestrebungen, entsprechend standardisierte Protokolle für Microarray-Experimente zur Verfügung zu stellen. Derartige Protokolle können auf der Homepage des ‚European Bioinformatics Institute' (EBI) abgerufen werden (www.ebi.ac.uk/Microarray/MicroarrayExpress/Microarrayexpress.html) (siehe auch Abschnitt 7.1). Analog zu den großen Datenbanken, in denen die Sequenzinformationen abgelegt werden, entstehen entsprechende Datenbanken für DNA-Microarray-Experimente. So gibt es z.B. über ‚MicroarrayExpress' am EBI, oder ‚Gene Expression Omnibus' am NCBI (GEO: ; www.ncbi.nlm.nih.gov/geo/) die Möglichkeit, die Daten abzurufen. Inzwischen wurde außerdem ein Format entwickelt, das den Austausch unterschiedlicher Microarray Daten ermöglicht. Es handelt sich um das MAGE-ML-Format (http://www.mged.org/Workgroups/MAGE/mage.html), das von der MGED und einigen Firmen entwickelt wurde.

4.3.2 Design des Experiments

Neben den oben beschriebenen, erforderlichen Formen der Dokumentation des Experimentes, sollte man sich auch intensive Gedanken über das eigentliche Design des Experiments machen und folgende Fragestellung beantworten können: „Welche Proben sollen miteinander verglichen werden, und wie kann ich die gewonnenen Informationen absichern?" Diese entscheidenden Fragen sind sowohl bei dem Design des Microarrays als auch bei der Planung der Experimente von entscheidender Bedeutung.

Die Art der Experimente ist für die erforderliche Auswertung ganz entscheidend. In den meisten Fällen werden DNA-Microarray-Experimente in einer klassischen ‚A versus B'-Konfiguration durchgeführt. Das bedeutet, dass eine experimentelle Probe mit einer Kontrollprobe verglichen werden soll. Solche Ansätze werden sehr häufig in Zellkulturexperimenten gewählt, bei denen der Einfluss einer bestimmten Substanz auf das Expresssionsmuster untersucht werden soll. Ein Beispiel dafür ist die Analyse transgener Organismen zur Quantifizierung des Unterschiedes zum Wildtyp oder zur Analyse entarteter Gewebe hinsichtlich des Unterschiedes zum Normalgewebe (Abb. 4-12). In diesen Fällen sind die Anforderungen an die erforderliche Software eher gering. Herausbekommen möchte man lediglich, welche Gene um welchen Faktor reguliert werden. Dies allerdings muss gut abgesichert sein.

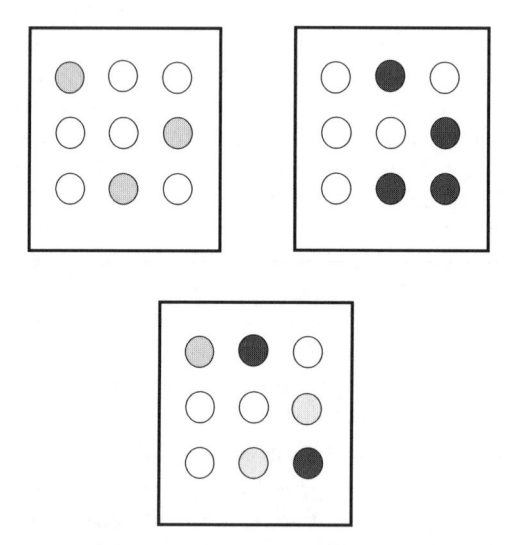

Abb. 4-12: Schematische Darstellung der Hybridisierungsergebnisse eines einfachen ‚A versus B'-Experiments. Zu vergleichende Proben (und daraus hergestellte Sonden) werden mit unterschiedlichen Fluoreszenzfarbstoffen markiert (rot und grün) und mit den DNA-Populationen hybridisiert, die auf dem DNA-Microarray gebunden sind. Das Auslesen der jeweiligen Fluoreszenzkanäle und deren Darstellung in Falschfarben (die in diesem Fall der Originalfarbe entsprechen – die Primärdaten sind allerdings immer ohne Farbinformation) ermöglicht es, differentielle Expressionen schnell zu identifizieren. Durch Überlagerung der Bilder entsteht an Spot-Positionen, an denen sowohl grüne als auch rote Signale vorhanden sind, eine gelbe Mischfarbe. Das heißt, eine gelbe Färbung gibt Positionen gleicher Expression in beiden Proben an. Grüne bzw. rote Signale hingegen zeigen differentielle Expression für die eine oder andere Probe an. Eine farbige Abbildung ist auf der inneren Umschlagseite zu sehen.

Ein anderer Typus von Experimenten erfordert etwas komplexere Auswertungen, da eine größere Anzahl von Proben miteinander verglichen werden sollen. In diese Kategorie fallen z.B. entwicklungsbiologische Analysen, bei denen eine Vielzahl von Entwicklungsstadien miteinander zu vergleichen sind. Zeitabhängige Veränderungen, bei denen Proben miteinander verglichen werden, die zu unterschiedlichen Zeitpunkten genommen wurden, gehören ebenfalls dazu. Die Anforderungen an die Auswertung sind ungleich vielfältiger, da hier nicht die einfache ‚A versus B'-Situation vorliegt. Man möchte gerne wissen, welche Gene in gleicher Form reguliert werden, was z.B. durch eine ‚Cluster'-Analyse (siehe Abschnitt 4.3.6.3) möglich ist, oder ob verschiedene Gene, deren Genprodukte in einem Stoffwechselweg miteinander verknüpft sind, ähnlich reguliert werden.

4.3.3 Absicherung der Ergebnisse

Um halbwegs abgesicherte Ergebnisse zu erhalten, müssen Experimente wiederholt werden, um ‚zufälligen' Fluktuationen der Fluoreszenzsignale keine zu große Bedeutung zuzumessen. Diese Form der Wiederholung kann und soll auf verschiedenen Ebenen erfolgen. Zu umfangreiche Wiederholungen können allerdings sehr teuer werden.

Bei diesem Prozess muss unbedingt darauf geachtet werden, dass die im Folgenden beschriebenen Formen der Wiederholungen ganz unterschiedlich zu gewichten sind. Grundsätzlich sind dabei technische von biologischen Variationen zu unterscheiden. Technische Variationen treten bei den entsprechenden Versuchen aufgrund inhärenter Ungenauigkeiten im Messprozess auf (z.B. Pipettierfehler oder Ungenauigkeiten beim Messen von Proben). Diese Ergebnisvariationen lassen sich durch klassische Replika-Experimente auffangen, bei denen parallel durchgeführte Experimente erfasst werden (z.B. die Auswertung zweier Replika-Spots auf einem Microarray). Dem gegenüber stehen die biologischen Variationen, die auf Heterogenitäten des zu untersuchenden Materials beruhen. Derartige Variationen können auch durch möglichst penible Versuchsdurchführung nicht reduziert werden, da sie die Variabilität biologischer Systeme wiederspiegeln. Nichtsdestotrotz sollte versucht werden, diese Form der Variabilität auf das unerlässliche Maß zu minimieren. Das kann durch eine sehr sorgsame und genau kontrollierte Probenentnahme gewährleistet werden, sodass keine Verunreinigungen in die jeweiligen Proben einfließen (sei es unsauber präpariertes Gewebe oder Proben, die nicht exakt dem gewünschten Entwicklungsstadium angehören). Um diese zweite Form der biologischen Variabilität zu erfassen, müssen vollkommen unabhängige Experimente durchgeführt werden. Die Teilung einer einmalig entnommenen Probe ist selbstverständlich nicht darunter zu verstehen. Statistische Verfahren jedweder Art sind natürlich nur für diese Form der Wiederholungen möglich. Die oben dargelegten technischen Wiederholungen dürfen in eine derartige statistische Betrachtung nicht miteinbezogen werden.

Die erste Form der Absicherung erfolgt meist auf der Ebene des Experiments selbst. Das bedeutet, dass mindestens zwei unabhängige Experimente durchgeführt werden müssen, um auszuschließen, dass nicht kontrollierbare Widrigkeiten zu einer Verfälschung des Ergebnisses führen. Auch auf der nächsten Ebene können Wiederholungen eingebaut werden, indem aus der RNA, die aus einem Experiment gewonnen wurde, zwei Sonden hergestellt werden. Hierbei ist natürlich anzumerken, dass es sich keinesfalls um unabhängige Experimente handelt. Nichtsdestotrotz kann eine solche Vorgehensweise sehr sinnvoll sein, um Probleme zu minimieren, die beim eigentlichen Prozess der Hybridisierung auftreten. Eine besondere Abwandlung dieser Form der Absicherung ist der so genannte ‚Colour-Switch'. Aus einer RNA-Probe werden zwei Sonden hergestellt, die jeweils mit den beiden zur Verfügung stehenden Farbstoffen markiert werden (z.B. mit Cy3 und Cy5). Diese Vorgehensweise ist sehr zu empfehlen, da auf diese Weise verhindert wird, dass beobachtete Unterschiede zwischen zwei Hybridisierungsexperimenten nicht auf der Verwendung unterschiedlicher Farbstoffe beruhen. Erst wenn die entsprechenden Signalunterschiede bei beiden Experimenten auftauchen, kann diese Alternative ausgeschlossen werden.

Die letzte Form der Absicherung erfolgt auf der Ebene des Biochips und ist abhängig vom Microarray-Design (und damit oft außerhalb der ‚Zuständigkeit' des Experimentators, da er nicht in allen Fällen das Microarray-Design beeinflusst). Bei vielen Microarrays werden mehrere Replikas einer DNA auf den Biochip gespottet. Wenn dies der Fall ist, hat man Glück gehabt und Unterschiede, die auf Zufällen jedweder Art basieren, können weitgehend ausgeschlossen werden. Es gibt immer wieder Berichte, dass die Nähe dieser Replikas zueinander das Hybridisierungsverhalten verändert, was allerdings für den Normnutzer von untergeordneter Bedeutung zu sein scheint. Falls jede DNA nur ein einziges Mal auf einem Microarray gespottet wurde, was insbesondere bei sehr großen Microarrays der Fall sein kann, sollten immer zwei identische Microarrays-Biochips zusammen hybridisiert werden. Hierfür bietet sich das so genannte ‚Sandwich'-Verfahren an, bei

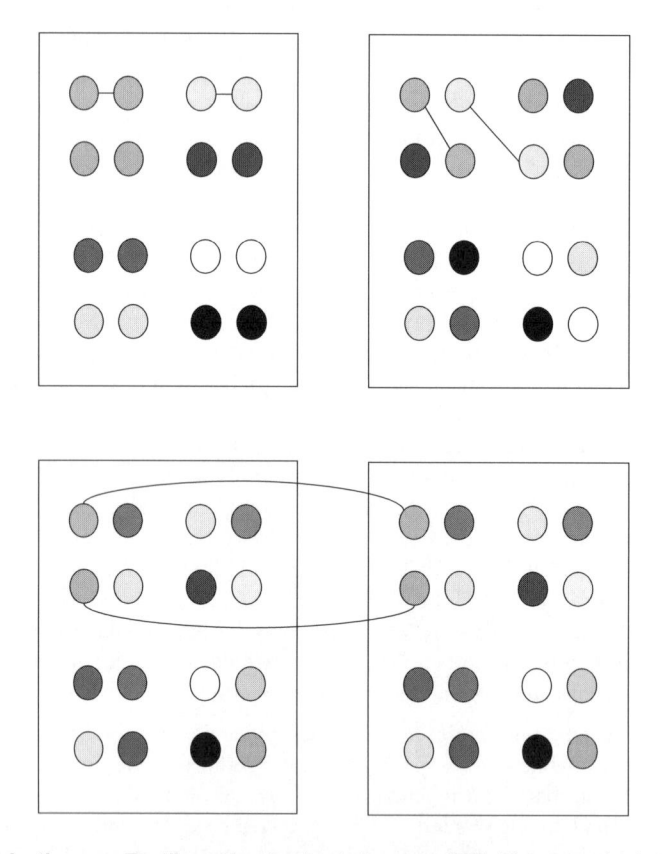

Abb. 4-13: Organisation von Replikas. Um die Ergebnisse aus DNA-Microarray Analysen zu verifizieren, ist es erforderlich verschiedene Formen der Wiederholungen einzubinden. Die einfachste Form stellt die Verwendung von Replikas dar. Dabei wird die entsprechende DNA an mehreren Positionen des Arrays deponiert. Es gibt verschiedene Formen der Organisation, von denen zwei im oberen Teil der Abbildung dargestellt sind (gleiche Farben bedeuten gleiche DNA, beispielhaft für zwei Pärchen durch eine Linie verbunden). Falls die verwendeten Arrays nicht nach einem derartigen Design hergestellt sind, können äquivalente Positionen auf zwei unterschiedlichen Arrays verwendet werden (unterer Teil der Abbildung). Man sollte allerdings immer beachten, dass es sich hierbei keinesfalls um unabhängige Experimente handelt.

dem die Hybridisierungslösung zwischen beide Microarrays gegeben wird. Das wiederum gewährleistet, dass die Hybridisierungsbedingungen identisch sind (Abb. 4-13).

Wie oben schon detailliert ausgeführt, sind wie auch immer geartete Wiederholungen der einzelnen Hybridisierungsexperimente unbedingt erforderlich, um abgesicherte Informationen bezüglich der zu ziehenden Schlüsse zu erhalten. Diese Wiederholungen können (und sollen) zwei Aspekten Genüge leisten. Sie sollen zur Absicherung des einzelnen Hybridisierungsergebnisses dienen und eine breitere Datenbasis für den quantitativen Vergleich ermöglichen. Beide Aspekte erfordern die Anwendung unterschiedlicher Algorithmen, können aber von verschiedenen Programmen parallel umgesetzt werden.

4.3.4 Microarray-Software

Nachdem die Überlegungen bezüglich der Dokumentation und des Designs der Experimente abgeschlossen sind, können die Experimente durchgeführt und die benötigten Informationen mithilfe der entsprechenden Software extrahiert werden. Der Microarray-Scanner liest die Primärinformation vom Biochip, das heißt, er ermittelt die Fluoreszenzintensitäten über die gesamte Biochip-Oberfläche mit einer relativ hohen Auflösung (3 bis 10 µm) und generiert eine sehr große Bild-Datei als so genannten Tiff-File (oder in einem anderen Format) (Abb. 4-14). Dies geschieht für die einzelnen, untersuchten Fluoreszenzkanäle (im Allgemeinen zwei Kanäle für die Markierungen mit Cy3 und Cy5). Das bedeutet letztlich, dass die Information aus einem zweidimensionalen

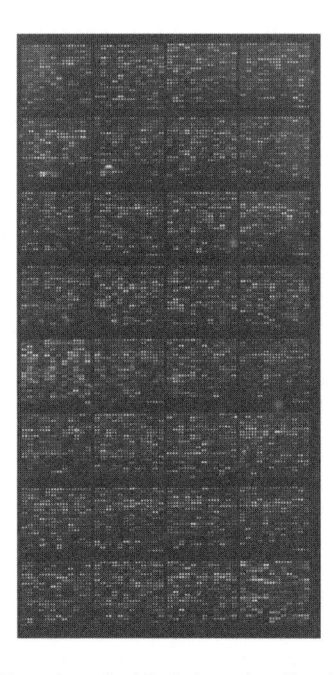

Abb. 4-14: Beispiel eines ‚realen' Experiments. Hierbei wurden die roten und grünen Kanäle übereinander gelegt. Grüne Färbung kennzeichnet die Spots, auf denen DNA gebunden ist, die offensichtlich nur in der Probe exprimiert wird. Entsprechendes gilt für die roten Punkte. Als Überlagerungsfarbe entsteht Gelb, das gleich starke Hybridisierungen anzeigt. Eine farbige Abbildung ist auf der inneren Umschlagseite zu sehen.

Microarray mit kleinen Pixeln besteht, denen spezifisch gemessene Fluoreszenzintensitäten zugeordnet werden. Es sind allerdings einige, nicht unerhebliche Problemfelder bei diesem Prozess zu beachten. Die Signale einzelner Hybridisierungen sind oft unterschiedlich intensiv, weshalb es erforderlich ist, die Messungen über unterschiedliche Zeiträume zu summieren. Diese Variabilität des Hybridisierungssignals ist auch auf der Ebene eines jeden DNA-Microarrays festzustellen. Es gibt sehr schwach exprimierte Gene, die ein sehr geringes Signal aussenden und auf der anderen Seite sehr stark exprimierte Gene, die ein extrem hohes Signal liefern. Um die sehr schwach exprimierten Gene zu quantifizieren und die Signale trotz des Hintergrundrauschens zu identifizieren, ist eine sehr lange Exposition erforderlich. Das führt aber oft dazu, dass die Signale der sehr stark exprimierten Gene in den Sättigungsbereich kommen, womit eine Quantifizierung und damit ein Vergleich mit Kontrolldaten nahezu unmöglich ist. Eine oft zu beobachtende Fehlerquelle, die die Qualität vieler DNA-Microarray-Experimente entscheidend mindert. Aus diesem Grund sollte versucht werden, einen Kompromiss aus einer möglichst großen Anzahl detektierter Spots und einer möglichst geringen Anzahl von Signalen zu erhalten, die im Sättigungsbereich liegen. Pixel, die in der Sättigung liegen, sollten aus der weiteren Analyse entfernt werden. In einer Reihe von Programmen ist dieses durch so genanntes ‚Flagging' möglich. In diesem Fall werden die entsprechenden Spots markiert und von der weiteren Analyse ausgeschlossen. Neuere Programme ermöglichen eine alternative Vorgehensweise, die als optimal anzusehen ist. Hierbei werden von jedem Microarray mehrere Aufnahmen gemacht, die unterschiedliche Belichtungszeiten haben. Bei sehr kurzen Expositionszeiten wird zwar kein Pixel im Sättigungsbereich liegen, aber sehr viele schwächere Spots werden dafür überhaupt nicht sichtbar sein. Bei längeren Expositionszeiten haben wir die oben beschriebenen Phänomene. Der Vergleich der einzelnen Ergebnisse erhöht einerseits den dynamischen Bereich (Dynamic Range) (Abschnitt 3.3.6) und gewährleistet andererseits eine maximale Empfindlichkeit.

Um aus diesen sehr einfachen (oder doch nicht so einfachen) Primärdaten relevante Informationen zu gewinnen, müssen die gemessenen Fluoreszenzbilder mit dem ursprünglichen Spot-Muster verknüpft werden. Dieser erste Schritt ist von entscheidender Bedeutung und Fehler, die dort passieren, können zu fatalen Fehlinterpretationen führen. Für diese Zuordnung benötigt die Software Informationen, die es ermöglichen den ursprünglichen Spotting-Prozess zu rekapitulieren. Die Microarrays sind oft aus Untergruppen aufgebaut, in denen die Spots in einer definierten Zahl von Reihen und Spalten organisiert sind. Die Struktur dieser Subgruppen (Anzahl der Spalten und Reihen, Abstand der Punkte voneinander, Spot-Durchmesser) sowie die Organisation der Strukturen (auch in diesem Fall Anzahl der Reihen aus Spalten, Abstand zueinander) müssen vorhanden sein (Abb. 4-15). Mit diesen Informationen, die in den allermeisten Fällen vom Spotting-Programm geliefert und in eine für die jeweilige Auswertungssoftware kompatible Form gebracht werden (im Allgemeinen wird ein ‚txt-File' durch die ‚Tracking-Software' generiert), kann dann das so genannte Grid erzeugt werden. In diesem Fall sollte jedes Hybridisierungssignal in einem entsprechend großen Feld vorhanden sein. Dieses Feld hat die passenden Abmessungen, da die Kantenlängen den Abständen je zweier Spotmittelpunkte in einer Reihe bzw. in einer Spalte entsprechen (Abb. 4-16). Im Allgemeinen ist eine ‚Nachjustierung' erforderlich, um leichte Unebenheiten anzupassen. Falls in dem Spotting-Protokoll eine Verknüpfung der gespotteten DNAs mit ihrer Bezeichnung implementiert war, kann jetzt jedem Quadrat eine definierte und anzusprechende DNA-Population zugeordnet werden. Es handelt sich demzufolge um einen der wichtigsten Schritte bei der Primärauswertung, da die Zuordnung des Hybridisierungssignals zu den entsprechenden, gespotteten DNAs erfolgt.

Der nächste Schritt, der im Allgemeinen nicht trivial ist, aber von vielen Programmen vollkommen automatisch durchgeführt wird, ist die eigentliche Spot-Erkennung. Diese Spot-Erkennung ist not-

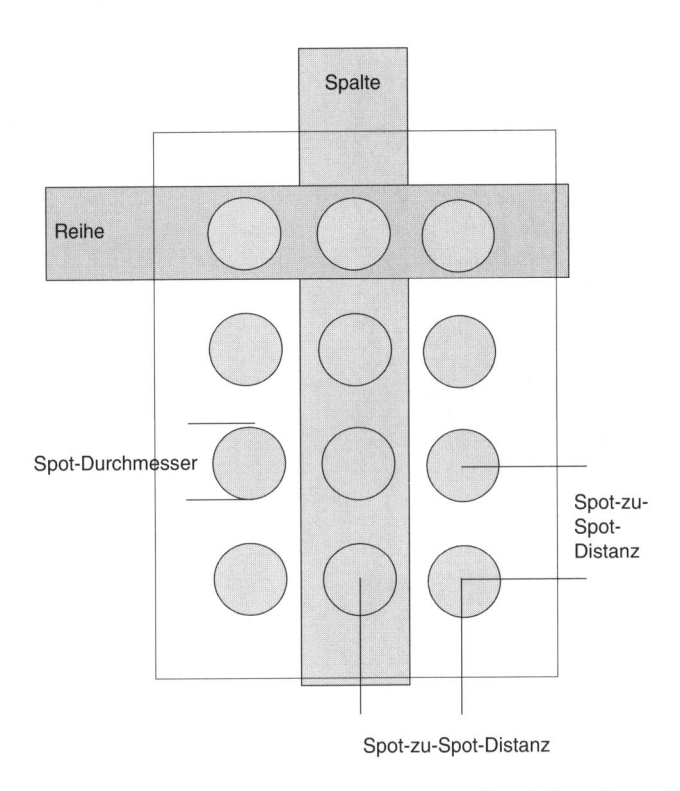

Abb. 4-15: Schematischer Aufbau eines Microarrays. Die notwendigen Informationen für die Herstellung eines Grids umfassen die Anzahl der Reihen und Spalten, den Spotdurchmesser sowie die Spot-zu-Spot-Abstände.

wendig, um das eigentliche Signal vom Hintergrund zu trennen und dadurch eine genauere Analyse zu ermöglichen. Dazu sind Informationen bezüglich des durchschnittlichen Spot-Durchmessers erforderlich. Die Anpassung erfolgt in den entsprechenden Quadraten und ist dann besonders erfolgreich, wenn das ‚Signal-zu-Hintergrund'-Verhältnis (Signal-to-noise ratio = SNR) besonders gut ist, das bedeutet, dass der Hintergrund einen möglichst geringen Wert annimmt. Nachdem dieser Prozess abgeschlossen ist, werden alle Signale innerhalb der entsprechenden Kreise als Signal und alles was sich außerhalb befindet, als Hintergrund interpretiert. Ein Vorgang, der vom Experimentator definiert werden kann (Abb. 4-17).

Als nächster Schritt folgt nun die Hintergrundkorrektur, das bedeutet, dass von jedem gemessenen Signal das Hintergrundsignal subtrahiert wird. Dies ist für die Beurteilung von Signalunterschieden, insbesondere bei schwachen Hybridisierungssignalen, von entscheidender Bedeutung. Wie so oft im Leben gibt es verschiedene Ansätze/Philosophien, die zu unterschiedlichen Vorgehensweisen führen. Es hat sich gezeigt, dass DNA-Microarray-Experimente nicht immer ideal verlaufen, dass heißt z.B., das Hintergrundphänomene differentiell über den Microarray verteilt sein können. Aus diesem Grund wird von einigen Anwendern der ‚lokale Hintergrund' (local background) bestimmt und jeweils von der Probe subtrahiert. Dazu werden die Daten aus jedem einzelnen Feld (es handelt sich dabei im Allgemeinen um ein Quadrat) genommen und der Hintergrund (der Bereich, der außerhalb des definierten Spot-Bereichs liegt) vom Signal subtrahiert. Im Prinzip ist dieser Ansatz logisch und sollte ein unverfälschtes Bild der eigentlichen Situation geben. Leider

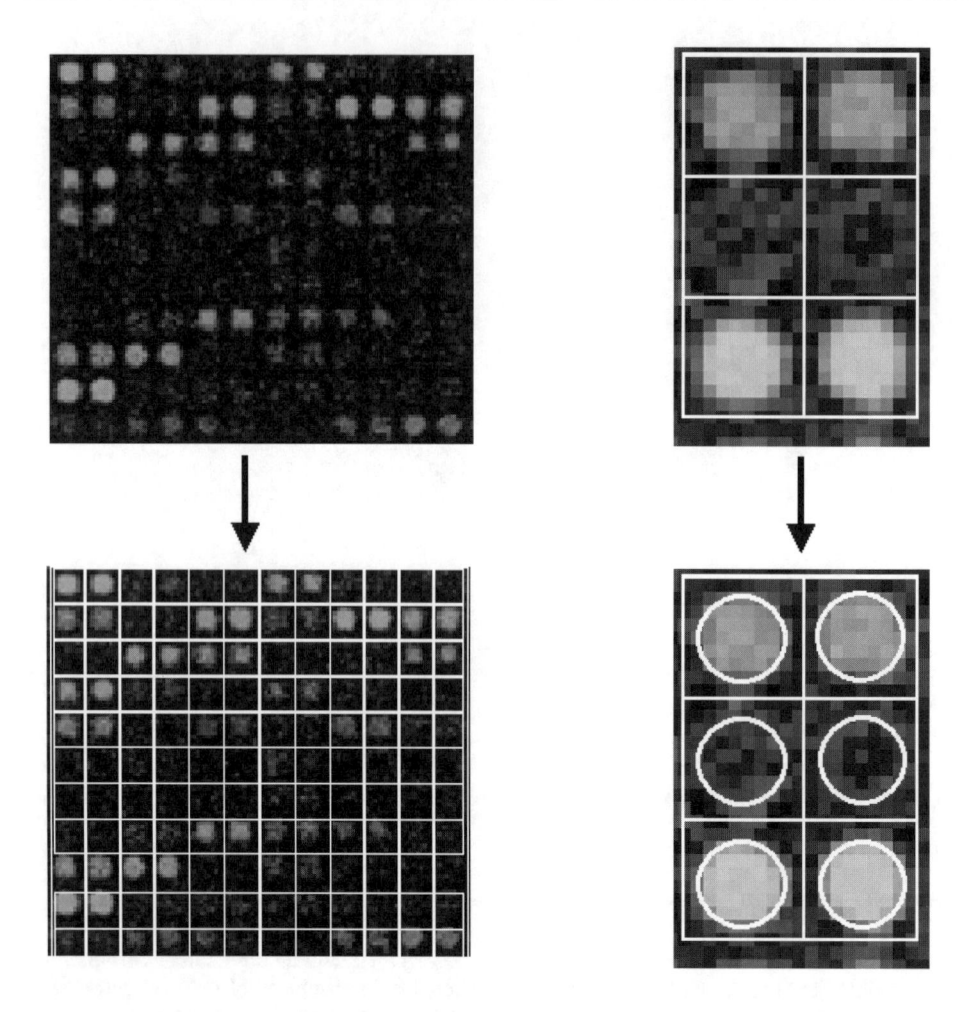

Abb. 4-16: Zuordnung des gemessenen Fluoreszenzsignals. Um eine Zuordnung des gemessenen Fluoreszenzsignals zu den deponierten Proben zu erhalten, müssen die Spots als solche erkannt, und den entsprechenden DNAs zugeordnet werden. Dazu dient das so genannte Grid, das Spots voneinander trennt und sie zuordnet. Zuerst wird ein Netz über das entsprechende Bild gelegt, das den Abmessungen der Spot-zu-Spot-Entfernungen entspricht. War dies erfolgreich, dann können die eigentlichen Spots erkannt und gegen den Hintergrund abgegrenzt werden. Eine farbige Abbildung ist auf der inneren Umschlagseite zu sehen.

kommt es aber vor, dass die Spots nicht vollkommen homogen sind oder dass gewisse Variationen in ihrer Größe auftreten. Das führt dazu (oder kann dazu führen), dass ein Teil des eigentlichen Hybridisierungssignals in den Bereich fällt, der dem Hintergrund zugewiesen wurde. Das wiederum führt zu einer ‚Überbewertung' des Hintergrunds und damit zu einer Verfälschung des Ergebnisses. Alternativ dazu besteht die Möglichkeit, einen größeren Bereich auszuwählen, der möglichst repräsentativ ist. Der Hintergrund in diesem gesamten Bereich wird summiert und das Mittel von jedem einzelnen Hybridisierungssignal subtrahiert. Der Vorteil liegt darin, dass lokale Probleme in der Spot-Zuordnung keine großen Einflüsse haben. Der Nachteil ist hingegen darin zu sehen, dass

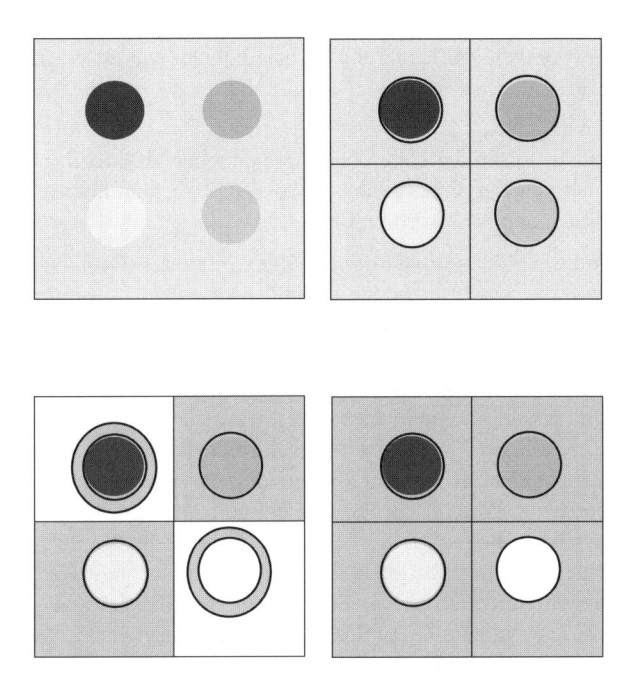

Abb. 4-17: Schematische Darstellung der Hintergrundskorrektur. Nach dem Auswählen der Spots können unterschiedliche Bereiche der Bilder als Hintergrund definiert werden. Entweder geschieht dieses durch eine Schale direkt um den Spot, der den gesamten ‚Nicht-Spot'-Bereich eines Segments abgrenzt, oder die Hintergründe verschiedener Segmente können zur Berechnung des lokalen Hintergrunds herangezogen werden. Jede dieser Methoden hat sowohl Vor- als auch Nachteile, sodass die Wahl des Verfahrens dem Experimentator obliegt. Eine farbige Abbildung ist auf der inneren Umschlagseite zu sehen.

auf lokale Unterschiede keinerlei Rücksicht genommen werden kann. Aus dem Gesagten kann leicht abgeleitet werden, dass es keinen Königsweg gibt, der alle Erfordernisse optimal bedient. Die Art und Weise der Hintergrundkorrektur hängt bis zu einem gewissen Grad vom Geschmack des Nutzers ab. Jedoch ist festzustellen, dass bei bestimmten Bedingungen jeweils eine der beiden Methoden entscheidende Vorteile hat. Je gleichmäßiger und ungestörter ein Hybridisierungsexperiment ist, desto besser ist es, die ‚globale Hintergrundsubtraktion' (Global background subtraction) zu verwenden. Auf der anderen Seite erfordert ein Hybridisierungssignal, das erkennbar stark schwankende Unterschiede im Hintergrund aufweist, die lokale Hintergrundkorrektur. Deshalb ist es vorteilhaft, wenn beide Optionen tatsächlich bestehen und der Experimentator auch mit beiden vertraut ist.

Nachdem die Hintergrundkorrektur erfolgt ist, wurden aus den Rohdaten Informationen extrahiert, die für weitere Analysen zur Verfügung stehen. In dieser Form sollten die Daten (ebenso wie die primären Rohdaten) unbedingt mit den Informationen, die entsprechend der MIAME-Checkliste erforderlich sind, gespeichert werden. Obwohl einige der durchgeführten Software-Bearbeitungen die Güte der Signale verbessert haben, ist das jetzt zur Verfügung stehende Signal in einem Punkt einer gewissen Subjektivität unterworfen. Diese Subjektivität äußert sich in der Stärke der Signale, die unter anderem von der Länge der Exposition abhängt. Um die Subjektivität aus dem Experiment zu entfernen, bietet sich die so genannte ‚Normalisierung' (Normalization) an. Dabei werden anstelle der jeweiligen Intensitäten normalisierte Werte erzeugt und miteinander verglichen. Die

Unterschiede in der Stärke der Hybridisierungssignale können wie im Folgenden aufgeführt verschiedene Ursachen haben:

- Variierende Mengen an RNA,
- unterschiedliche Effektivitäten der cDNA-Synthese oder der Markierung,
- Differenzen im eigentlichen Hybridisierungsprozess, und ‚last but not least'
- Unterschiede beim Scannen der Microarrays.

Das Normieren ist für die Identifizierung differentiell exprimierter Gene nicht unbedingt erforderlich, erleichtert diesen Prozess allerdings und ist auch sehr hilfreich, wenn Ergebnisse aus unterschiedlichen Experimenten miteinander verglichen werden sollen. Es gibt verschiedene Methoden, um diese Normalisierung zu erreichen. Die Normalisierung ist in vielen Bereichen der Biochemie ein sehr oft verwendetes Hilfsmittel. Das bekannteste und am häufigsten angewandte Beispiel erzeugt eine Beziehung zu einem Maximalwert (als %), was eine einfache Interpretation für alle Beteiligten ermöglicht. Im Falle der Normalisierung von Microarray-Experimenten lassen sich zwei Vorgehensweisen unterscheiden. Zum einen können alle Werte in Beziehung zu einem einzelnen Wert (oder einer Kohorte von Werten) gesetzt werden, und zum anderen kann jeder Wert als Teil der Gesamtsumme aller Werte betrachtet werden. Beide Formen der Normalisierung sind zulässig, haben jedoch unterschiedliche Implikationen sowie Vor- und Nachteile. Die erste der genannten Normalisierungsmethoden ist sicherlich die Einfachere. Hierbei sind zwei Vorgehensweisen zu unterscheiden. Erstens, es wird eine Gruppe von so genannten ‚House-keeping'-Genen als Kontrollgruppe verwendet, da angenommen wird, dass sich deren relative Expressionsstärke zwischen den zu untersuchenden Proben nicht oder nur unwesentlich ändert. Im zweiten Fall werden alternativ Proben verwendet, die von vollkommen anderen Organismen stammen (z.B. bakterielle Gene auf einem Maus-Biochip). Die Verwendung von House-keeping-Genen hat den Vorteil, dass keine weiteren RNAs zur eigentlichen Probe hinzugegeben werden müssen, und dass die Durchführung als relativ einfach zu bezeichnen ist. Als Nachteil hat sich allerdings erwiesen, dass nicht unter allen Bedingungen sichergestellt ist, dass die relativen Expressionsraten dieser Gene konstant bleiben. In diesem Fall hat man sich ungewollt und oft unerkannt erhebliche Probleme eingehandelt. Die Verwendung heterologer Proben ist auf den ersten Blick verlockend, hat allerdings auch einige Nachteile. Erstens muss gewährleistet sein, dass die zugefügte (spiked) RNA immer in gleicher Qualität zur Verfügung steht, und zweitens müssen die für die Sondensynthese eingesetzten Mengen peinlichst genau eingehalten werden. Beides ist nicht immer einfach einzuhalten. Dennoch ist diese Form der Normalisierung durchaus zu erwägen. Neben den beiden beschriebenen Ansätzen kann die Normalisierung auch auf vollkommen anderem Wege erfolgen, unabhängig von exogener DNA, ja sogar unabhängig von jeglicher Information bezüglich der Natur der einzelnen deponierten DNAs. Die Methode basiert auf der Tatsache, dass in einer definierten Menge mRNA relative Verschiebungen in der Abundanz einzelner Transkripte möglich sind, wobei aber die Gesamtmenge (und damit auch das Gesamthybridisierungssignal) logischerweise nicht variiert. Diese Annahme ist allerdings nur dann gerechtfertigt, wenn ein repräsentatives oder nahezu vollständiges Set an Genen auf dem entsprechenden Microarray repräsentiert ist. Wenn dies nicht der Fall ist (bei Microarrays, die auf bestimmte Fragestellungen fokussiert sind, wie z.B. ein bestimmter Signaltransduktions-Biochip mit 100 Genen), kann es passieren, dass quantitativ entscheidende Fluktuationen nicht auf dem Chip repräsentiert sind, was zu einer verfälschten Normalisierung führt. Die für diese Art der Normalisierung gebräuchlichen Algorithmen basieren auf sehr ähnlichen Grundlagen. Das einzelne Hybridisierungssignal wird in Beziehung zur Summe aller gemessenen Hybridisierungssignale gesetzt. Die genaue Art und Weise, wie dieses passieren kann, variiert, führt im Allgemeinen zu sehr ähnlichen Ergebnissen.

4.3.5 Vergleich von Expressionsdaten

Der nächste Schritt bei der Auswertung ist für die meisten Experimentatoren auch der entscheidende. Hierbei handelt es sich um den Vergleich zweier Hybridisierungsexperimente. Welche Gene werden in entarteten Geweben in ihrer Expression reguliert und welche Gene werden durch die Behandlung mit bestimmten Pharmaka induziert? Das sind Kernfragen, die hinter den allermeisten DNA-Microarray Analysen stehen. Um dies zu ermöglichen, kann der Koeffizient der zu vergleichenden Fluoreszenzsignale ermittelt werden. Der dabei einfachste und anschaulichste Weg ist die Überlagerung der erhaltenen Hybridisierungssignale. Hierzu ist keinerlei komplexe Software erforderlich. Die Intensitätsdaten werden in Fehlfarben dargestellt (rot und grün), was eine Auswertung ermöglicht. Die genaue Überlagerung der ‚roten' und der ‚grünen' Signale eröffnet die Möglichkeit, differentielle Expressionen auf den ersten Blick zu sehen. Gleich intensive rote und grüne Signale ergeben gelbe Signale und repräsentieren demnach Gene, die in beiden Ansätzen gleiche Expressionsquantitäten aufweisen. Sind eher rote oder grüne Signale vorhanden, dann deuten diese auf eine deutlich stärkere Expression in der einen bzw. der anderen Probe hin (Abb. 4-18). Diese visuelle Inspektion kann sehr hilfreich sein und zeigt sehr schnell interessante Ergebnisse an.

Um die Auswertung auf eine quantitative Basis zu stellen, lassen sich im einfachen Fall Quotienten aus den ermittelten Fluoreszenzintensitäten korrespondierender Spots ermitteln. Eine Visualisierung ist auch in diesem Fall möglich. Dabei werden einfach die erhaltenen Fluoreszenzintensitäten beider Kanäle gegeneinander aufgetragen. Von der Annahme ausgehend, dass die meisten Gene keine großen Fluktuationen in der relativen Fluoreszenz aufweisen, sollten die meisten Punkte auf einer Geraden liegen. Idealerweise ist diese Gerade als Winkelhalbierende in Form des ‚scattered blots' dargestellt. Ein Zustand, der leicht durch die oben beschriebenen Normierungsprozeduren erreicht werden kann. Punkte, deren Position stark von dieser Gerade abweichen repräsentieren Gene, die offensichtlich eine entsprechend differentielle Expression aufweisen (Abb. 4-19). Bei der Analyse der hier ermittelten Quotienten sollten einige Aspekte bedacht werden. Durch die Ermittlung des Quotienten gehen einige Informationen verloren, die das Hybridisierungsexperiment

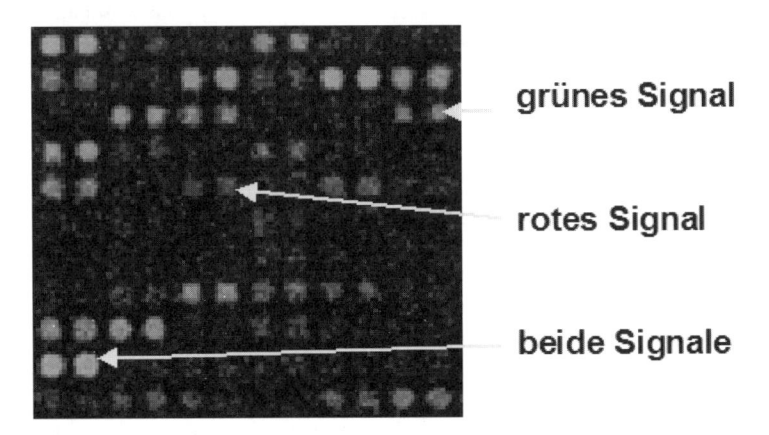

Abb. 4-18: Beispiel eines DNA-Microarrys. Es wurden zwei Proben hybridisiert, die mit unterschiedlichen Fluoreszenzfarbstoffen (Cy3 = rot, Cy5 = grün) markiert wurden. Eine farbige Abbildung ist auf der inneren Umschlagseite zu sehen.

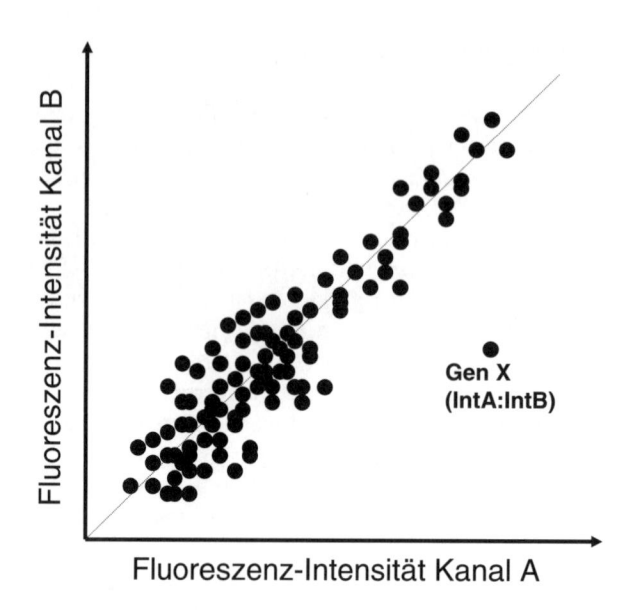

Abb. 4-19: Beispiel eines Scatter-Plots. Mithilfe des Scatter-Plots können einfache Vergleiche der Transkriptionsraten zweier Proben dargestellt werden. Die gemessenen Fluoreszenzsignale beider Proben werden gegeneinander aufgetragen. Bei gleicher Signalstärke liegen die Punkte auf der Winkelhalbierenden. Diejenigen Punkte, die eine entsprechende Abweichung zeigen, gelten als differentiell exprimiert (transkribiert).

liefern kann. Die relativen Signalstärken sind nach der Bildung des Quotienten natürlich nicht mehr verfügbar, können aber für einige Aspekte von ganz entscheidender Bedeutung sein.

Die hier bereits beschriebenen und im Folgenden noch zu beschreibenden Formen der Analyse und Auswertung der Primärdaten, die vom DNA-Microarray ausgelesen wurden, ermöglichen es zwar auch ‚nicht optimale' Microarrays auszuwerten, sollten den Experimentator allerdings nicht davon abhalten, die notwendige Sorgfalt während der Durchführung der Hybridisierungsexperimente walten zu lassen. Saubere Microarrays, ohne übermäßigen Hintergrund mit gleichmäßigen Signalen sind durch keine Nachbehandlung zu ersetzen, sei sie auch noch so ‚sophisticated'.

4.3.6 Weitergehende Analyse

Im bisherigen Verlauf haben wir uns mit den ‚Basics' der DNA-Microarray Analyse befasst. Basierend auf den Rohdaten können Aussagen über absolute oder relative Expressionsstärken gemacht werden. Selbst der Vergleich der Expressionsstärken zweier Hybridisierungen ist auf dieser Basis nahe an den Rohdaten möglich. Die im Folgenden weitergehenden Analysen benötigen allerdings einen anderen Datensatz, der sich grundlegend von den Primärdaten unterscheidet. In diesem Datensatz wird jedem Gen, das auf dem Chip repräsentiert ist, ein bestimmter Zahlenwert, entsprechend dem gemessenen Fluoreszenzsignal, zugeordnet. Bei mehreren Hybridisierungen, die miteinander verglichen werden sollen, ergibt sich eine Matrix, in der die Spalten durch die zu analysierenden Gene und die Reihen durch die abgeleiteten Hybridisierungen repräsentiert sind (Abb. 4-20).

	Exp A	Exp B	Exp C
Gen 1	1,4	0,7	1
Gen 2	2,5	3,5	0,4
Gen 3	1	1	1
Gen 4	0,2	0,1	0,1
Gen 5	13	25	43

Abb. 4-20: Schematische Darstellung einer Matrix. Hierbei ist in der jeder Reihe ein bestimmtes Gen (z.B. Maus Alkoholdehydrogenase) aufgeführt. Jede Spalte entspricht einer bestimmten Versuchsbedingung (z.B. Mausleber nach Alkoholabusus). Die Ziffern stellen relative Fluoreszenz-Intensitäten dar.

4.3.6.1 Auswertung der ‚A versus B'-Konfiguration

Das Gros der DNA-Microarray-Untersuchungen kann allerdings mit den bisher beschriebenen Werkzeugen hinreichend gut ausgeführt werden. In der klassischen ‚A versus B'-Konfiguration reicht die Ermittlung der entsprechenden Koeffizienten aus, um die nötigen Schlüsse ziehen zu können. Es gibt allerdings auch eine ganze Reihe weiterer Experimente, die mit dieser Art der simplen Auswertung nicht zu bewältigen sind. Sie erfordern, je nachdem wie viele Proben miteinander verglichen werden sollen, eine ‚n-dimensionale' Auftragung. Da Grafiken mit mehr als zwei Achsen allerdings schnell vollkommen unanschaulich und ab der vierten Dimension auch kaum darstellbar sind, müssen alternative Formen der Darstellung gewählt werden. Die gesamte Komplexität, die hinter einem derartigen, multidimensionalen Ergebnis steht, lässt sich schwerlich auf herkömmliche Art darstellen (Abb. 4-21). Aus diesem Grund wird in nahezu allen gewählten Darstellungs- und Auswertungsformen lediglich eine Auswahl der Ergebnisse aufgezeigt. Eine der Hauptaufgaben der dafür erforderlichen Software ist das Herausfiltern der relevanten Informationen. Die Fragen, die sich der Experimentator dabei stellen sollte, sind: „Welche Informationen möchte ich tatsächlich erhalten und wie kann ich relevante von nicht-relevanten Informationen trennen?" Derartige Betrachtungen sollten natürlich immer am Beginn der Planung eines Experiments stehen, denn die Wahl der zu analysierenden Proben bestimmt oft schon die Möglichkeiten, die sich im Rahmen der Auswertung ergeben.

Welche Form von Experimenten erfordert eine derart komplizierte Auswertung? Ein nahezu als klassisch zu bezeichnendes Beispiel ist die Transkriptomanalyse verschiedener Entwicklungssta-

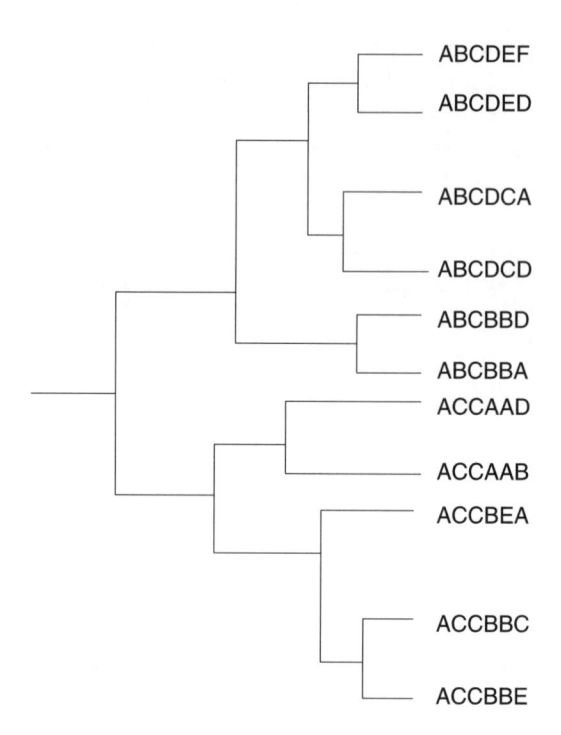

```
                    ┌─── ABCDEF
                ┌───┤
                │   └─── ABCDED
            ┌───┤
            │   │   ┌─── ABCDCA
            │   └───┤
        ┌───┤       └─── ABCDCD
        │   │
        │   │   ┌─── ABCBBD
        │   └───┤
    ┌───┤       └─── ABCBBA
    │   │
    │   │       ┌─── ACCAAD
    │   │   ┌───┤
────┤   └───┤   └─── ACCAAB
    │       │
    │       └─────── ACCBEA
    │
    │           ┌─── ACCBBC
    └───────────┤
                └─── ACCBBE
```

Abb. 4-21: Microarray-Transkriptionsanalysen. Um komplexere Transkriptionsanalysen darzustellen und auszuwerten sind entsprechende Algorithmen erforderlich. Komplexe Analysen sind notwendig, wenn mehr als zwei Proben miteinander verglichen werden. Derartige Experimente sind natürlich nicht mehr in Form eines Scatter-Plots darzustellen, da drei-, vier- oder mehrdimensionale Darstellungen kaum möglich sind. Mithilfe von Stammbaumanalysen, wie sie bei der Ermittlung von Verwandtschaftsgraden (entweder durch morphologisch determinierte Parameter oder durch DNA-Sequenzen) Anwendung findet, können DNA-Populationen (Gene), die einen ähnlichen Verlauf zeigen, ‚geclustered' werden. Eine allgemein einzusetzende Methode, um Gemeinsamkeiten heraus zu arbeiten. In dieser schematischen Darstellung liegen die Gemeinsamkeiten in der Abfolge der Buchstaben. Diese Buchstaben können z.B. relative Expressionsstärken oder auch simple Sequenzen sein.

dien eines Organismus, sei es z.B. die Maus oder die Fliege. Wie wirkt ein Pharmakon auf das Expressionsmuster einer Zelllinie? Dieses wird allerdings nicht in einer ‚A versus B'-Konfiguration, sondern zu unterschiedlichen Zeitpunkten oder mit unterschiedlichen Konzentrationen der zu untersuchenden Substanz durchgeführt. Je feiner die Aufteilung, desto größer ist die Anzahl der miteinander zu vergleichenden Proben. Das erhöht den Komplexitätsgrad der Analyse, ermöglicht aber auf der anderen Seite eine dementsprechend höhere Informationsdichte, die aus den Experimenten zu gewinnen ist.

4.3.6.2 Heat-Map-Auswertung

Was der Experimentator als aller Erstes wissen möchte, ist die Korrelationen im Expressionsverhalten verschiedener Gene, die in dem entsprechenden Experiment abgegriffen werden. Zu diesen Korrelationen gehören gleichsinnige aber auch gegensinnige Expressionsverläufe. Es können allerdings auch etwas schwerer zu fassende (z.B. zeitlich verschobene) Verläufe auftreten. Es hängt

Versuchsbedingung

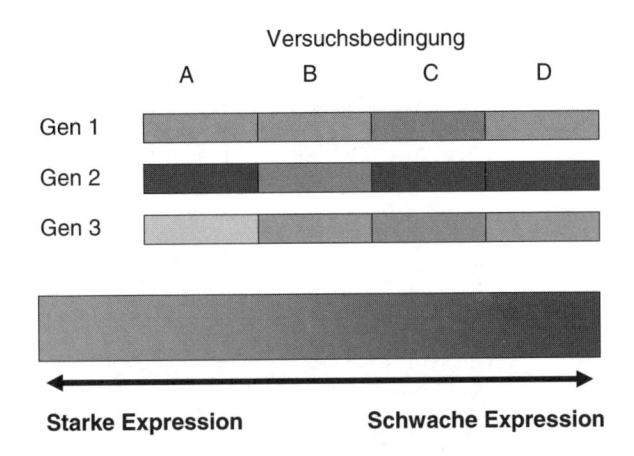

```
         A      B      C      D
Gen 1  [====================]
Gen 2  [====================]
Gen 3  [====================]

       [====================]
       ←──────────────────→
       Starke Expression   Schwache Expression
```

Abb. 4-22: Die Heat-Map. Eine alternative und sehr intuitive Darstellung relativer Expressionsstärken erfolgt mithilfe der so genannten ‚Heat-Map'. Hierbei werden relative Transkriptmengen in verschiedenen Farben dargestellt (Sehr grün, sehr hohe Expression, dunkelblaue Farbe, sehr geringe Expression). Auf diese Weise können unterschiedliche Expressionsstärken sehr schnell und anschaulich dargestellt und erfasst werden. Schematisch dargestellt sind die relativen Expressionsstärken dreier Gene, die unter vier unterschiedlichen Bedingungen gemessen wurden. Eine farbige Abbildung ist auf der inneren Umschlagseite zu sehen.

sowohl von der zur Verfügung stehenden Software als auch von den Fragen und den Fähigkeiten des Experimentators ab, diese unterschiedlichen Korrelationen aufzuspüren und sie entsprechend darzustellen. Es gibt eine sehr einfache und intuitive Darstellung, die häufig gewählt wird. In dieser Darstellung werden die Expressionsdaten farbkodiert als so genannte ‚Heat map' dargestellt (Abb. 4-22). Die intensiver werdenden Rottöne stellen eine entsprechende Steigerung der Expressionsstärke dar. Die intensiver werdenden Grüntöne eine korrespondierende Abnahme der Expressionsstärke. Werden die unterschiedlichen Experimente in Form der farbigen Balken dargestellt, kann der Verlauf der Expressionsentwicklung auf einen Blick überschaut werden. Von Bedeutung sind oft Gene, die ein ähnliches Regulationsmuster unabhängig von der Stärke der eigentlichen Signale aufweisen. In diesem Fall werden so genannte ‚Synexpressions-Gruppen' gesucht, die sich durch eben diese ähnlichen Expressionskinetiken auszeichnen. Allgemeiner ausgedrückt heißt das, man sucht nach Gemeinsamkeiten im Expressionsverlauf.

4.3.6.3 Stammbaum (Cluster)-Analyse

Die wohl gebräuchlichste Methode in diesem Zusammenhang ist die so genannte Stammbaum- oder ‚Cluster'-Analyse. Im Rahmen einer Cluster-Analyse werden diejenigen Gene, die einen sehr ähnlichen Expressionsverlauf zeigen, in direkte Nachbarschaft zueinander gebracht. Das ermöglicht es verwandte Expressionsmuster, unabhängig von ihrem eigentlichen Verlauf, auf einen Blick wahrzunehmen. Cluster-Analysen werden schon seit geraumer Zeit für den Vergleich von Sequenzdaten oder anderer Parameter im Rahmen der Verwandschaftsanalyse genutzt. Der Stammbaum einer Genfamilie oder der abgeleitete Stammbaum einer Tiergruppe haben exakt den gleichen Aufbau wie ein entsprechender Expressionsprofil-Stammbaum. Bei all diesen Beispielen sind die dahinter verborgenen Algorithmen identisch. Aus diesem Grund haben alle diese Bäume ein sehr ähnliches Aussehen (Abb. 4-21 und 4-23). Die Anwendung der Cluster-Analyse für die multidimensionale Auswertung und Darstellung von Expressionsprofil-Daten ist seit den späten 90er

>6X <0.15X

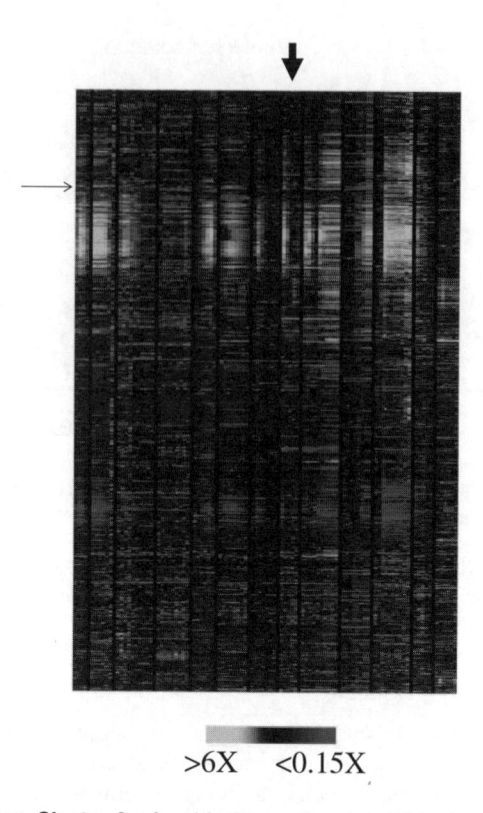

Abb. 4-23: Darstellung einer ‚Cluster-Analyse' in Form einer modifizierten Heat-Map. Die schon eingeführte Heat-Map kann auch dazu verwendet werden, um die in der vorherigen Abbildung dargestellten Gemeinsamkeiten im Expressionsverlauf darzustellen, der bei komplexen Experimenten auftritt. Hier steht grün für eine Steigerung, Rot für eine Verminderung der Expression. Mithilfe dieser Darstellung lassen sich große Datensätze leicht überschauen. In diesem Fall handelt es sich um eine sehr komplexe Darstellung, in der das Expressionsmuster eines Großteils der Gene der Hefe unter verschiedenen Wachstumsbedingungen dargestellt ist. Der kleine Pfeil deutet auf eine Spur eines Gens hin, der Breite auf eine Gruppe von Versuchsbedingungen. Eine farbige Abbildung ist auf der inneren Umschlagseite zu sehen.

Jahren des letzten Jahrhunderts bekannt. Die eigentliche Cluster-Analyse kann entweder einem hierarchischen oder einem nicht-hierarchischem Algorithmus folgen. Beim hierarchischen Algorithmus steht eine Zielgruppe im Vordergrund, die ein ähnliches Expressionsmuster aufweist. Darauf basierend wird der Stammbaum sequentiell erzeugt. Die nicht-hierarchische Analyse bedient sich einer anderen Vorgehensweise. In einem zu wiederholenden Prozess, bei welchem die Ergebnisse der ersten Berechnung die Grundlage für die zweite Berechnung liefern (usw.), werden die Verwandtschaften aller Genexpressionsmuster untereinander analysiert und dann entsprechend in einem Stammbaum dargestellt.

Durch die Stammbaumanalyse erhält der Experimentator ein Set von Expressionsmustern, die jeweils gleiche oder doch sehr ähnliche Verläufe zeigen. Am einfachsten und anschaulichsten lassen sich derartige Gruppen in der oben schon angesprochenen ‚Heat map' oder aber in Form der so genannten ‚Self organizing map' (SOM) darstellen. In dieser zweidimensionalen Darstellung werden die Expressionsverläufe in Form einer XY-Grafik definiert, wobei auf der X-Achse

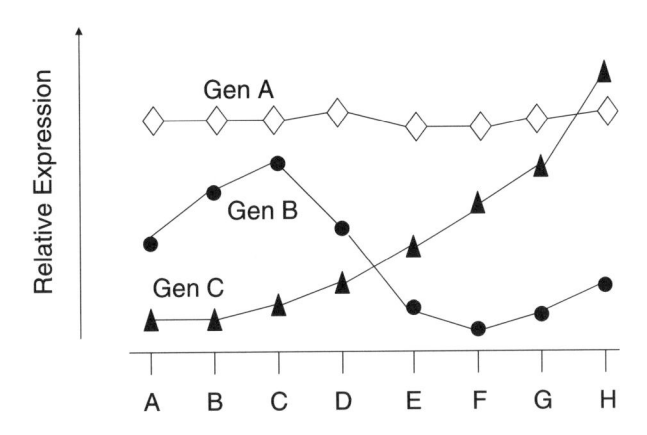

Abb. 4-24: Darstellung multipler Experimente. Um die Expressionsdaten aus mehreren Experimenten anschaulich zu machen, besteht die Möglichkeit der Darstellung in Form einer X-Y-Graphik. Dabei entspricht der Y-Wert der Expressionsstärke, der X-Wert (in diesem Fall A-H) dem Hybridisierungsexperiment. Dargestellt ist der schematische Expressionsverlauf dreier Gene. Durch diese Darstellung lassen sich Gruppen von Genen identifizieren, die einen ähnlichen Expressionsverlauf zeigen.

die Expressionsstärke und auf der Y-Achse die jeweiligen, verschiedenen Experimente aufgeführt sind (Abb. 4-24). Besonders intuitiv ist diese Darstellungsform dann, wenn die unterschiedlichen Experimente variierenden Zeitpunkten entsprechen. Diese Art der Darstellung, die eine derartige Abhängigkeit impliziert, ist wiederum umso vorsichtiger zu verwenden, falls auf der Y-Achse verschiedene Gewebe wie z.B. Hirn, Muskel oder Leber repräsentiert sind. Der ganz entscheidende Vorteil dieser Darstellungsart ergibt sich für den geübten Beobachter, wenn es nicht darum geht Cluster sehr ähnlicher Expressionsverläufe zu identifizieren, sondern wenn es darum geht unterschiedliche Typen von Expressionsverläufen miteinander in Verbindung zu bringen. Das ist dann besonders sinnvoll, wenn gegenläufige oder zeitlich versetzte Expressionsverläufe identifiziert werden sollen. Beides kann für den Erkenntnisgewinn von ganz entscheidender Bedeutung sein. Eine gegenläufige Regulierung kann zum Verständnis komplexer phänotypischer Erscheinungen beitragen, indem das gesamte Repertoire der jeweiligen hoch- und herunter-regulierten Gene sichtbar wird. Ähnlich relevant kann die Identifizierung zeitlich versetzter Verläufe sein. Diejenigen Gene, die ein Expressionsmaximum aufweisen, das möglichst früh oder bei einer sehr geringen Konzentration auftritt, können in einer hierarchischen Abfolge der Expressionsereignisse von besonderer Bedeutung sein, da es sich um die ersten in einer Signalkette auftretenden Ereignisse handeln könnte.

Es gibt noch eine Reihe weiterer Informationen, die man gerne aus den entsprechenden Experimenten extrahieren möchte. Dazu gehört die Beeinflussung komplexer miteinander gekoppelter und miteinander kommunizierender Netzwerke von Genen bzw. Genprodukten. Besonders gut untersuchte und gerne herangezogene Beispiele sind die klassischen ‚Biochemical pathways' und Signaltransduktionsketten, wie sie z.B. bei der Aktivierung von T-Zellen zu beobachten sind. In diesem Zusammenhang möchte der neugierige Experimentator vielleicht wissen, ob Regulation auf Expressionsniveau mehrere, in einem derartigen ‚Pathway' organisierte Gene (Genprodukte) beeinflusst oder ob lediglich Hauptsteuerungsinstanzen von dieser Regulation betroffen sind. Um die regulierenden bzw. regulierten Komponenten genau kenntlich zu machen, und sich deren Bedeutung bzw. der Bedeutung der Regulation vor Augen zu führen, werden die entsprechenden

Pathways mit den jeweiligen, farbkodierten Expressionsänderungen unterlegt. Auf diese sehr anschauliche Art kann sich wiederum der gewogene Experimentator ausrechnen, welchen Effekt die Summe der beobachteten Expressionsänderungen auf die ‚Performance' des gesamten Netzwerks hat. Kommt es zu einer Steigerung des gesamten Signalwegs? Wird der Signalweg geschwächt oder gestärkt? Wie ist das Design der Regulation? Gerade die letzte Frage und natürlich deren experimentelle Beantwortung ermöglicht uns erleuchtende Einblicke in grundlegende Regulationsmechanismen, die den jeweiligen Signalketten unterliegen. Eines der ambitioniertesten Ziele, die wir mit derart einfachen Untersuchungen erreichen können.

4.4 Zusätzliches Labor-Equipment und Laboranforderungen für die Microarray-Applikation

H.-J. Müller

In einem vollausgestatteten molekularbiologischen Labor befindet sich in der Regel alles, was sich auch für die Microarray-Experimente verwenden lässt. Neben den PCR-Cyclern, Wasserbädern, Filmkassetten, Inkubatoren, Wärmeblöcken und Zentrifugen können aber speziell für die Microarray-Applikation entwickelte Verbrauchsmaterialien und Laborgeräte herangezogen werden, die dem Experimentator die Arbeit etwas erleichtern. Eine große Auswahl verschiedener Produkte, die auf die Microarray-Experimente ausgerichtet sind, lässt sich aus dem Internet heraussuchen. Eine gute Adresse als ‚kommerzieller' Startpunkt ist die Web-Seite von TeleChem Arrayit.com (www.arrayit.com).

4.4.1 Verbrauchsmaterial

Das kostenintensivste Verbrauchsmaterial bei einem Microarray-Experiment wird durch die kommerziell erworbenen Biochip-Substrate repräsentiert. Ein Aldehyd-beschichteter Glasobjekt-Biochip kostet zwischen zehn und 20 Euro. Bei einem umfassenden Microarray-Experiment werden sehr schnell 100 oder mehr Biochip-Substrate verwendet, weshalb die Kosten nicht zu vernachlässigen sind. Ein weiterer nicht unwesentlicher Kostenfaktor stellen die Spotter-Nadeln (Pins) dar. Eine 50 µm Durchmesser ‚Stealth-Pin' schlägt mit schlappen 350 Euro zu Buche, falls wir den ‚Printhead' des Spotters etwas zu schnell und kraftvoll auf die Biochip-Oberfläche gesenkt haben. Es ist nicht selten, dass ein Set aus acht, 16 oder mehr Pins durch eine Unachtsamkeit auf einmal wie Angelhaken aussehen, und das Budget mit mehreren Tausend Euro geschmälert wird. Auch wenn die Nadeln sehr geschont werden, muss irgendwann der Austausch erfolgen, da der permanente Gebrauch sowie die häufige Inkubation in den verschiedenen Pufferlösungen ihre Spuren hinterlassen.

Andere Verbrauchsmaterialien sind durch die Fluoreszenz-markierten Nucleotide, Microarray-Puffer, allgemeinen molekularbiologischen Reagenzien und Plastikmaterialien charakterisiert, die je nach Bedarf gekauft und eingesetzt werden.

4.4.2 Weitere hilfreiche Laborgeräte

Verschiedene im Folgenden aufgeführte Laborgeräte, die für die Microarray-Experimente hilfreich sind, aber die nicht zum allgemeinen Inventar eines molekularbiologischen und proteinchemischen Labors gehören, sollten gegebenenfalls angeschafft werden:

- Zentrifuge für Glasobjekt-Biochip
- Temperierte Inkubationskammer für Glasobjekt-Biochip
- Ultraschallbad
- Vakuum-Versiegelungseinrichtung etc.

Das Ergebnis eines Microarray-Experimentes fällt und steigt mit der Qualität der eingesetzten Verbrauchsmaterialien, dem Equipment, und selbstverständlich unter den Qualitätsbedingungen innerhalb des gesamten Microarray-Laboratoriums. Vernünftige Qualitätsbedingungen erhält man nur in einem abgeschlossenen und für das Microarray-Experiment eingerichteten Reinraum. Hierfür müssen strikte Richtlinien und Normen eingehalten werden, damit eine definierte und qualitative Umgebungsbedingung geschaffen werden kann.

4.5 Reinraum-Technologie

Jeder von uns hat schon mal die Bilder aus einem Reinraum der Microchip-Technologie gesehen. Da laufen meist weiß oder grün von Kopf-bis-Fuß bekleidete Personen herum, die weiterhin noch mit einem Mundschutz und einer übergroßen Schutzbrille bedeckt sind, sodass der reinlichkeitsversierte Experimentator mit Neid auf diesen ‚attraktiven' Arbeitsplatz schaut. Diese Reinheitsanforderungen an den jeweiligen Arbeitsplatz sind mit Sicherheit für die pharmazeutische und Mikroelektronik-Industrie notwendig, aber für unsere Microarray-Applikationen können wir ein paar Qualitätsstufen heruntergehen. Dennoch, die Microarray-Technologie ist mit Bezug auf einen gehobenen Qualitätsstandard ohne die Kombination mit der Reinraum-Technologie nicht mehr denkbar. Die Anforderungen an die Produktqualität und somit an die Produktionsbedingungen steigen permanent, weshalb sowohl die Produktion als auch die Forschung und Entwicklung unter reinen Umgebungsbedingungen durchzuführen ist. Schon kleinste Verunreinigungen können hohe Ausschussraten bei der Microarray-Applikation hervorrufen. Der Einsatz der Reinraumtechnik wird die Umgebungseinflüsse derart regulieren, dass eine kostenoptimierte Produktion mit einem Maximum an Produktausbeute erreicht wird. Im Falle der Forschungsinstitute wird die Reinraum-Technologie dazu beitragen, dass das Auftreten partikelbedingter Artefakte minimiert bzw. eliminiert wird, und dass die Reproduzierbarkeit der einzelnen Forschungsvorhaben erhöht werden kann. Die Anforderungen an die Reinräume sind selbstverständlich von der Notwendigkeit der einzelnen Fragestellung abhängig, wobei nicht jedes Microarray-Labor den sehr hohen Reinheitsstandard der pharmazeutischen Industrie kopieren muss. Bei der pharmazeutischen Industrie entsprechen die Reinraum-Bedingungen den höchsten internationalen Standards, welche nicht nur die weiter unten beschriebenen VDI und ISO-Richtlinien unterliegen, sondern auch GMP, GLP und ggf. FDA (Federal Drug Administration)-Standards folgen. Die kommerziellen Microarray-Unternehmen stehen diesen hohen Qualitätsstandards in der Regel in Nichts nach, da sie sowohl Lieferant als auch Dienstleister für BigPharma sein können. Im Falle universitärer Forschungslaboratorien ist die Verwendung von Reinraum-Technologie häufig noch nicht bis zu einem befriedigendem Maße hinsichtlich der Microarray-Applikationen erfüllt, bzw. es existiert weder eine Reinraumzelle noch eine reine Microarray-Arbeitszone, die die Partikelemission kontrolliert.

4.5.1 Reinheitsklassen

Die Aufgabe der Reinraumtechnik besteht darin, dass das entstehende Produkt und/oder der Experimentator vor Verschmutzungen sowie Kontaminationen geschützt wird. Dieses geschieht im Prinzip dadurch, dass die Luftpartikel auf ein erforderliches Maß reduziert werden. Diese Reduktion ist durch Hochleistungs-Schwebstofffilter zu erreichen. Als Luftpartikel gelten unter anderem Staub, Mikroorganismen, Haare und Metallabriebe, wobei die Partikelkonzentration in einem bestimmten Luftvolumen als Partikelemission bezeichnet wird. Die Reinraumgüte wird nach internationalen Standards (VDI 2083, ISO EN 14644-1, US-Federal Standard 209) definiert (Tab. 4-3). Hierbei werden verschiedene Reinheitsklassen unterteilt, die die maximale Anzahl der erlaubten Partikelkonzentrationen beschreiben. In Tabelle 4-4 ist eine Gegenüberstellung der einzelnen Reinheitsklassen aufgeführt. Generell wird pro Reinheitsklasse die maximale Partikelanzahl hinsichtlich der Partikelgröße und pro Luftvolumen definiert. In der VDI 2083-Richtlinie wird bei einer Reinheitsklasse 2 die Partikelanzahl (Partikelgröße $\geq 1{,}0\,\mu m$ innerhalb eines Kubikmeters Reinluft auf 100 Partikel/m^3 beschränkt. Im US-Federal Standard 209 sind die Reinheitsklassen pro Kubikfuß Reinluft bei einer Partikelgröße von $\geq 0{,}5\,\mu m$ aufgeteilt, wobei hier die Reinheitsklasse 10 der VDI 2083-Reinheitsklasse 2 weitestgehend entspricht. Im Allgemeinen werden für die kommerziellen Microarray-Applikationen Reinräume der Reinheitsklassen 3 oder 4 nach ISO EN 14644-1 bzw. ‚Class 100' oder ‚Class 1000' nach US-Federal Standard 209 benötigt. Universitäre Forschungslaboratorien sollten ebenfalls zumindest die Reinheitsklasse 4 anstreben, aber letztendlich müssen die räumlichen und finanziellen Möglichkeiten im Verhältnis stehen, um das erforderliche Reinraum-System zu integrieren.

Tabelle 4-3: Normen, Arbeitsstättenverordnungen und Richtlinien für die Reinraum-Technologie. Es werden hier einige der DIN-Normen, Arbeitsstättenverordnungen (ASR) und VDI-Richtlinien aufgeführt, die hinsichtlich des Baus und der Abnahme von Reinräumen zu beachten sind.

Norm und Richtlinie	Beschreibung
ASR 5	Lüftung
ASR 6/1	Raumtemperaturen
ASR 7/3	Künstliche Beleuchtung
ASR 43/ 1-5	Umkleideräume
DIN 1946	Raumlufttechnik
DIN 5053, Blatt 1 und 2	Beleuchtungsstärke
DIN 7168	Allgemeine Toleranzen
DIN 33 403	Klima am Arbeitsplatz
DIN EN ISO 14 644	Ersetzt seit 2002 den US-Federal Standard 209 E
VDI 2051	Laboratoriums-Lufttechnik
VDI 2079	Abnahmeprüfung und Leistungsmessung
VDI 2080	Umluft-Geschwindigkeitsmessung
VDI 2081	Lärmminderung
VDI 2083	Reinraumtechnik
VDI 3489 und 3491	Messung von Partikeln
VDI 3803	Anforderungen und Raumlufttechnische Anlagen

Tabelle 4-4: Gegenüberstellung der internationalen Reinheitsklassen. Die einzelnen Reinheitsklassen können nur annähernd gegenüber gestellt werden, da z.B. bei den VDI 2083-Richtlinien die Partikelgröße auf 1,0 μm definiert ist, wohingegen bei den US-Federal Standard 209 E die Partikelgröße auf 0,5 μm begrenzt wurde.

ISO EN 14644-1	VDI 2083	US-Federal Standard 209 E	GMP
Klasse 1			
Klasse 2			
Klasse 3			
Klasse 4	1	1	
Klasse 5	2	10	
Klasse 6	3	100	A + B
Klasse 7	4	1.000	
Klasse 8	5	10.000	C
Klasse 9	6	100.000	D

4.5.2 Reinraum-Systeme

Es gibt für jede Reinraum-Anforderung ein entsprechendes Reinraum-System, da nicht jeder Experimentator den gleichen Qualitätsstandard befolgen muss. Man kann sich mit Bezug auf die vorhandenen Räumlichkeiten und dem zur Verfügung stehendem Budget ein ausreichendes Reinraum-System nach Wünschen anpassen lassen. Generell wird zwischen drei verschiedenen Systemen unterschieden:

- Konventioneller separater Reinraum, bei welchem das Gebäude direkt in die Planung mit einbezogen werden muss.
- Raum-in-Raum-System, bei welchem ein abgeschlossenes Reinraummodul in einen bestehenden größeren Raum integriert wurde.
- Reine Arbeitszonen, bei welchen unter Verwendung einer Hood oder Clean-Bench sowie einer gefilterten Luftzufuhr gearbeitet werden kann.

Nach der Arbeitsstätten-Verordnung müssen Arbeitsräume lichte Raumhöhen von mindestens 2,7 m ($< 30\,m^2$), 3,0 m ($> 30\,m^2$) oder mindestens 3,5 m ($> 1.500\,m^2$) aufweisen, sodass für manche Reinraum-Konzepte innerhalb eines Gebäudes nicht immer die benötigte Deckenhöhe zur Verfügung steht. Sind aber die räumlichen Anforderungen erfüllt, dann ist egal, welches Reinraum-System gewählt wird, solange darauf geachtet wird, dass Umrüst- und Erweiterungsarbeiten mit einem geringen Zeit- und Kostenaufwand durchgeführt werden können.

In einem Reinraum-System besteht die hauptsächliche Anforderung darin, dass die Partikelkonzentration auf das erforderliche Maß reduziert bzw. gehalten wird. Hierfür ist es unabdingbar, dass potenzielle Kontaminationsquellen von vornherein erkannt und eliminiert werden. Die größte Kontaminationsquelle ist der Experimentator, weshalb ein reinraumgerechtes Verhalten sowie geeignete Schutzkleidung zwingend erforderlich sind. Unser Körper kann innerhalb einer Stunde bis zu einer Million Partikel abgeben, die in den Größenbereich von wenigen Mikrometern bis hin zu langen Haaren und augenfälligen Hautschuppen etc. reichen. Einmal Niessen bedeutet, dass zehn Kubikmeter Reinraumluft verunreinigt werden. Ein Mundschutz ist somit nicht nur eine sinnlose Maskierung. Die Reduzierung der Partikelkonzentration geschieht durch Hochleistungs-Schwebefilter, welche die Raumluft regelmäßig filtriert und erneuert. Als Filter-Systeme wurden die HEPA (High efficiency particulate air)-Filter sehr häufig eingesetzt, werden aber durch die

ULPA (Ultra high efficiency particulate air)-Filter nach und nach ersetzt. Die HEPA-Filter haben bei Partikelgrößen $\geq 0,3\,\mu m$ eine Filtereffektivität von 99,97%. Das bedeutet, dass von 100.000 Partikeln nur 30 Partikel der entsprechenden Größe nicht herausgefiltert werden. Bei den ULPA-Filtern ist die Effektivität auf 99,999% sogar bei Partikelgrößen $\geq 0,1\,\mu m$ derart erhöht, dass nur ein Partikel von 100.000 nicht herausgefiltert wird. Welcher Filter auch benutzt wird, es muss ein bestimmtes Verhältnis zwischen Abluft- und Zuluftmengen eingehalten werden, wobei eine Zuluftgeschwindigkeit von 0,3 bis 0,45 m/s erreicht werden sollte. Weiterhin ist eine Kontrolle über die Temperatur und der Luftfeuchtigkeit essentiell. Dieses wiederum erfordert ein notwendiges Minimum der Außenluftmenge und eine maximale Temperaturspreizung (ca. 11 °C) zwischen Klima und Umluft. Die relative Luftfeuchtigkeit der Microarray-Reinräume sollte bei 40 % ± 5 %) und die Raumtemperatur bei 20 °C liegen. Weitere Punkte, die per Richtlinie und Norm geregelt werden, sind für die künstliche Beleuchtung und dem Lärmschutz einzuhalten. Auch hier müssen bestimmte Voraussetzungen getroffen werden, die sowohl den Richtlinien als auch den Microarray-Anwendungen gerecht werden.

Der Innenausbau eines Reinraums muss ebenfalls diversen Normen und Richtlinien folgen. Der Bodenbelag muss glatt, nahtlos verschweißt, verklebt und mindestens 10 mm an den Wänden hochgezogen sein. Die Wände müssen ebenfalls eine glatte Oberfläche aufweisen, rissfrei und leicht zu reinigen sowie zu desinfizieren sein. Weiterhin wird eine erhöhte Schlag-, Stoß- und Kratzfestigkeit gefordert. Für die Decken gilt dieses ebenso, wobei Inspektionsöffnungen und Metall-Kassettendecken in Klemmausführung dicht schließend sein müssen. In Abhängigkeit der Reinheitsklassen sind sowohl Material- als auch Personalschleusen zwingend erforderlich. Neben den benötigten Microarray-Instrumenten (Spotter, Scanner, Hybridisierungskammern, Zentrifugen, Mikroskope usw.) muss zusätzliches Reinraum-Equipment wie Partikelzähler, Temperatur- und Luftfeuchtigkeitsmesser, Computer, Telefon sowie berührungslose Armaturen etc. in den Reinraum integriert und eingebracht werden. Es ist aber zu beachten, dass jedes der eingesetzten Instrumente sowohl Partikel als auch Wärme in den Reinraum ableiten, weshalb die Anforderungen an die Klima- und Lufttechnik von vornherein darauf abgestimmt sein muss. Die Kosten für einen Reinraum der mittleren Reinheitsklassen (3 und 4) liegen in der Regel im sechsstelligen Euro-Bereich. Es empfiehlt sich für die Planung eines Reinraumes die Hilfe von externen Reinraum-Experten zu nutzen, welche wieder mal im Internet bei Googles unter den Stichwörtern ‚Reinraum' und ‚Beratung' zu finden sind.

Literatur

Brown, P.O., Schalon, T.D. (1998) Methods for fabricating Microarrays of biological samples. United States Patent, 5, 807, 522.

Brown Lab: http://brownlab.stanford.edu

European Bioinformatics Institute:
www.ebi.ac.uk/Microarray/MicroarrayExpress/Microarrayexpress.html

Gene Expression Omnibus: www.ncbi.nlm.nih.gov/geo/

Leung, Y. F. Microarray-Software: http://ihome.cuhk.edu.hk/~b400559/arraysoft.html

MIAME-Standard: www.mged.org/Workgroups/MIAME/miame.html

Microarray Gene Expression Data Society: www.mged.org

Okamoto, T., Suzuki, T., Yamamoto, N. (2000) Microarray fabrication with covalent attachment of DNA using bubble jet technology. Nat. Biotechnol. 18: 438-441.

Rose, S.D. (1998) J. Ass. Lab. Autom. 3: 53-56.

Steffens, H.-P. (2004) Integrierte Lösung für die Erstellung und Auswertung von Protein-Mikroarrays. BioSpektrum 1: 105-107.

TeleChem Arrayit.com: www.arrayit.com

5 Die Microarray-Versuchsdurchführung

5.1 Isolierung und Vorbereitung der Nucleinsäuren

T. Röder

5.1.1 Isolierung von RNA

Die RNA-Isolierung ist einer der entscheidenden Schritte bei nahezu allen Microarray-Experimenten. Leider ist die RNA nicht annähernd so stabil wie die DNA. Im Gegenteil, RNA und insbesondere mRNA ist ausgesprochen empfindlich, ja geradezu zickig und hat einen ubiquitär vorkommenden sehr mächtigen Feind: die RNase. Aus diesem Grund ist bei der RNA-Isolierung, mehr aber noch bei allen Downstream-Applikationen, auf sehr saubere und RNase-reduzierte Umwelt zu achten. Dabei ist zu bedenken, dass es immer mehrere mögliche Quellen für eine Kontamination mit diesem Inbegriff allen Bösen gibt:

- die Gewebe der Wahl selbst,
- die Umwelt,
- die Laborbench sowie
- der Experimentator!

Die erste und eine der wichtigsten Quellen ist der zu untersuchende Organismus selbst. Die mRNA ist normalerweise geschützt, da sich mRNA und RNasen in unterschiedlichen Kompartimenten aufhalten. Im Laufe einer Präparation kann es allerdings dazu kommen, dass diese Grenzen aufgehoben werden (z.B. durch Einfrier-Auftau-Zyklen), und die beiden ungleichen Partner in Kontakt kommen. Das Eintreten dieses Falls muss unbedingt verhindert werden. Das kann gewährleistet werden, wenn einige Vorsichtsmaßnahmen strikt eingehalten werden.

- Das Material sollte immer ausgesprochen ‚frisch' sein, bevor es weiter verarbeitet oder bevor es ‚haltbar' gemacht wird.
- Der Zeitraum zwischen Entnahme der Probe (z.B. die Milz einer Maus) und der Verarbeitung muss minimiert werden.
- Entsprechende Prozeduren, die ein möglichst schnelles Inaktivieren der RNasen gewährleisten, sollten eingehalten werden.
- RNA möglichst bei 4°C oder 65–70°C verarbeiten (der Verbleib bei anderen Temperaturen sollte minimiert werden).

Zu den letzten Vorsätzen gehört z.B. die Schockfrierung in flüssigem Stickstoff, oder die Überführung in konservierende Lösungen, wie ‚RNAlater', die eine Lagerung des Gewebes über längere Zeit ermöglichen. Allerdings ist es z.B. fast unmöglich aus Pankreas intakte (m)RNA zu isolieren, da dieses Gewebe mit RNasen vollgepackt ist. Selbst eine sofortige Überführung dieses Gewebes nach der Isolierung aus dem Tier in Flüssigstickstoff schützt nicht vor Degradation der RNA. Der kritische Schritt ist die Desintegration des Gewebes. Bei gefrorenem Gewebe sollte dies, in Kombination mit der Überführung in den Denaturierungspuffer des RNA-Isolierungssystems, möglichst noch im gefrorenen Zustand erfolgen (z.B. durch Zermörsern unter flüssigem Stickstoff).

Das Labor als Quelle von RNasen auszuschalten ist schwerlich vermeidbar, die Gefahr kann jedoch minimiert werden. Absolute Sauberkeit und die regelmäßige Verwendung von Desinfektionsmitteln kann sehr hilfreich sein. Falls möglich sollten RNA-Isolierung und das Arbeiten mit z.B. Bakterien räumlich voneinander getrennt werden. Alle Materialien, mit denen die RNA in Verbindung kommt, müssen steril und vor allem RNase frei sein. Das wird dadurch erreicht, dass z.B. Glasgegenstände bei 180 °C gebacken, und dass steril verpackte, RNase-freie Plastikmaterialien verwendet werden. Autoklavieren kann den Experimentator in einer trügerischen Sicherheit wiegen, allerdings werden die RNasen nur reversibel inaktiviert. Eine Quelle leidiger Probleme ist das Wasser bzw. der Puffer, in dem die RNA aufgenommen werden soll. DEPC (Diethylpyrocarbonat)-Behandlung hilft, kann aber Probleme bei nachfolgenden Schritten hervorrufen (nicht vollständige Entfernung des DEPCs). Besser ist es, kommerziell zu erwerbendes RNase-freies Wasser zu verwenden, es zu aliquotieren und das Aliquot nur einmal zu benutzen.

Der Experimentator ist eine der Hauptquellen der RNasen, die sich auf der Haut bzw. den Schleimhäuten befinden. Aus diesem Grund sollte immer mit möglichst sterilen Handschuhen gearbeitet werden.

Nachdem alle Vorsichtsmaßnahmen berücksichtigt wurden (auch dass man mit RNA möglichst bei 4,0 °C oder 65–70 °C arbeiten sollte), kann eigentlich nichts mehr schief gehen. Isoliert werden kann die RNA mit einem der vielen RNA-Isolierungs-Kits, die teils hervorragende Ergebnisse zeigen, oder mit der als klassisch anzusehenden ‚Phenol-Methode', wobei jeweils nach Vorschrift der jeweiligen Hersteller vorgegangen werden muss. Falls nicht die gesamte RNA verbraucht wird, stellt sich die Frage nach der Lagerung. Einfrieren bei -70 °C wird von Einigen bevorzugt, birgt allerdings die Gefahr eines schleichenden Verlusts an Qualität. Die bessere Lösung ist immer das Fällen der RNA mit Natriumacetat und EtOH.

5.1.2 mRNA-Isolierung aus Eukaryoten

Da die mRNA nur einen kleinen Teil (1,0–5,0 %) der Gesamt-RNA-Population ausmacht, sollte selbige natürlich isoliert werden. In einigen Protokollen zur Sondenherstellung wird das allerdings umgangen, da die Sondensynthese mittels cDNA-Synthese direkt aus der RNA erfolgt. Prinzipiell kann das so gehandhabt werden, da eine Oligo(dT) initiierte cDNA-Synthese quasi einer mRNA-Selektion entspricht. Ansonsten können auch mRNA-Isolierungs-Kits eingesetzt werden, die z.B. auf ‚Magnetbeads' basieren, an die ein (oder zwei) Oligo(dT)-Primer gekoppelt ist. Es handelt sich um Standardprotokolle, wie sie z.B. auf der Homepage der Firma Dynal zu finden sind (www.dynal.net).

5.1.3 mRNA-Isolierung aus Bakterien

All dies gilt in seiner Trivialität ausschließlich für Eukaryonten. Sind Bakterien das Objekt der Begierde, ergeben sich einige außergewöhnliche Schwierigkeiten. Da die mRNA nicht polyadenyliert ist, entfällt die Möglichkeit einer positiven Selektion der mRNA, wie sie im Falle der eukaryontischen mRNA so erfolgreich eingesetzt wird. Die Verwendung der Gesamt-RNA verbunden mit der cDNA-Synthese, die durch einen Random-Primer ‚geprimed' wird, ist die gängige Methode, hat allerdings offensichtliche Nachteile. Es gibt aber auch in diesem, scheinbar so vertrackten Szenario einen Ausweg. Ein heroischer Ansatz, der sich einer positiven Selektion bediente, hatte nicht den gewünschten Erfolg gezeigt. Dabei wurde versucht, mit Oligonucleotiden, die aus allen 4.290 ‚Open reading frames' (ORF) von *E. coli* abgeleitet wurden, die Gesamtheit der mRNA zu isolieren. Falls dieser Ansatz erfolgreich verlaufen wäre, bliebe er auch auf *E. coli* beschränkt (Arfin et al. 2000).

Ein alternativer Ansatz bedient sich der Depletion der anderen Komponenten der RNA, und damit einer Anreicherung der mRNA. Die beiden anderen Hauptkomponenten rRNA und tRNA machen im Allgemeinen mehr als 95 % der Gesamt-RNA aus und müssen so weit es geht vermindert werden. Die Bedeutung dieser Vorgehensweisen ist nicht rein akademischer Natur und folgt dem Streben alles schöner und besser zu machen. Sollen andere Formen von Microarrays verwendet werden, wie z.B. Affymetrix-Arrays (die ja nicht selten eingesetzt werden), dann sollte die mRNA-Präparation möglichst rein sein, da die gebundenen Oligonucleotide von 25 Basen Länge eine sehr niedrige Hybridisierungstemperatur erfordern, was wiederum zu erheblichen Störungen führen könnte.

Um diesem Problem aus dem Weg zu gehen, hat Affymetrix eine Methode entwickelt, die einen großen Teil der rRNA (die Hauptkontaminante) entfernt. Hierzu werden komplementäre Oligonucleotide (zu rRNAs von *E. coli*) zur Präparation hinzugefügt und es entstehen rRNA/cDNA-Hybride. RNase-H verdaut die ‚doppelsträngige' RNA, und ein sich anschließender DNase-Verdau befreit uns von der DNA. Auf diese doch recht komplizierte Weise können akzeptable Sonden und damit akzeptable Hybridisierungsergebnisse erhalten werden.

Alternativ besteht die Möglichkeit die rRNA mithilfe einer Affinitätschromatographie aus dem Ansatz zu entfernen. Dieser Ansatz könnte in Zukunft zunehmend an Bedeutung gewinnen.

5.1.4 Sondenherstellung mithilfe der cDNA-Synthese

Wie schon im Kapitel ‚Sondensynthese' ausgeführt (Abschnitt 3.2), handelt es sich hierbei um eine der Kerntätigkeiten während des eigentlichen Hybridisierungsexperiments. Ausgangsstoff ist im Allgemeinen RNA, besser noch mRNA. Die oben dargestellten Vorsichtsmaßnahmen sind natürlich einzuhalten. Nur weil der Experimentator vom Bereich RNA-Isolierung in den Bereich cDNA-Synthese wechselt, ändert sich die Fragilität des Objekt keinesfalls. Im Folgenden wird ein Typus der Sondensynthese am Beispiel der indirekten Markierung via ‚Amino-Allyl'-modifizierter Nucleotide dargestellt.

Begonnen wird, wie schon häufiger erwähnt, mit der RNA bzw. der mRNA. Es werden klassischerweise 15–50 µg RNA bzw. 0,5–3,0 µg mRNA benötigt. Das Ganze muss in einem recht kleinen Volumen vorhanden sein (bei einem Gesamtansatz von 20 µl wären 5,0–8,0 µl erforderlich). Diese werden dann mit dem Primer der Wahl (ein Oligo(dT)- bzw. ein Random-Hexamer-Primer) zusammengegeben und denaturiert. Das ist sehr wichtig, damit Sekundärstrukturen der RNA aufgehoben werden. Denaturiert wird bei 70 °C und anschließend bei 95 °C (lediglich für eine kurze Zeit von ein bis zwei Minuten). Darauf sollten alle anderen Ingredienzen in die Lösung gelangen (cDNA-Synthese-Puffer, Nucleotide, ergänzt durch z.B. aadUTP (Amino-Allyl-dUTP), RNase-Inhibitor und letztlich die Reverse-Transkriptase). Nach einer einstündigen Inkubation bei 37–45 °C ist die Synthese vollbracht. Dann sollte man sich der RNA entledigen, was leicht durch einen alkalischen Verdau möglich ist (z.B. 0,25 M NaOH für 15 Min bei 37 °C). Daran schließt sich eine Neutralisierung z.B. mit HEPES an. Darauffolgend sollte die gesamte Reaktion mithilfe käuflich zu erwerbender PCR-Produkt-Reinigungssäulen gereinigt werden. Nun liegt der gereinigte cDNA-Strang vor, der zur Kopplung mit einem Farbstoff der Wahl bereit ist. Um die Konzentration der Probe zu erhöhen, sollte der gesamte Ansatz mithilfe einer ‚Speed-Vac' konzentriert werden (Endvolumen: 10–15 µl). Nun wird es Zeit, die Kopplung des Farbstoffes an die Amino-Allyl-Gruppen der Erststrang-cDNA durchzuführen. Dazu werden NHS-Ester der jeweiligen Farbstoffe verwendet (z.B. Cy3, Cy5, oder die entsprechenden Alexa-Farbstoffe). Diese Farbstoffe werden in einem kleinen Volumen DMSO aufgenommen, mit einem basischen Puffer (z.B. $NaHCO_3$, pH 9,0) versetzt und eine Stunde bei RT gekoppelt. Es werden natürlich nicht alle Bindungsstellen abgesättigt, sodass hochkonzentriertes Hydroxylamin zu diesem Zweck (0,75 M Endkonzentration) dazu gegeben wird. Wieder sollte die nun markierte DNA von allen anderen Reaktionspartner befreit werden. Am einfachsten und effektivsten erfolgt dieses mittels der schon bekannten PCR-Produkt-Reinigungssäulen. In diesem Zustand werden DNA/RNA (z.B. Heringssperm-DNA, 10 mg/ml; poly(dA), 0,5 mg/ml; Yeast-Total-tRNA, 0,2 mg/ml; humane cot1-DNA, 0,05 mg/ml) hinzugegeben, die zur Vermeidung unspezifischer Bindungen dienen. Daraufhin wird die Probe wieder in der ‚Speed-Vac' konzentriert, um sie anschließend mit SSC und SDS in der gewünschten Konzentration zu versetzen und damit die korrekten Hybridisierungsbedingungen sicherzustellen. Abschließend wird der Ansatz denaturiert und auf den DNA-Biochip gegeben.

5.1.5 Hybridisierung auf dem DNA-Biochip

Da es unterschiedliche Typen von DNA-Microarrays gibt (Microarrays mit PCR-Produkten, langen oder kurzen Oligonucleotiden), ist die Vorbereitung sehr unterschiedlich. In Abhängigkeit von der Beschaffenheit der Glasobjektträger, die für die Herstellung der Microarrays verwendet wurden, müssen reaktive Moleküle auf der Oberfläche abgesättigt werden. Grundsätzlich ist anzumerken, dass Microarrays, auf denen doppelsträngige DNA gespottet wird, vor dem Gebrauch denaturiert werden müssen, da sonst die Hybridisierung nicht sehr effektiv sein wird.

Wie die Sonde hergestellt werden kann, wurde oben bereits erwähnt. Am Ende des Prozesses liegt sie hybridisierungsfähig, d.h. denaturiert, markiert und im richtigen Puffer gelöst vor. Der Microarray muss prähybridisiert werden, um unspezifische Bindungen zu minimieren. Hybridisierungspuffer gibt es viele verschiedene. Der Experimentator sollte sich eines Systems bedienen, welches schon sehr gut etabliert ist, sodass keine unnötige Optimierungstätigkeit mehr erforderlich ist.

Von der Hybridisierungslösung werden lediglich 40–60 µl auf den DNA-Biochip pipettiert, mit einem Deckgläschen überschichtet und die Hybridisierung in Abhängigkeit der eingesetzten Proben über Nacht z.B. bei 55 °C durchgeführt. Es ist unbedingt darauf zu achten, dass die Microarrays während der Hybridisierung nicht austrocknen oder auch nur an Volumen verlieren, da damit eine Veränderung der Ionenkonzentration einherginge, was wiederum zu einer verfälschten Hybridisierung führen würde. Es gibt eine Reihe unterschiedlicher Kammersysteme (z.B. von den Firmen Clontech oder Corning), die diese Gefahr weitgehend vermeiden.

Nach der Hybridisierung folgt ein stringentes Waschen, das ‚nach Gusto' (in Bezug auf die Wahl des Protokolls) bei RT oder erhöhten Temperaturen durchgeführt wird. Waschlösungen sollten steril filtriert und entgast werden. Das wird die entsprechenden Probleme weitestgehend minimieren. Sowohl die Hybridisierung als auch die Stringenzwaschungen sollten im Dunkeln erfolgen, um die Farbstoffe zu schonen. Nach dem letzten Waschen muss der Microarray getrocknet werden, was durch Zentrifugation in einem 50 ml Falcon-Tube zu erreichen ist. Anschließend geht es weiter mit dem Scannen.

5.1.6 Prä-Amplifizierung mithilfe der T7-RNA-Polymerase

In dem nicht selten eintretenden Fall, dass nicht ausreichend Material zur Verfügung steht, muss eine Prä-Amplifizierung des Materials erfolgen. Eine der gebräuchlichsten Methoden ist die lineare Amplifizierung mithilfe der T7-RNA-Polymerase. Hierzu benötigt der gewogene Experimentator doppelsträngige DNA, die mit einem T7-RNA-Polymerase-Promotor ausgestattet ist. Das wird, wie schon erwähnt durch die cDNA-Synthese ermöglicht, die mithilfe eines Oligonucleotides geprimed wird, welches neben dem Oligo(dT)-Anteil auch über eine T7-RNA-Polymerase Promotor-Sequenz verfügt. Nach der cDNA-Synthese, die unter Standardbedingungen erfolgen kann, liegt ein DNA/RNA-Hybrid vor. Um daraus doppelsträngige RNA herzustellen, gibt es nun einige Alternativen. Der klassische Weg bedient sich der konventionellen Zweitstrang-Synthese mithilfe der RNase-H und der DNA-Polymerase. Dadurch wird die RNA an einigen Stellen geschnitten. Die entstandenen RNA-Bruchstücke dienen als Primer für die Zweitstrang-Synthese, die dann wiederum von der DNA-Polymerase durchgeführt werden kann. Am Ende erhält man doppelsträngige DNA, die nach einer Reinigung mithilfe der PCR-Produkt-Reinigungssäulen zur weiteren Verfügung steht. Alternativ dazu existieren etliche andere Möglichkeiten (z.B. Verwendung einer vorgeschalteten PCR mit wenigen Zyklen siehe Abschnitt 3.2.2). Wichtig ist tatsächlich nur, dass die doppelsträngige DNA zur Verfügung steht. Im Probenansatz verbliebene Oligo(dT)-T7-Primerreste führen zu einer Template-unabhängigen Synthese von RNA, was uns, insbesondere wenn sehr wenig Material zur Verfügung steht, zu schaffen machen sollte. Die cDNA mit den entsprechenden Promotoren ist nun fertig, um cRNA zu synthetisieren. Es gibt eine Reihe unterschiedlicher cRNA-Synthese-Kits, die mit der T7-RNA-Polymerase arbeiten. Wie so oft ist es auch hier erforderlich, die richtige Wahl zu treffen. Da in den allermeisten Fällen die cRNA als Template für eine cDNA-Synthese mit integrierter Markierung verwendet wird, sollte möglichst viel cRNA erzeugt werden. Dazu gibt es von entsprechenden Anbietern (z.B. Ambion oder Promega) speziell auf diesen Aspekt ausgerichtete Kits, in denen eine besonders hohe Konzentration an Nucleotiden vorhanden ist. Damit können bis zu 50 µg cRNA erzeugt werden. Normalerweise sollte der gewogene Experimentator nicht zuviel erwarten, aber auch 10 µg, die oft erreicht werden, sind vollkommen ausreichend. Wie bei vielen anderen Reagenziensystemen, kann eine Verminderung der ‚Performance' im Laufe der Zeit beobachtet werden. Deshalb sollten Hauptkomponenten aliquotiert und eingefroren werden, um eine zu hohe Anzahl an Auftau-Einfrier-Zyklen zu vermeiden. Nachdem alle Reaktionspartner zusammen pipettiert wurden, ist darauf zu achten, dass sowohl die Temperatur als auch die relative Konzentration beibehalten wird. Da die Reaktionszeiten sehr lang sind (oft über Nacht) und die Reaktion an sich sehr empfindlich gegenüber den erwähnten Schwankungen ist, sollte die Reaktion am besten in einem Wärmeschrank durchgeführt werden. Inkubationen, die z.B. in einem normalen Wasserbad oder Tischinkubator durchgeführt werden, sind dadurch gekennzeichnet, dass Wasser im Deckel kondensiert und somit die Konzentrationen der beteiligten Reaktanden und Pufferkomponenten sich verändern, was zu einer radikalen Verminderung der Effektivität führen kann.

Nach erfolgter Synthese wird der gesamte Ansatz gereinigt. Die gereinigte cRNA kann nun für die cDNA-Synthese eingesetzt werden. Dummerweise kann jetzt aber nicht mehr mit dem Oligo(dT)-Primer die cDNA-Synthese gestartet werden, da als cRNA nun der andere (falsche) Strang vorliegt. Also, geprimed wird z.B. mit einem Random-Hexamer-Primer, was auch nicht weiter schlimm ist, da keine nicht mRNA-Komponenten umgeschrieben wurden. Trotzdem sollte das im Hinterkopf (und nicht nur dort) behalten werden. Besonders relevant wird es, wenn DNA-Microarrays verwendet werden, auf denen Oligonucleotide deponiert sind. Ist meine erzeugte Sonde komplementär zu den Oligonucleotiden, oder eben nicht? Wenn diese Frage mit ja beantwortet werden kann, (sie ist komplementär) ist alles in Ordnung, anderenfalls nicht, da dann keine Hybridisierung mit dem Zielmolekül erfolgen kann. Derartige Amplifikationen können mit ‚selbstgestrickten' Systemen sehr gut durchgeführt werden. Es besteht allerdings auch die Möglichkeit z.B. den ‚MessageAmp'-Kit der Firma Ambion zu verwenden, der die Komponenten beinhaltet.

5.1.7 Konstruktion der Microarray-Proben

Wie stelle ich mir die Nucleinsäuren-Proben für eine Microarray her? Diese Frage werden sich nur die Wenigsten stellen, obwohl sie für einige Experimentatoren durchaus essentiell sein kann. Falls es sich um Oligonucleotide handelt, die auf den Microarray sollen, kann diese Frage leicht beantwortet werden: Man wende sich an eine entsprechende Firma, beauftrage sie mit der Oligonucleotidsynthese und spotte die Oligos auf den Microarray. Wenn allerdings eine Reihe unterschiedlicher Klone zur Verfügung stehen, dann ist die Vorgehensweise anders. In diesem Fall gibt es zwei Möglichkeiten. Entweder soll die gesamte Information (die komplette cDNA) gespottet werden, oder aber es sollen lediglich Teile entsprechender Gene auf einem Microarray repräsentiert sein. Im ersten Fall bilden Klone die Grundlage, die im Allgemeinen aus cDNA-Bibliotheken stammen. Im besten Fall handelt es sich um gut charakterisierte, d.h. sequenzierte Klone, die die Interpretation und später folgende Auswertung signifikant erleichtern. Für die Amplifikation ist das allerdings nicht von Belang, da die kompletten Inserts der jeweiligen Klone mithilfe universeller Primer amplifiziert werden. Die Sequenz dieser Primer hängt natürlich von den verwendeten Vektoren ab, und sollte in Bezug auf eine möglichst spezifische und effektive PCR-Amplifikation optimiert sein. Oft werden diese PCR-Amplifizierungen automatisiert oder halb-automatisiert mithilfe von Pipetierrobotern und PCR-Geräten durchgeführt. Dabei sind einige Aspekte zu beachten, die teils gravierende Auswirkungen haben könnten. Obwohl immer die gleichen Primer verwendet werden, und die wesentlichen Aspekte des Templates auch kaum variieren, kann es zu dramatischen Unterschieden in der Effektivität der Amplifizierung kommen. Da es sich im Allgemeinen um cDNA-Bibliotheken handelt, sind Inserts unterschiedlichster Größe von wenigen hundert bis zu etlichen tausend Basenpaaren (bp) Länge vorhanden. Oft ist auch nicht bekannt, wie groß die Inserts sind, da sie im Laufe eines EST (Expressed-Sequence-Tag)-Projekts ansequenziert wurden. Im Rahmen derartiger Projekte werden Klone einer cDNA-Bibliothek ansequenziert (jeweils von beiden Seiten – oder aber nur von einer Seite). Es ist jedoch oft nicht bekannt, wie groß die eigentlichen Inserts der Klone sind. Leider bereiten insbesondere sehr große Inserts auch große Probleme bei der PCR. Als Faustregel gilt, dass die Taq-DNA-Polymerase pro Minute Elongationszeit ca. 1.000 bp erzeugen kann. Wenn ein 10 kb großes Insert amplifiziert werden soll, dann sollte von mindestens 10 Min Elongationszeit ausgegangen werden. Außerdem kapituliert die normale Taq-DNA-Polymerase bei der Amplifikation von großen DNA-Fragmenten (> 6kb), sodass Gemische aus der hochprozessiven Taq-DNA-Polymerase, die über keine 3'→5' Exonuclease-Aktivität (Proofreading) verfügt, zusammen mit einer anderen thermostabilen Polymerase mit Proofreading-Aktivität (z.B. die Pfu- oder die Pwo-DNA-Polymerase) verwendet werden müssen (Barnes 1994). Auch dann ist nicht hundertprozentig sichergestellt, dass alles funktioniert. Die Wahrscheinlichkeit wird allerdings signifikant erhöht. Die Möglichkeit zur Optimierung der PCR wird, wie bereits erwähnt, im PCR-Methodenbuch ausführlich erklärt (Müller 2001).

Die PCR-Produkte müssen nun gereinigt werden. Hierzu bieten sich unterschiedliche Systeme an, die sich auch für Hochdurchsatz-Verfahren eignen (z.B. ‚MinElute 96 UF PCR Purification' von Qiagen, oder ‚StrataPrep 96well PCR Purification Kit' von Stratagene). Sie basieren entweder auf der Bindung der DNA an eine Matrix oder auf Filtration, wodurch alle kleinen Reaktionspartner (z.B. Primer, Nucleotide, Enzym, Puffer-Komponenten) aus dem Ansatz entfernt werden. Nach erfolgter PCR muss überprüft werden (z.B. durch Gelelektrophorese), ob es auch tatsächlich funktioniert hat und ob nicht mehr als ein Reaktionsprodukt entstanden ist. Wenn alles optimal ist, können die Proben in dem entsprechenden Spotting-Puffer aufgenommen werden, und stehen nun für die Beladung der Microarrays bereit.

Alternativ besteht die Möglichkeit, mittelgroße Bereiche aus Genen, die der Experimentator für relevant hält, auf einem Microarray zu deponieren. Hierbei handelt es sich im Allgemeinen um relativ kleine Microarrays, mit deren Hilfe sehr fokussierte Fragestellungen bearbeitet werden können. In diesem Fall sollten Bereiche von 200–400 bp Länge ausgewählt werden, die möglichst aus einem Exon stammen, das nah am 3'-Ende anzutreffen ist. Die Auswahl der Primer sollte man einer dedizierten Software (dazu ist nahezu jede modernere ‚DNA-Software' in der Lage) überlassen. Die wesentlichen Charakteristika dieser Primer müssen sehr eng gefasst werden, damit die Amplifizierung aus genomischer DNA einfach, schnell, effektiv und noch spezifischer erfolgen kann. Das weitere Vorgehen entspricht exakt dem oben aufgeführten.

5.1.8 Quantifizierungen – Überprüfungen – Sicherheiten

Da es sich bei den DNA-Microarray-Experimenten um komplexe, mehrstufige Experimente handelt, kann es sehr nützlich sein, wenn nach möglichst jedem Schritt nachgewiesen werden kann, ob das erwartete Ereignis erreicht wurde, und ob ausreichend Material zur Verfügung steht. Das Hauptgerät für die entsprechenden Überprüfungen ist sicherlich das Photometer, da es eine Quantifizierung der RNA bzw. der erzeugten DNA ermöglicht. In dem sehr glücklichen Fall, dass ausreichend RNA zur Verfügung steht, bietet sich immer ein RNA-Gel als Kontrollinstanz an. Die Tatsache, dass die eigene Präparation nicht degradiert ist, hat eine stark beruhigende Wirkung. Dazu müssen allerdings einige (5–10) µg auf dem Altar der Kontrolle geopfert werden. Die photometrische Kontrolle ist erforderlich, um sowohl die Menge als auch die Reinheit (über den Koeffizienten der gemessenen Werte bei den Wellenlängen 260/280 nm) zu erhalten. Ein besonders kritischer Punkt ist die Kopplung des Farbstoffes an die DNA. Um diesen Prozess quantitativ zu erfassen, bieten sich einige Vorgehensweisen an, die es ermöglichen, die tatsächlich gekoppelte Farbstoffmenge zu quantifizieren, und sie in Beziehung zur erzeugten cDNA-Menge zu stellen. Die markierten Proben (ein Aliquot davon) werden hierfür photometrisch bei der Exzitationswellenlänge des Farbstoffes gemessen. Mithilfe eines Farbstoff-spezifischen Faktors kann auf die vorhandene Menge rückgeschlossen werden. So kann man die Anzahl der markierten Nucleotide (nt) geteilt durch 1.000 nt durch die Messung der folgenden Parameter errechnen:

- Extinktions Koeffizient = (Absorption der Farbstoff-Wellenlänge/Absorption 260 nm) $\times$ 9.100/Farbstoff $\times$ 1.000

Die Koeffizienten bewegen sich in Bereichen von 150.000 (Cy3) bis zu 250.000 (Cy5).

Ein erst seit sehr kurzer Zeit verfügbares Photometer (NanoDrop Spektrophotometer ND-1000), das von der Firma Kisker-Biotech vertrieben wird, ist in diesem Zusammenhang besonders interessant. Bei diesem Modell finden die Messungen nicht in einer Küvette, sondern in einem Film zwischen zwei Glasflächen statt, die einerseits die Lichtquelle, andererseits die Photodiode enthalten. Dadurch können auch geringste Volumina (µl) direkt gemessen werden, was ein erheblicher Vorteil ist.

5.1.9 Hybridisieren der Proben

Ein absolut zentraler Aspekt der DNA-Microarray-Experimente ist die eigentliche Hybridisierung. Falls alles sehr gut verläuft, schenkt ihr niemand auch nur die geringste Aufmerksamkeit. Gibt es hingegen Probleme, dann werden umfangreiche Versuchsreihen zur Optimierung der Hybridisierung durchgeführt. Eine Schlüsselrolle für diesen Vorgang spielt der Hybridisierungspuffer. Verschiedene Puffersysteme werden von unterschiedlichen Anbietern (z.B. Ambion oder Clontech) als Fertigsysteme angeboten, können aber auch natürlich selbst hergestellt werden. In den allermeisten Fällen basieren derartige Hybridisierungslösungen auf einem SSC-Puffer, der entweder Formamid enthält oder aber selbiges auslässt. Formamid vermindert die Stringenz der Bindung, und damit die erforderliche Temperatur, um eine möglichst spezifische Bindung zu erhalten. Beim Verzicht auf Formamid müssen Hybridisierungstemperaturen gewählt werden, die 10–20 °C höher sind. Neben den Basiskomponenten SSC und Formamid werden oft Substanzen hinzugegeben, die zu einer Erhöhung der Bindungsspezifität, aber zu einer Verminderung der unspezifischen Bindungen führen. Als weitere Substanzen sind SDS, DNA, RNA oder die so genannte Dehnhardt-Lösung zu nennen. Normalerweise erfolgt die Hybridisierung über Nacht, sodass sich ein Hybridisierungs-Gleichgewicht einstellen kann. Da in der Regel geringe Volumina für die Hybridisierung eingesetzt werden, ist es unbedingt erforderlich, Austrocknungsprozesse zu verhindern. Die Prä-Hybridisierungs- und die Hybridisierungslösung, wird normalerweise in sehr kleinen Volumina ($< 100\,\mu l$) auf den DNA-Microarray aufgetragen, und mithilfe eines sterilen Deckglases abgedeckt (das verhindert übermäßiges Austrocknen und gewährleistet eine gleichmäßige Hybridisierung). Um eingetrocknete Bereiche (sie zeichnen sich bei der Analyse durch nahezu unendliche Hintergründe aus) sowie eine mangelnde Stringenz der Bindung zu unterbinden, erfolgt die Hybridisierung im Allgemeinen in ‚feuchten' Behältern, die das Austrocknen verhindern. Hierbei werden drei Strategien verfolgt: Erstens sollten möglichst kleine, dicht schließende Behälter, die ein entsprechendes ‚Feucht-Kammer'-Milieu schaffen, eingesetzt werden. Diese Behälter sind groß genug, um einen oder wenige Glasobjektträger aufzunehmen. Sie schließen dicht ab, damit sie auch in entsprechend temperierten Wasserbädern eingesetzt werden können. Im zweiten Fall werden größere Behälter (z.B. ein 50 ml Falcon-Tube) eingesetzt, in die jeweils ein Glasobjektträger mit einem getränkten Fließtuchs gelegt werden. Auch hier erhält man ein stabiles ‚Feucht-Kammer-Milieu. Als dritte Alternative bieten sich noch Hybridisierungsautomaten an, die besonders dann interessant sind, wenn größere DNA-Microarray-Mengen anfallen.

Nach dem Hybridisieren erfolgen die Stringenzwaschungen. Hierbei werden Lösungen eingesetzt, die klassischerweise für die Bearbeitung von Nucleinsäure-Hybridisierungen in den molekularbiologischen Laboratorien ihren Einsatz schon sehr häufig gefunden haben. In der Regel wird SSC in niedriger Konzentration ($1\times$ SSC, $0,2\times$ SSC oder $0,1\times$ SSC) für diesen Zweck verwendet. Eine Zusammensetzung des SSC ist im Appendix zu finden.

Es stehen einige einfache Hybridisierungslösungen zur Verfügung, die sich in der aufgrund unterschiedlicher Hybridisierungstemperaturen voneinander unterscheiden:

- Lösung I (65 °C Hybridisierungstemperatur):
  $6\times$ SSC, 0,5 % SDS, $5\times$ Dehnhardt-Lösung.
- Lösung II (65 °C Hybridisierungstemperatur):
  10 % SDS, 7 % PEG-8000
- Lösung III (42 °C Hybridisierungstemperatur):
  50 % Formamid, $6\times$ SSC, 0,5 % SDS, $5\times$ Dehnhardt-Lösung

Zusätzlich wird des öfteren 0,1 % SDS eingesetzt, was jedoch zu ‚hässlichen' Hintergrundsphänomenen führen kann. Aus diesem Grund kann es problemlos durch Triton-X-100 ersetzt werden. Nach der letzten Waschung in dem entsprechenden SSC-Puffer (die Puffer sollten alle sterilfiltriert und in einer möglichst staubfreien Atmosphäre verwendet werden) müssen die Microarrays schnell getrocknet werden. Das wird durch eine Zentrifugation erreicht. Die ‚fertigen' Microarrays können dann gelesen werden.

5.1.10 Poly-L-Lysin-Beschichtung

Der generelle Rohstoff zur Herstellung von DNA-Microarrays-Substraten ist durch die Glasobjektträger repräsentiert. Um eine effektive Bindung der DNA an die Glasobjektträger unter Beibehaltung möglichst guter optischer Eigenschaften zu gewährleisten, sind Biochips mit modifizierten Oberflächen erforderlich. Derartige ‚ready to use'-Biochips sind z.B. von den Firmen Corning oder Quantifoil zu beziehen (siehe Tabelle 3-9). Wie im Abschnitt 3.1.2.3 ausführlich ausgeführt, werden unterschiedliche Modifikationen angeboten. Alternativ dazu kann sich der Experimentator die ‚aktivierten' Glasobjektträger-Substrate durch einfaches Auftragen des Poly-L-Lysins selbst vorbereiten. Bei dieser Substrat-Lösung handelt es sich um ‚Poly-L-Lysinierung' von ‚ObjetBiochips'. Eine detailliere Vorgehensweise ist auf der Webpage des Großmeisters des Microarray-Heimwerkertums Pat Brown (http://cmgm.stanford.edu/pbrown/protocols/1_slides.html) zu finden. Begonnen wird mit ‚normalen' aber hochwertigen Glasobjektträgern, die dann allerdings extrem sorgfältig gereinigt werden müssen. Die Reinigung erfolgt in einer NaOH-Lösung (10 % in ca. 50 % Ethanol) über einen Zeitraum von mindestens 2 Stunden. Diese sehr aggressiven Substanzen werden durch intensives Waschen mit A. bidest entfernt, wonach die Glasobjektträger für die Beschichtung mit Poly-L-Lysin präpariert sind. Eine 10 %ige Lösung in PBS-Puffer wird für ca. 1 Stunde auf dem Glasobjektträger belassen, und dann gewaschen sowie darauffolgend getrocknet. Die Biochips können nun staubfrei gelagert und zum Spotting verwendet werden. Falls die Biochips einen ‚opaquen' Charakter aufweisen, sollten sie verworfen werden. Auf diese doch recht einfache Art und Weise lassen sich günstige Biochips für das Spotting herstellen.

5.2 Proteinarray-Protokolle

H.-J. Müller

Im Abschnitt 4.1 wird ausschließlich auf die Mechanik des Spottens eingegangen, weshalb an dieser Stelle nur die Puffer und Protokolle für das Spotten erläutert werden. Nun betreten wir einen Bereich, der in seinen Ausmaßen für den Experimentator als Proteinarray-Neuling nicht vorhersehbar ist. Eine Frage stellt sich somit gleich am Anfang: „Welches Objektträgersubstrat und welcher Spotting-Puffer sollte bei Verwendung des Proteins ‚xyz' am ehesten eingesetzt werden?" Sofern nicht ein Paper nachgekocht werden muss (was eh' fast unmöglich ist), lässt sich diese Frage wohl nur annähernd im Voraus beantworten. Die perfekte Antwort ist vermutlich nur durch ‚try and error' herauszufinden. Allerdings hilft bei dem ersten Protein-Microarray-Experiment das bereits erworbene Fachwissen bezüglich der Reinigung der Proteine, der Herstellung von Proteingelen sowie die Durchführung von Immunoassays. Zudem geben die Microarray-Firmen einen sehr guten Support hinsichtlich ihrer Produkte (und wenn es noch besser läuft, auch bezüglich der Konkurrenzprodukte), sodass niemand das Rad neu erfinden und sich in die Gefahr des Dauerfrustes mit exzessiven Drogen- oder Schokoladenkonsums hingeben muss. Sprechen Sie mit den Produktmanagern oder Produktspezialisten der Firmen, und schildern Sie ihren Applikationswunsch so detailliert wie möglich. Sie ahnen gar nicht, welches Fachwissen sich hinter manchen Telefonhörern verbirgt.

Gehen wir nun mal davon aus, dass die Handhabung von Proteinen schon ausgiebig im Mikrotiterformat ‚geübt' wurde. Damit ist ein wesentlicher Grundstein zum Gelingen des Proteinarray-Experiments vorhanden. Prinzipiell lässt sich die bereits erworbene Erfahrung auch auf die Proteinarrays anwenden, wobei allerdings einige Punkte beachtet werden müssen:

- Je kleiner der Assay wird, umso sauberer müssen alle eingesetzten Komponenten sein. Das bedeutet im Klartext: Die Proteine sollten in hochreiner Form vorliegen und alle Lösungen zumindest mit einem sterilen $0{,}22\,\mu m^2$ Filter filtriert worden sein.
- Keine Tris-Puffer für reaktive Substrate verwenden, die auf primäre Amine ($-NH_2$) gerichtet sind. Tris hat diese auch, und somit wäre die Bindungseffizienz deutlich oder bis hin zur Nullbindung reduziert. Bei selbsthergestellten Puffern auch mal die chemische Struktur anschauen, ob dort irgendwelche primären Amino-Gruppen oder auch überschüssige Protonen (H:) vorhanden sind. Im Zweifelsfall lieber einen fertigen Spotting-Puffer kaufen.
- Microarray-Spotternadeln und Microfluid-Leitungen sind gegenüber zu hohen Proteinkonzentrationen ($> 50\,mg/ml$) und ‚aggressiven Puffern' (zu sauer oder zu basisch) sehr empfindlich. Was man als erfahrener Experimentator zum Beispiel nicht erwartet hätte, ist die Tatsache, dass deionisiertes H_2O die ‚Stainless steel'-Pins so aggressiv angreift, dass diese relativ schnell korrodieren und somit ein teures und ineffektives Spotting verursachen.
- Die Viskosität der eingesetzten Puffer muss wiederum so hoch sein, dass die Spot-Durchmesser genau die gewünschte Größe erreichen.
- Die gespotteten Volumina sind in der Regel im Nano- oder Pikoliterbereich, weshalb das Problem der Evaporation sehr ernst genommen werden muss. Proteine neigen dazu, ihre native Konformation zu ändern, falls das sie umgebende wässrige Milieu ‚verdampft' ist. Die sind dann so ‚platt', dass sie anschließend keine Interaktion mehr eingehen wollen.
- Der gute Laborstaub kann sich verheerend auf die Bindung und Auswertung ihres Microarrays auswirken. Das unscheinbare Staubkörnchen verhält sich wie Hale-Bopp im Badesee. Solange wir die öffentlich-bediensteten Laborreinigungskräfte oder auch uns selbst nicht dazu ermuntern können, das Labor mindestens dreimal am Tag mit einem nassen Lappen zu entstauben, solange ist es erforderlich, dass wir staubfrei arbeiten. Das heißt, dass entweder in einem Reinraum (siehe Abschnitt 4.5) oder unter der Bench und mit einem Staubschutz über dem Spotter und allen anderen Inkubationskammern gearbeitet werden muss.
- Niemals auf die Substratoberfläche fassen! Selbst ein behandschuhter Experimentator kann das Oberflächensubstrat zerstören.

Das kommerzielle Angebot der unterschiedlichen Microarray-Puffer ist in den letzten Jahren enorm gewachsen. Wer das notwendige Kleingeld besitzt und keine Zeit für das Ansetzen und die Qualitätskontrolle der erforderlichen Puffer aufwenden möchte, der sollte auf dieses Angebot zurückgreifen. Die Preise der verschiedenen Firmen können von Produkt zu Produkt deutlich schwanken. Die Auswahl eines einzigen Anbieters für alle Produkte (z.B. Substrat-Glasobjektträger und Puffer) stellt allerdings sicher, dass diese auch zueinander passen.

5.2.1 Proteinarray-Puffer

Wer von uns hat nicht schon mal mit dem Phosphatpuffer PBS (Phosphate buffered saline) gearbeitet? Dieser beinahe universell einzusetzende Puffer leistet auch hervorragende Dienste in unseren Proteinarray-Experimenten. Die gereinigten Proteine können z.B. in PBS aufgenommen bzw. nach dem letzten Reinigungsschritt dagegen dialysiert werden, wobei die Endkonzentration der Proteine zwischen $0{,}1$ bis $1{,}0\,\mu g/\mu l$ liegen sollte. Wie viele Proteinmoleküle werden eigentlich bei solch einer Konzentration pro Spot auf dem Proteinarray verteilt? Zur Beantwortung dieser Frage gibt es viele Bücher, die sich mit Molaritäten, Mol- und Proteinkonzentrationen beschäftigen. Auch dabei ist für die Beantwortung der Frage wichtig, um welches Protein es sich handelt (z.B. Größe, Bindungseigenschaften etc.), wieviel Nanoliter gespottet werden, und wie gut das Substrat das gespottete Protein bindet. Als Orientierung kann Folgendes angenommen werden:

- Ein 50 kD Protein mit einer Konzentration von 1,0 µg/µl entspricht einer Konzentration von 20 µM.
- Wird 1,0 µl dieser Proteinlösung auf eine Fläche von einem mm² gespottet, könnten theoretisch $\sim 10^{12}$ Proteinmoleküle gebunden werden.
- In der Realität liegt die Bindungseffizienz herkömmlicher Protein-Biochips bei 30–50 %, weshalb von einer maximalen Bindungsrate von $\sim 10^{11}$ Molekülen ausgegangen werden kann.

Eine ausführlichere Beschreibung zum Errechnen der Proteinmolarität bzw. der Mole ist im Appendix dargestellt.

Damit die Löslichkeit der Proteine erhöht werden kann, ist es vorteilhaft, dass dem PBS-Puffer bis zu 1,0 % Triton-X-100 (PBS-TX100) oder 0,05 % Tween-20 (PBST) beigemengt wird. Andererseits kann es erforderlich sein, die Viskosität des Spotting-Puffers zu erhöhen, damit z.B. der Spot-Durchmesser reduziert werden kann. Man erreicht dieses durch Zugabe von Glycerin, welches in einer Endkonzentration bis zu 40 % dem Spotting-Puffer zugesetzt wird. Dabei muss natürlich beachtet werden, dass die ‚Splitted Pins' oder die Microfluid-Kammern nicht verstopfen.

Der PBS-TX100 kann im Weiteren auch als Proteinarray-Waschpuffer verwendet werden. Nach dem Spotten und Waschen sollten die Biochips geblockt werden. Hierfür eignet sich, man glaubt es kaum, selbstverständlich wieder PBS. Allerdings muss für eine effektive Proteinarray-Blocklösung der PBS-Puffer mit weiteren Zusätzen versetzt werden. Auch hier stellt sich nun wieder die Frage nach dem verwendeten Substrat (z.B. Aldehyd-Oberflächen) sowie der weiteren Interaktionspartner für eine erfolgreiche spezifische Detektion der Bindungsereignisse. Damit die reaktiven Gruppen auf einer Aldehyd-Oberfläche deaktiviert werden können, muss dem PBS-Puffer z.B. 0,25 % $NaBH_4$ beigemengt werden. Verwendet man Protein-Biochip-Substrate, die keine reaktiven Gruppen besitzen (z.B. Hydrogele oder Aminosilan-Gruppen), helfen einfache Zusätze wie z.B. BSA (2,0 %), Gelatine (0,5 %) oder fettarmes Milchpulver (3,0 %) im PBST-Puffer. Zum Letzteren ist zu erwähnen, dass sich der PBST-Milchpulverpuffer (PBST-MIPU) auch hervorragend für die Western- und Dot-Blot-Analysen als Antikörperverdünnung einsetzen lässt. Hierbei sollte dem PBST-MIPU allerdings 0,02 % Na-Azid (Giftig!) gegönnt werden, um einer Kontamination durch Pilze und Mikroorganismen vorzubeugen. Die Zusammensetzungen der erwähnten Puffer sind im Appendix aufgeführt.

Auf das Spotten, Waschen und Blocken folgt wieder exzessives Waschen und anschließend die Zugabe des Interaktionspartners. Welcher Puffer hierfür eingesetzt werden muss, hängt im Wesentlichen vom Interaktionspartner ab, und auf welche Art und Weise die Detektion erfolgen soll. Im Falle eines Antikörpers als Bindungspartner, kann auf die oben beschriebenen Puffer zurückgegriffen werden. Wird aber die Inkubation mit einem Enzym forciert (z.B. mit einer Proteinkinase), dann sollte ein Puffer eingesetzt werden, der eine optimale Enzymaktivität gewährleistet. Generell lassen sich auch hierbei die Puffer verwenden, die schon im Mikrotiterformat gute Dienste geleistet haben. Die Inkubation der Bindungspartner erfolgt in der Regel bei Biochip-Glasobjektträgern unter einem Deckgläschen. In Abb. 5-1 ist eine potenzielle Methodik zu Durchführung des Probenauftrages dargestellt.

Nach der Inkubation und dem Entfernen des Deckgläschens wird nochmals gewaschen, um abschließend die Detektion der gebunden Interaktionspartner zu analysieren. Ob und welche Puffer hierfür eingesetzt werden müssen, hängt wiederum vom Nachweissystem ab. In den folgenden Unterkapiteln werden Beispiele von Proteinarray-Experimenten vorgestellt.

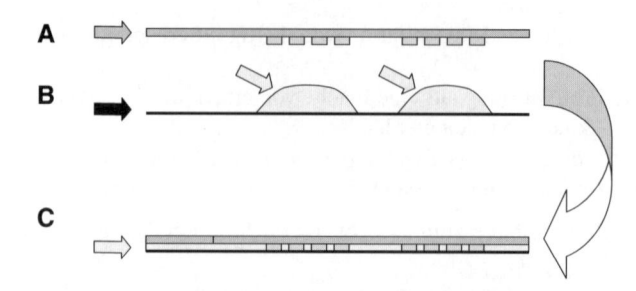

Abb. 5-1: Auftrag des Bindungspartners auf einem Biochip-Glasobjektträger. A) Das direkte Aufpipettieren einer Inkubationslösung auf die gespotteten Biochips ist nicht zu empfehlen, da durch die starken Scherkräfte die gespotteten Makromoleküle lokal abgeschwemmt werden könnten. Aus diesem Grund sollten die Inkubationslösungen (z.B. die Hybridisierungs- oder SMD-Lösung) vorab auf das Deckglas pipettiert (**B**) und der ‚Kopfüber' gedrehte Biochip (**A**) langsam auf das Deckglas gelegt werden, sodass ein luftblasenfreies ‚Deckglas-Biochip-Sandwich' entsteht (**C**).

5.2.2 Nachweis mit Antikörpern

5.2.2.1 Spotting

- In Abhängigkeit des Spotters und der eingesetzten Spotting-Pins werden entsprechende Volumina (pl bis µl) per Spot auf einem Glasobjektträger verteilt.
- Es ist darauf zu achten, die Proteinlösungen bei niedrigen Temperaturen (4,0 °C) zu belassen. Optimal wäre es, das Experiment in einem Kühlraum durchzuführen oder einen Spotter zu verwenden, der die Biochip-Matrix auf 4,0 °C herunterkühlen kann. Allerdings könnten Probleme mit der im Spotter-Innenraum vorhandenen Luftfeuchtigkeit (Kondenswasser!) auftreten, weshalb hierfür unbedingt der Hersteller befragt werden sollte.
- Nach dem Spotten muss der fertige Proteinarray solange bei 4,0 °C gelagert werden, bis die weitere Versuchsdurchführung erfolgen kann. Generell sollte das Spotten unmittelbar davor geschehen.

5.2.2.2 Waschen

- Die Proteinarrays werden geeigneterweise in einer Biochip-Waschkammer mit $1\times$ PBS unter leichtem Schwenken für 15 Min gewaschen. In Abhängigkeit der Anzahl der Proteinchips werden z.B. 400 ml Waschpuffer eingesetzt und der Waschpuffer zweimal gewechselt.
- Anschließend die Proteinchips mit einer Microarray-Zentrifuge für 10 Sek zentrifugieren und die Blocklösung darauf pipettieren.

5.2.2.3 Blocken

- Pro Quadratzentimeter eines Deckglases werden 4,0 µl der Blocklösung (z.B. mit BSA versetzt) auf die gespotteten Proteinarray-Grids pipettiert und das Deckgläschen luftblasenfrei auf den Proteinchip aufgelegt.
- Ca. eine Stunde bei 4,0 °C inkubieren und darauffolgend mit $1\times$ PBST oder mit Blocklösung waschen und trockenzentrifugieren.

Die Inkubationen können während bzw. nach dem Blocken auch bei Raumtemperatur (RT) durchgeführt werden, da die zusätzlichen Proteine in der Blocklösung ein Denaturieren oder eine Degradation der gespotteten Proteine verhindert.

5.2.2.4 Inkubation mit den Antikörpern

- Die primären Antikörper werden 1 : 1.000 in 100 µl PBST oder in der eingesetzten Blocklösung verdünnt.
- Es wird wie beim ersten Schritt des Blockens verfahren und nach Auflage des Deckgläschens für ca. 30–60 Min bei RT in einer feuchten Hybridisierungskassette oder einer Glasobjektträgerkammer inkubiert.
- Anschließend dreimal jeweils 10 Min mit 1× PBST waschen, zentrifugieren und gegebenenfalls mit dem sekundären Detektions-Antikörper (z.B. FITC-markiert, 1 : 25 in PBS verdünnt) wiederum für ca. 30–60 Min bei RT inkubieren.
- Zweimal jeweils 10 Min mit 1× PBST waschen, zentrifugieren und an der Luft trocknen lassen.

Die jeweils optimalen Verdünnungen der primären und sekundären Antikörper müssen vermutlich empirisch ermittelt werden, wobei die Verdünnungen in Western- oder Dot-Blot-Analysen als Richtwerte einzusetzen sind. Falls als sekundärer Antikörper keine Fluoreszenzmarkierung eingesetzt, sondern auf enzymatische Nachweisverfahren (z.B Alkalische Phosphatase) zurückgegriffen wird, sollten die Puffer, Inkubationsbedingungen und der Detektionsnachweis entsprechend den Herstellerangaben durchgeführt werden.

5.2.2.5 Analyse

Nach dem Trocknen können die Proteinarrays mit einem geeigneten Scanner analysiert werden. Es muss darauf geachtet werden, dass im Fall einer Fluoreszenzmarkierung der Protein-Biochip im Dunkeln gelagert und hellem oder intensiven Licht nur kurzfristig ausgesetzt wird.

5.2.3 Proteinkinase-Array: Nachweis mit ^{33}P

Als Versuchsziel sollen Proteinkinasen aus einer bestimmten Zelllinie daraufhin untersucht werden, ob die auf dem Peptidchip befindlichen Peptide potenzielle Substrate darstellen. In Anwesenheit von ^{33}P-γATP werden die erkannten und gebunden Peptidsequenzen phosphoryliert. Die ‚Kinasierung' der entsprechenden Spots wird mithilfe der Exposition auf Röntgenfilmen detektiert.

5.2.3.1 Aufschluss der zu untersuchenden Zellen

- Pro Glasobjektträger werden ca. 10^7 Zellen in eisgekühltem 1× PBS zweimal gewaschen und anschließend in 200 µl Lysispuffer resuspendiert. Die Zellen werden auf Eis behalten.
- Darauffolgend wird der Zelldebris in einer Mikrozentrifuge ($\sim 15.000 \times g$) für 10 Min bei 4,0 °C sedimentiert und der Überstand abgenommen.
- Der Überstand wird entweder über einen Sterilfilter mit 0,22 µm filtriert, oder nochmals bei $150.000 \times g$ für 60 Min zentrifugiert.
- Gegebenenfalls muss der Lysispuffer gegen PBS dialysiert werden, da Tris-HCl nicht auf reaktiven Aldehyd-Oberflächen eingesetzt werden soll!

5.2.3.2 Spotten, Waschen und Blocken

Das Prozedere des Spottens, des Waschens und des Blockens wird wie oben beschrieben durchgeführt.

5.2.3.3 Peptid-Phosphorylierung

- Die in 1× PBS resuspendierten Zellen werden mit 2× Kinasepuffer versetzt. Die genaue Zusammensetzung des Kinasepuffers hängt natürlich von der zu untersuchenden Kinase ab. Allerdings beeinhaltet der Kinasepuffer sowohl 1,0 mM ATP als auch 300 µCi/ml ^{33}P-γATP.
- Die Inkubation erfolgt bei RT bzw. 30 °C oder 37 °C für 60 bis 120 Min.
- Anschließend wird wiederum dreimal für jeweils 10 Min mit A. bidest. gewaschen, zentrifugiert und der Peptid-Biochip getrocknet.

5.2.3.4 Analyse

Nach dem Trocknen wird der Peptid-Biochip in einer Röntgenkassette und einem Röntgenfilm über Nacht bei RT exponiert. Anschließend wird der entwickelte Film mit einem geeigneten Scanner analysiert.

Die aufgeführten Protokolle eignen sich für das manuelle Arbeiten, als auch für automatisierte Laborsystem, die im nächsten Kapitel vorgestellt werden.

Literatur

Arfin, S.M., Long, A.D., Ito, E.T., Tolleri, L., Riehle, MM., Paegle, E.S., Hatfield, G.W. (2000) Global gene expression profiling in Escherichia coli K12. The effects of integration host factor. J Biol Chem. 275(38): 29672-84.

Barnes, W.M (1994) PCR amplification of up to 35-kb DNA with high fidelity and high yield from lambda bacteriophage templates. Proc Natl Acad Sci U S A. 91(6): 2216-20.

Dynal Biotech: www.dynalbiotech.com

Mueller, H.-J. (2001) Polymerase-Kettenreaktion (PCR) – Das Methodenbuch. Oktober 2001. Spektrum Akademischer Verlag. Heidelberg; Berlin.

Pat Brown: http://cmgm.stanford.edu/pbrown/protocols/1_slides.html

TeleChem Arrayit.com: www.arrayit.com

6 Hochdurchsatz-Screening

H.-J. Müller

Es kann im Prinzip keine Microarray-Applikation ohne das Ziel verfolgt werden, sehr große Mengen an diversen Interaktionen zu messen. Die Miniaturisierung der herkömmlichen Mikrotiterplatten-Assays auf die mannigfaltigen Biochips erhält ihre Existenzberechtigung nicht nur aufgrund der Kostenersparnis bezüglich der eingesetzten Reagenzien, sondern selbstredenderweise durch die Möglichkeiten beliebig viele Interaktionen mit potenziellen Bindungspartnern zu analysieren. Lange bevor die Microarrays in den Laboratorien Einzug hielten, wurde bereits im Hochdurchsatz gescreent.

Das Hochdurchsatz-Screening (High throughput screening = HTS) wurde und wird sehr erfolgreich in 96-, 384- oder 1536-Napf-Mikrotiterplatten primär in der pharmazeutischen Industrie, aber auch in klinischen Laboratorien durchgeführt. Was versteht man unter ‚Hochdurchsatz'? Hochdurchsatz kann für manche Laboratorien bis zu 100, aber für andere mehrere Tausend Analysen pro Tag bedeuten. Der Begriff ‚HTS' ist sehr schwammig, da fast alles als Hochdurchsatz-Screening bezeichnet wird, sobald dieser Terminus mit den Microarray-Applikationen assoziiert ist. Werden z.B. pro Tag zehn DNA-Biochips mit jeweils 1.000 Spots synthetisiert und darauffolgend mit zwei Sonden inkubiert, dann ließe sich im Falle eines universitären ‚Kleinlabors' zwar von HTS sprechen, aber über diesen Arbeitsaufwand würden pharmazeutische Screening-Abteilungen oder klinische Zentrallaboratorien abschätzig lächeln. Einige Anbieter von Biochips erwähnen in ihrem Werbematerial gerne, dass deren Microarrays HTS-tauglich sind. Geht man von Biochips mit weniger als 50 Spots (z.B. manche Proteinchips) aus, dann wird ‚Hochdurchsatz' durch eine enorme Anzahl der kommerziell erworbenen Biochips generiert, wobei der Arbeitsaufwand wiederum dramatisch steigt, da letztendlich jeder Biochip ‚gehandled' werden muss. Irgendwann steht der Experimentator vor seinen physischen (und sehr häufig auch psychischen) Grenzen und wird erwägen, ob er die Investitionen hinsichtlich automatisierter HTS-Systeme tätigen soll, oder ob er lieber Biochips herstellt bzw. erwirbt, bei welchen die Anzahl der Spots mindestens um den Faktor 10 bis 100 erhöht ist. Dann braucht er nur einen bis wenige Biochips, um ‚seine' Analysen der potenziellen Bindungspartner durchzuführen. Der Einsatz weniger Microarray-Matrizes verringert selbstverständlich auch die Häufigkeit auftretender Pipettierfehler, sodass die Test-zu-Test-Varianz ebenfalls auf ein befriedigendes Maß (Standardabweichung $< 5\%$) sinken wird. Das ist doch gut! Entscheidet sich der Experimentator aber, die Anzahl der Interaktionen zu erhöhen und aufgrund einer größeren Finanzspritze seine manuellen Ansätze mithilfe automatisierter Systeme zu kompensieren, dann läuft er mit riesigen Schritten in den HTS-Bereich hinein.

HTS ist im Prinzip immer mit einem automatisierten ‚Abarbeiten' der Suche nach Bindungspartnern verknüpft. Durch HTS sollen Kosten und Zeit gespart werden! Die Zeitersparnis resultiert aus dem kontrollierten und selbständigen Ablauf der automatischen Systeme und gegebenenfalls durch eine schnellere Inkubation oder Aufbereitung aller verwendeten Biomaterialien. HTS soll aber auch gleichbleibende Qualität ermöglichen und reproduzierbare Ergebnisse bereitstellen. Dieses ist besonders wichtig, sofern das Labor oder die Firma unter den strengen Qualitätsanforderungen (z.B. GMP, GLP, GAMP, ISO etc.) Forschen, Entwickeln und Produzieren müssen. Jeder Schritt muss dokumentiert werden und nachvollziehbar sein. Es dürfen keine nennenswerten Schwankungen von Test zu Test auftreten (Standardabweichung $< 3\%$). Das manuelle Arbeiten mag für die oben beschriebenen zehn DNA-Biochips ausreichend sein, aber personenbezogene Pipettierungenauigkeiten haben im HTS-Labor nichts mehr zu suchen.

Unter Berücksichtigung der Microarrays definieren wir hier HTS als die Untersuchung von 10.000 bis 100.000 Analysen pro Tag. Geht man von der Annahme aus, dass ein DNA-Biochip mit 10.000 verschiedenen DNA-Templates mit den jeweiligen Duplikaten beladen worden ist, und diese wiederum pro Tag mit zehn unterschiedlichen Sonden hybridisieren sollen, dann gibt es rein rechnerisch 200.000 Bindungsanalysen. Somit befinden wir uns im HTS-Bereich. Allerdings beläuft sich die Anzahl der eingesetzten Microarrays ‚nur' auf zehn erforderliche Biochips (sofern jede Sonde separat eingesetzt wird), weshalb wir eigentlich immer noch nicht von einem ‚richtigen' HTS sprechen können. Diese zehn Biochips lassen sich weiterhin manuell behandeln. Anders sieht es natürlich dann aus, wenn z.B. nur 100 Moleküle (z.B. bei den Proteinarrays) pro Biochip gespottet werden können, oder falls anstelle der Microarrays Mikrotiterplatten (z.B. 96-Napf) eingesetzt werden müssen. Dann würde die Anzahl der Array-Matrizes auf das Hundertfache ansteigen, und dieses ließe sich nicht mehr mit manuellen Methoden bewerkstelligen. Das gleiche gilt natürlich für ein Ansteigen der Sonden- bzw. Bindungspartneranzahl. Sollen z.B. 100 Drug-Targets (siehe Abschnitt 6.2) mit 1.000 niedermolekularen Substanzen (Small molecule drugs = SMD) inkubiert werden, dann sind 1.000 Biochips notwendig, die pro Tag nur durch automatisierte HTS-Systeme verarbeitet werden können. Willkommen im HTS-Land!

Hunderttausend Interaktionen pro Tag, das hört sich bereits gewaltig an, aber wir setzen noch einen drauf: Ultra-HTS! Hierbei werden mehrere Hunderttausend Interaktionen pro Tag analysiert, und man produziert eine enorme Datenflut, die anschließend ausgewertet werden muss. Bevor wir aber die Millionen zählen, bedarf es einer sorgfältigen Planung und Installation verschiedener Instrumente und Software, die in den folgenden Unterkapiteln vorgestellt werden.

6.1 Laborautomation

Die Frage nach dem richtigen HTS- oder Ultra-HTS-System stellt sich im Prinzip jeder Experimentator, der seine Interaktion im Hochdurchsatz-Verfahren analysieren möchte. Eine perfekte Antwort bzw. Lösung wird es vermutlich ‚adhoc' nie geben. Es ist nicht selten, dass eine teilweise leidvolle Erfahrung mit ‚falsch angeschafften' Instrumenten und ungeahnten Zeitverzögerungen bei der abschließenden Installation auftreten, falls man auf den falschen Berater gehört hat, oder nur nach Preis gekauft hat. Hilfreich ist es, wenn vor der Anschaffung des eigenen Hochdurchsatz-Labors ein bereits bestehendes und vergleichbares HTS-Labor besichtigt wird. Handelt es sich hier um ein befreundetes Labor, ohne dass Konkurrenzzwänge vorhanden sind, dann sollte man ein paar Tage dort verbringen, um einen umfassenden Überblick über die Anforderungen als auch Herausforderungen eines HTS-Labors zu erhalten. Zurück im eigenen Labor bzw. zum eigenen Schreibtisch wird dann der Plan aufgezeichnet, aus welchem das eigene HTS-Labor entspringt. Folgende wesentliche Fragen und potenzielle Antworten müssen dabei berücksichtigt werden:

- Wie führe ich meine Probenaufbereitung durch, und wie häufig muss diese durchgeführt werden?
  Die Frage ist schlicht hinsichtlich der Anforderung eines automatischen Extraktionssystems gestellt, wobei sich hierfür diverse Systeme für die Isolierung und anschließender Reinigung der Makromoleküle (RNA, DNS, Proteine) eignen. Im Falle der Proteine müssen eventuell Flüssigchromatographiegeräte einbezogen werden.
- Welches Format haben meine Biochips? Sind es Glasobjektträger oder ist es ein außergewöhnliches Design?

Bei Glasobjektträgern mit dem Standarmaß (∼ 25 × 76 mm) können diverse Roboterarme, Spotter, Waschstationen, Inkubationskammern und Microarray-Scanner verschiedener Firmen eingesetzt werden. Bei den Sonderformen ist man in der Regel auf die Instrumentation der jeweiligen Hersteller angewiesen.
- Wieviele Interaktionen will ich pro Tag messen und wie sind diese Interaktionen aufgeteilt? Haben Sie zehn Biochips mit jeweils 1.000 gebundenen Targets und wollen 100 unterschiedliche Bindungspartner einsetzen, oder sollen 1.000 Biochips mit jeweils 100 Targets und nur einem Bindungspartner analysiert werden?
Hier muss der Fokus entweder auf einen Liquidhandling-System oder auf einen Biochip-Prozessierroboter gerichtet werden.
- Spotte ich mir meine Biochips selbst, oder werde ich kommerziell erworbene DNA- bzw. Proteinarrays kaufen?
Die Flexibilität liegt eindeutig in den Händen der ‚Selbermacher', aber ‚geoutsourcte' Microarrays haben etliche Vorteile, die selbstverständlich auch ihren Preis rechtfertigen. Generell ist zu überlegen, ob die Anschaffung eines Spotters wirklich sinnvoll ist, da die Einstiegsinvestition als auch die laufenden Kosten (bitte die Arbeitskraft nicht vergessen!) sehr hoch sind. Falls das Microarray-Projekt für mehrere Jahre Bestand haben und gegebenenfalls ausgeweitet wird, dann wird der Spotter sich amortisieren.
- Stelle ich mir primär DNA- oder Protein-Biochips her?
Hier muss die Frage dahingehend beantwortet werden, ob ein mechanischer Spotter, ein Piezo-Spotter oder ein Liquidhandler z.B. für den Pikoliterbereich eingekauft werden soll. Weiterhin muss geklärt sein, welcher Spotting-Durchsatz (Anzahl der Biochips pro Beladung und Zeiterfordernis sowie Waschen der Pins) für das Spotten zu erreichen ist, und wieviele Spots pro Spotting-Vorgang auf die Biochips transferiert werden sollen. Aus diesen Antworten lässt sich direkt der Zeitaufwand für die Herstellung der Biochips ableiten.
- Welches Detektionssystem werde ich einsetzen?
Das zu detektierende Molekül (Fluorophore, Radioaktivität, etc.) schreibt im Prinzip vor, welcher Scanner oder (Phospho-)Imager angeschafft werden muss. Entscheidend ist natürlich auch, wie viel Biochips pro Tag prozessiert, und wie diese nach dem Hybridisieren und Waschen in das Detektionsgerät transferiert werden.
- Wie verknüpfe ich meine Laborautomation miteinander, und wie werde ich die erhaltenen Daten verwalten und analysieren?
Wenn alles automatisch ablaufen soll, dann müssen die einzelnen Instrumente z.B. durch verschiedene Roboterarme miteinander verbunden werden und kompatibel sein. Weiterhin muss die erforderliche Arbeitsliste, die wiederum über die Software erstellt und kontrolliert wird, von den einzelnen Instrumenten abgearbeitet werden können. Die einzusetzende Software ist fast immer eine ‚Custom made'-Lösung und das entscheidende Tool bei der gesamten Laborautomation.

Die Firmen bieten Ihnen für fast jede Fragestellung eine optimale ‚Total Solution' an, solange wirklich das gesamte Equipment zuzüglich Software in deren Händen ist. Das ist leider selten der Fall, aber es können ja auch verschiedene Anbieter miteinander kombiniert werden. Lassen Sie sich ausführlich von den Spezialisten der einzelnen Firmen informieren. Stellen Sie einen Plan mit den oben angegeben Fragestellungen auf, und erarbeiten gemeinsam mit den Spezialisten einen optimalen Arbeitsablaufplan (Workflow-Management). Solch ein ‚Workflow-Plan' könnte wie in Abb. 6-1 dargestellt aussehen. Diesem Plan ist eindeutig zu entnehmen, dass das Herz des gesamten HTS-Systems eigentlich die Software ist. Es wird für die automatische Ansteuerung und Kontrolle der einzelnen Arbeitsschritte ein umfassendes Software-Informationssystem benötigt.

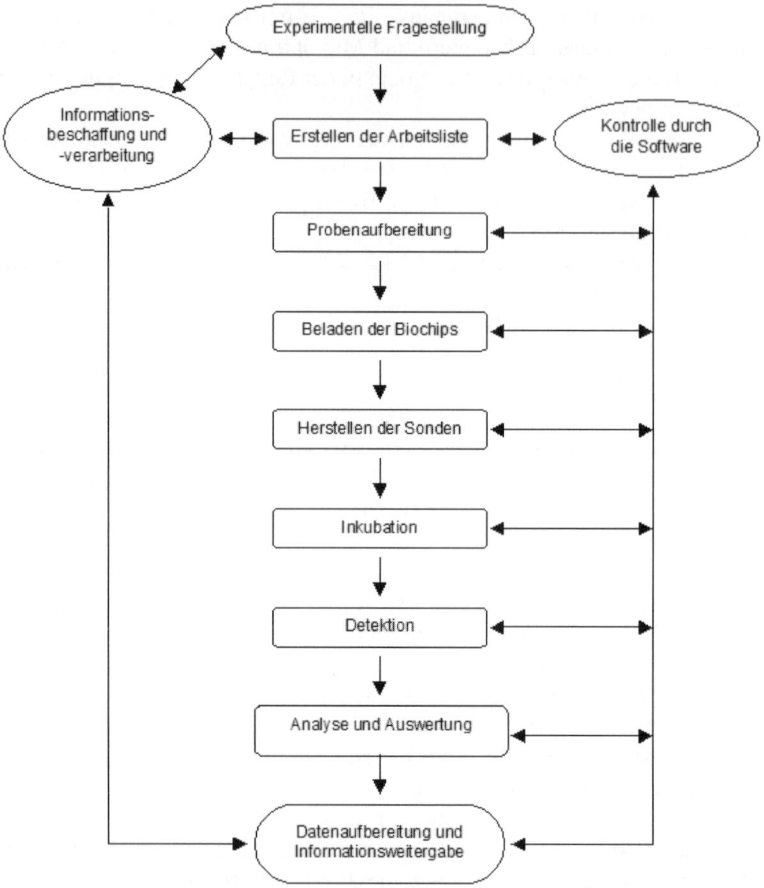

Abb. 6-1: Grafische Darstellung eines potentiellen Workflow-Plans für ein HTS-Labor. Am Anfang eines Workflow-Plans steht die experimentelle Fragestellung. Jeder Schritt der ablaufende Applikationen und Auswertungen wird durch die eingesetzten Software-Module kontrolliert und protokolliert. Die Informationsbeschaffung und -verarbeitung geschieht in der Regel am Anfang und Ende des gesamten Workflow-Ablaufs, kann aber auch während der einzelnen Schritten ebenfalls durch die Software koordiniert werden.

6.1.1 Laborautomationssoftware

Im Allgemeinen fasst man diese Software unter den Namen LIMS (Laborinformations- und Management-System) zusammen. Ein typisches LIM-System beinhaltet Schnittstellen (RS232, analoge und digitale Verbindungen etc.), die einen Austausch jeglicher digitaler Daten einer beliebigen Quelle (z.B. Liquidhandler, Spotter, Scanner) ermöglichen. Hierbei werden Arbeitslisten eingelesen, erstellt und aufbereitet, sodass eine Weiterberechnung und Berichtstellung (optimalerweise in bidirektionaler Richtung) erfolgen kann. Das LIMS übernimmt weiterhin den Datenaustausch mit Analysenprogrammen, Grafik-Interfaces und Datenbanken. Bei kommerziellen Anwendern (z.B. ein Laborarzt) werden die erhaltenen Screening-Daten gegebenenfalls auch in deren Patientenreports und Finanzsoftware eingespeist, sodass nach Bereitstellung der Proben und

Start des Arbeitsvorganges die Ergebnisse direkt ausgelesen und parallel dazu gleich die Rechnung gestellt wird.

Neben den oben beschriebenen Spezifikationen eines LIMS werden aber zusätzliche Software-Module benötigt, die explizit auf das Microarray-Experiment adaptiert sein müssen. Prinzipiell wird zu jedem Instrument die erforderliche Software geliefert, damit das Gerät auch funktioniert. Wichtig hierbei ist jetzt die Frage, ob diese Software mit dem LIMS kommunizieren kann. Das LIMS muss die Daten aufnehmen, bearbeiten und eventuell auch wieder zurücksenden können. Dieser bidirektionale Datenaustausch ist nicht mit jedem Instrument und jeder beigefügten Software möglich. Als Lösung für dieses Problem bieten sich Software-Module an, die die Daten in das jeweilige Format konvertieren. Weiterhin gibt es unterschiedliche Software-Programme, die eine Optimierung des entsprechenden ‚Assays' erlauben, die Ergebnisse in geeigneten Grafiken darstellen, oder z.B. Sequenz-Vergleiche und Internet-Recherchen durchführen. Auch diese Programme müssen mit den Geräten und der LIMS kompatibel sein.

Das Ausmaß des Installationsaufwands und der resultierenden Kosten ist sehr hoch. Es werden schnell mehr als 100.000 Euro nur für die Software investiert, die nicht zu dem ‚Einkaufspaket' der Instrumentenhersteller gehört. Die eigentliche ‚Default'-Softwareversion ist in der Regel nicht der große Kostenfaktor, aber sobald kundenspezifische Anpassungen erforderlich sind, werden die Kosten steigen. Es ist nicht unclever, wenn vorab geklärt wird, wie hoch die Tagessätze der Programmierer sind, und welcher zusätzliche Arbeitsaufwand (sprich Anpassung an das LIMS) entstehen könnte. Noch etwas problematischer wird der Fall, wenn verschiedene Anbieter ihre Systeme miteinander integrieren wollen, und eventuell der Software-Anbieter weder das eine noch das andere System aus dem ‚Ffeff' beherrscht. Hier ist Stress vorprogrammiert und die Frage der Garantie nach Installation aller Geräte und Software bekommt neue Dimensionen. Einen Ausweg aus diesem potenziellen Dilemma wäre die ‚Kooperation' mit nur einem ‚Total Solution'-Anbieter.

‚Last but not least' sollen die Computer und die Datensicherheit nicht unerwähnt bleiben. Normalerweise hat jedes Labor seinen eigenen Computer mit Zugang zum Zentralrechner, der wiederum in der Regel den Server darstellt, oder direkt mit diesem verbunden ist. Die Zentralrechner laufen mit unterschiedlichen Computersystemen (Windows, Mac, Linux, SAP etc.) und der Datentransfer (zumindest außerhalb des HTS-Labors) unterliegt selbstverständlich den Restriktionen des einzelnen Systems. Damit alles optimal läuft und die Datensicherheit gewährleistet ist, sollte der IT-Manager frühestmöglich bei der Planung des HTS-Labor involviert sein.

6.1.2 Probenaufbereitung

Als erstes müssen wir zwischen der Probenaufbereitung aus biologischen Materialien, und der Probenherstellung mit Bezug auf die Hybridisierungssonden, oder der Bereitstellung von Bindungspartnern unterscheiden. Die primäre Probenaufbereitung bedeutet im Allgemeinen die Extraktion von Makromolekülen aus Zellen, Gewebe oder anderen Materialien. Diese Makromoleküle sollen auf die vorbehandelten Biochips gespottet und anschließend mit den jeweiligen Bindungspartnern inkubiert werden. In einem HTS-Labor sollte dieses automatisch unter Verwendung geeigneter Instrumente geschehen. Welche Instrumente zu beschaffen sind, hängt natürlich wiedermal von der eigentlichen Fragestellung des Experimentes und den zu isolierenden Makromolekülen ab. Auch wenn die anfängliche Prozedur bei DNA, RNA oder Proteinen deutlich different sein wird, mündet die Extraktion jeweils in die Handhabung von Flüssigkeiten. Ab diesem Moment basiert die Instrumentation fast immer auf den gleichen Prinzip: Liquidhandling! Hierbei werden Flüssigkeiten in den unterschiedlichsten Volumina (wenige Piko- bis zu Milliliter) von Mikrotiterplatte

Abb. 6-2: Beispiel eines Liquidhandling-System. In dieser Abbildung ist das Evolution P3-System mit einem ‚Platestacker' für das HT-Screening zu sehen. Das Bild wurde mit freundlicher Genehmigung von Herrn Paul Lomax, PerkinElmer Life and Analytical Sciences bereitgestellt.

zum Reaktionsgefäß oder zu einer anderen Mikrotiterplatte transferiert. Die Anforderungen an die Liquidhandler sind unter anderem durch geringe Totvolumina, höchste Präzision, Sterilität und hohem Probendurchsatz charakterisiert. Weiterhin sollen die Liquidhandler relativ leicht zu warten und kostengünstig sein. Welches Liquidhandling-System für Ihr HTS-Labor geeignet ist, hängt natürlich von dem täglichen Probendurchsatz und den finanziellen Möglichkeiten ab. Als Beispiel ist in Abbildung 6-2 ein Liquidhandling-System dargestellt, welches eine kleine Arbeitsfläche benötigt, aber trotzdem die automatische Prozessierung einer großen Anzahl von Mikrotiterplatten ermöglicht.

Die Prozessierung von Mikrotiterplatten muss bei jedem Schritt kontrolliert werden. Üblicherweise wird dieses mit dem Lesen der auf den Mikrotiterplatten befindlichen Barcodes durchgeführt. Selbstverständlich immer unter Kontrolle des allwachenden LIM-Systems. Der Transfer einer Mikrotiterplatte von dem einen Gerät (z.B. der Extraktor) zum anderen (der Liquidhandler für die Verdünnungen oder der Spotter) geschieht mithilfe eines Roboterarmes, an welchem ein ‚Plattengripper' installiert ist (Abb. 6-3.), oder durch ein Fließband, das wiederum durch die gesamte ‚Prozessstraße' läuft. Der Verarbeitungsprozess muss natürlich auf die nächste Stufe transferiert werden können, sodass der Roboterarm mit den darauffolgenden Instrumenten (vermutlich der Spotter) kompatibel ist. In Abhängigkeit des Liquidhandlers können Mikrotiterplatten im 96-, 384 oder 1536-Napf-Format beladen werden (Abb. 6-4: A + B).

Die weiteren Schritte eines Workflow-Plans werden in den jeweiligen Kapiteln für das Spotten (Abschnitt 4.1), das Hybridisieren (Abschnitt 5.1.5) und das Detektieren (Abschnitt 3.3) ausführlich beschrieben. Die Analyse und Auswertung der erhaltenen Ergebnisse stellt den eigentlichen Flaschenhals der Informationsflut dar, weshalb im Folgenden etwas näher darauf eingegangen wird.

Abb. 6-3: Beispiel eines Plattengrippers. Damit sich die Mikrotiterplatten von einem Gerät (z.B. der Liquidhandler) zum anderen (z.B. der Spotter) transportieren und in die exakte Position translozieren lassen, werden hauptsächlich so genannten ‚Plattengripper' eingesetzt, die wiederum durch einen Roboterarm zu steuern sind. Das Bild wurde mit freundlicher Genehmigung von Herrn Paul Lomax, PerkinElmer Life and Analytical Sciences bereitgestellt.

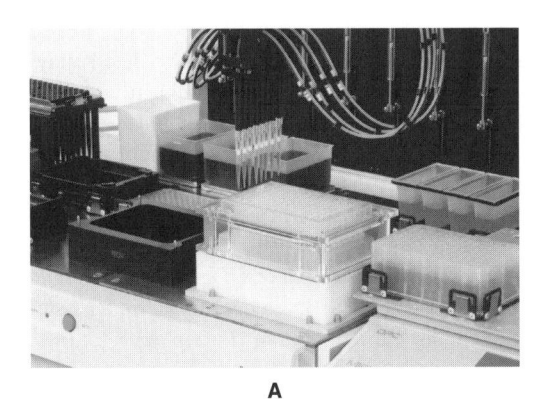

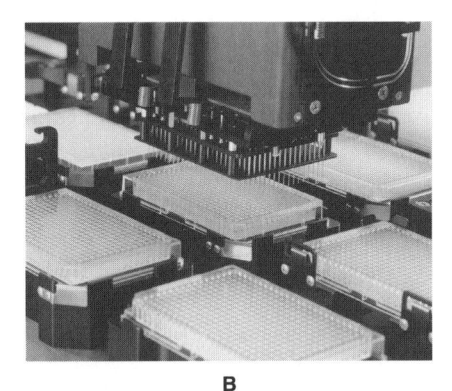

Abb. 6-4: Liquidhandling: Der Gebrauch von Mikrotiterplatten im 96- und 384-Napf-Format. A) Bei ‚normalen' 96-Napf-Mikrotiterplatten werden, wie hier dargestellt, 8-Pipettensets häufig eingesetzt. **B)** Sofern es auf Hochdurchsatz und Geschwindigkeit ankommt, lassen sich auch 384er-Pipettiernadeln verwenden. Die Bilder wurden mit freundlicher Genehmigung von Herrn Paul Lomax, PerkinElmer Life and Analytical Sciences bereitgestellt.

6.1.3 Analyse und Auswertung

Die Daten, welche nach dem Scannen des Microarrays erhalten wurden, müssen nun mehr oder weniger manuell analysiert werden. Hierfür ist der Einsatz entsprechender Software sehr hilfreich, aber wir kommen nicht darum herum, jedes Ereignis persönlich zu begutachten. Bei einem

Microarray-Scan erhalten wir ein ‚fantastisches' Bild voller gelber, roter und grüner Punkte oder Falschfarben (Abb. 4-14, Seite 123). Die Microarray-Software stellt uns grafische Vergleiche zu einem Spot, welcher mit unterschiedlichen Proben inkubiert wurde, bereit. Jetzt geht es an das Eingemachte! Die Bedeutung der einzelnen Fluoreszenzmessungen wurde bereits in Abschnitt 4.3 beschrieben, aber die Interpretation der Ergebnisse liegt in unserem Ermessen. Wir erhalten Tausende differente Daten pro Tag und müssen uns einen Reim daraus machen. Dieses können wir aber nur dann, wenn wir die richtige Analyse-Software verwenden. Es müssen Grenzwerte gesetzt werden, die die Software veranlassen mit der virtuellen Flagge auf unserem Monitor zu schwenken. Diese Grenzwert-Ermittlung setzt eine vollständige Daten-Extraktion (z.B. Quantifizierung, ‚Feature flagging', Normalisierung etc.) voraus. Es muss während der gesamten oben beschriebenen Prozesse immer Klarheit darüber bestehen, welche Quantität an eingesetztem Material gegeben ist, wo sich die jeweiligen Proben sowohl in der Mikrotiterplatte als auch auf dem Biochip befinden, und wieviele Moleküle des gebundenen mit den freien (die Sonde) Interaktionspartnern in der vorgegebenen Zeit (z.B. bei den Biosensoren) interagieren. Nur so kann das Bindungsereignis in der korrekten Relation berechnet und analysiert werden. Normalerweise geschieht all dieses im Hintergrund, aber vor dem Start müssen die zu verwendenden Parameter von dem Experimentator selbst definiert werden. Eine Übersicht über die Möglichkeiten der Microarray-Software wurde ebenfalls in Abschnitt 4.3 beschrieben. Es wird aber ersichtlich, dass die Microarray-Software nicht alleine ausreicht, um die enorme Datenmenge zu verwalten, weshalb eine umfangreiche Datenbank sowie die Verknüpfung mit dem Internet und dem ‚Haus-internen' Intranet eingebunden werden muss. Die produzierten Daten sind nur so gut, wie sie sich mit anderen Daten und Ergebnissen vergleichen lassen, und dieses ist nur mit dem Abgleich anderer Datenbanken, sei es intern oder extern, möglich.

Ein beträchtlicher Zeit- und Arbeitsaufwand ist mit der Datenauswertung assoziiert. Die Analysen sind schnell gemacht, aber die darauffolgende Zeit, welche vor dem Bildschirm verbracht werden muss, ist für HTS-Neulinge nicht vorherzusehen und wird sehr häufig unterbewertet. Weiterhin erfordert die Software-Analyse ein umfassendes Fachwissen hinsichtlich der Ergebnis-Interpretation, sodass im Allgemeinen der Laborleiter oder ‚Post-Doc' seine Nächte mit viel Kaffee oder anderen aromatischen Getränken vor dem Monitor sitzend verbringt und neue Maßstäbe für die ‚Über-Nacht-Inkubation' definiert. Wir befinden uns immer noch in dem HTS-Bereich, welcher uns zwischen 10.000 und Hunderttausend Ergebnisse pro Tag liefert. Der Arbeitsaufwand wird ‚geringfügig' erhöht, wenn wir uns in Richtung des Ultra-HTS-Bereiches annähern. Hier stehen wir nun vor einem riesigen Berg an Informationen, der nur noch durch ein fein abgestimmtes Netzwerk aus Instrumenten, Robotern, Computern und Software erarbeitet und ausgewertet werden kann. Als Beispiel der Anforderungen wird im Folgenden das Auffinden von Zielmolekülen für Medikamente (Drug-Targets) beschrieben.

6.2 Drug-Target-Screening

Das Auffinden von potenziellen Medikamenten, die mit hoher Effizienz wirken und kaum oder keine Nebenwirkungen aufweisen ist eines der großen Ziele der pharmazeutischen Industrie. Zusätzlich sollen die Produktionskosten drastisch gesenkt und die Entwicklung dieser Wirkstoffe deutlich verkürzt werden. Als potenzielle Zielmoleküle eines neuen Wirkstoffes werden die Proteine hochgehandelt. Geht man von ca. 30.000 Genen des Menschen aus, dann stellen vermutlich mindestens zehn Prozent davon mögliche Bindungspartner für die Wirkstoffe dar. Die Wirkstoffe sind in der Regel kleine Moleküle, die im Allgemeinen als ‚Small Molecular Drug' (SMD) bezeichnet werden. Die Zielmoleküle werden ebenfalls im allgemeinen Sprachgebrauch als ‚Drug-Targets' benannt. Die Suche nach den richtigen Drug-Target ist demnach unter dem Begriff ‚Drug-Target-Screening' bekannt.

Die Lager der pharmazeutischen Industrie sind gefüllt mit etlichen Millionen potenziellen Medikamenten. Das Auffinden einer effektiven Bindung mit einem der mindestens 3.000 potenziellen Drug-Targets lässt sich im HTS-Umsatz nicht mehr erreichen. Bei dieser großen Anzahl an unterschiedlichen Bindungsassays spielt nicht nur die Zeit, sondern auch der Kostenfaktor eine wesentliche Rolle. Die Testvolumina müssen deutlich reduziert werden, wobei die Kosten für einen Bindungsassay in 50 µl Volumen zwischen 0,50 und 2,50 Euro liegen, und bei einem 5,0 µl Ansatz um ein Zehnfaches reduziert werden können. Das letztgenannte Volumen ist für 1536-Napf-Mikrotiterplatten geeignet. Eine weitere Reduktion der Kosten kann nur durch Anpassung an das Microarray-Format geschehen, aber zur Zeit werden hauptsächlich die 1536-Napf-Mikrotiterplatten (zumindest für die Proteinanalyse) eingesetzt. Der Vorteil bei den Mikrotiterplatten liegt darin, dass auch lebende Zellen in die Näpfchen transferiert werden können, und somit die in vivo Beobachtung der Zellaktivität gegenüber der in vitro Analyse eine aussagekräftigere Bedeutung erhält.

Aus diesen Ausführungen kann entnommen werden, dass für das erfolgreiche Auffinden eines neuen Medikaments eine astronomische Zahl einzelner Inkubationen erfordert. Es müssen etliche Millionen Verbindungen mit mehreren Tausend Drug-Targets inkubiert und analysiert werden, sodass nur durch ein kosteneffektives Ultra-HTS geeignete neue Wirkstoffe in einem abzusehenden Zeitrahmen gefunden werden können. Wie in Kapitel 6 näher beschrieben, wird das Ultra-HTS heutzutage in 1536-Napf-Mikrotiterplatten durchgeführt. Damit aber weitere Kosten- und Zeiteinsparungen erhalten werden können, muss das zukünftige Drug-Target-Screening auf Microarray-Plattformen adaptiert werden. Diese Anpassungen sind erst dann erfolgreich, wenn die Problematik mit den benötigten Proteinchips (Abschnitt 3.1) gelöst wurden. Allerdings ist dieses nur noch eine Frage der Zeit.

6.3 Klinische Chemie und Genetic-Screening

Das Auffinden von bestimmten Krankheitsmerkmalen aus verschiedenen Patientenproben lässt sich mithilfe der ‚In vitro Diagnostik' (IVD) durchführen, ohne dass der Patient in einem Krankenhaus notwendigerweise verweilen muss. Es reicht aus, dass dem Patienten z.B. eine Blutprobe entnommen und diese an ein diagnostisches Labor eingesendet wird. Dort werden die biochemischen und teils auch genetischen Merkmale bezüglich eines bestimmten Krankheitsbildes analysiert und gegebenenfalls diagnostiziert. Die Diagnosemethoden werden in der Regel auch als ‚Klinische Chemie' bezeichnet, da biochemische Analysen hierbei Ihre Anwendung finden. Ein Großteil aller Analysen geschieht mithilfe der Immunchemie, sei es als ‚RIA' (Radio-Immuno-Assay) oder als ‚FIA' (Flourescence-Immuno-Assay).

Im Bereich der ‚Klinischen Chemie' benötigen die Zentrallaboratorien sowie größere Laborarztpraxen für die Analyse der Patientenproben ebenfalls eine wohldurchdachte Laborautomation. In diesen Laboratorien werden pro Tag bis zu 50.000 Patientenproben eingeschickt, wobei die Patientenbefunde innerhalb weniger Tage oder gar Stunden an den jeweiligen Einsender (z.B. eine Arztpraxis oder ein Krankenhaus) zurückgeschickt werden müssen. Gegenwärtig erhalten die klinischen Laboratorien die Patientenproben primär als Blut-Ampullen, aber auch getrocknete Blut-Filterkarten und andere biologische Materialien (Gewebe, Serum, Urin etc.) werden für die klinischen Untersuchungen verwendet.

166 · 6 Hochdurchsatz-Screening

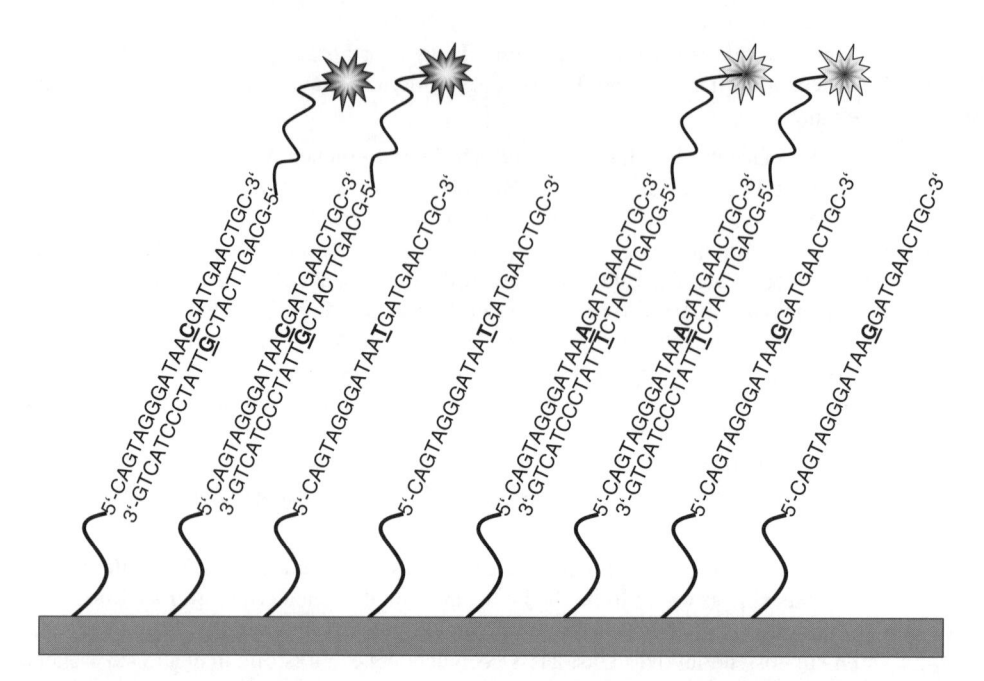

Abb. 6-5: SNP-Oligonucleotid-Biochips für das Genetic-Screening. Ein potentieller SNP-Oligonucleotid-Biochip ist dadurch charakterisiert, dass diverse Oligonucleotide, die krankheitsrelevante Punktmutationen (Single-Nucleotide-Polymorphisms = SNPs) aufweisen, auf dem DNA-Array gespottet und über einen geeigneten Linker (schwarze Welle) kovalent gebunden werden. Optimalerweise sind identische Oligonucleotide zumindest in Duplikaten oder häufiger aufgetragen. Der Experimentator amplifiziert spezifische Bereiche der betroffenen Allele eines Patienten, markiert die Amplikons mit Fluorophoren (Sterne) über einen Linker (graue Welle) und hybridisiert die vorab isolierten Einzelstrang-DNA mit den fixierten Oligonucleotiden auf dem Biochip. Im Falle eines spezifischen Hybridisierungsereignisses werden die Patienten-spezifischen SNPs nachgewiesen. Als Kontrolle sollten immer die nicht-mutierten Formen (unterstrichenes Guanin ‚G') mit den verschiedenen potentiellen Mutationsformen T, A, G) hinzugezogen werden. In einem Hybridisierungsexperiment lassen sich verschiedene Fluoreszenzmarkierungen (dunkler und heller Stern) nachweisen.

Zur Zeit werden noch keine diagnostischen Biochips routinemäßig eingesetzt, aber in den nächsten Jahren wird auch hier aufgrund von Sparmaßnahmen hinsichtlich der eingesetzten Reagenzien und des Bedarfs an schnelleren Befunden die Microarray-Technologie Einzug erhalten. Die Entwicklung zu kleineren Testvolumina mag sich wie bei der Pharmaindustrie auswirken, bei welcher ausgehend von 96- über 384- und 1536-Napf-Mikrotiterplatten der nächste Schritt die Microarray-Platform sein wird. Da allerdings die meisten biochemischen Marker Proteine darstellen, und diese hauptsächlich durch Antikörper- oder Protein-Proteinbindung nachgewiesen werden, wird der große Sprung in die Biochip-Diagnostik erst nach Lösung aller Proteinarray-Probleme (siehe Abschnitt 3.1) möglich sein. Allerdings gibt es einen Bereich in der IVD, bei welchem der Einsatz von DNA-basierenden Biochips bereits heute sehr gut möglich ist. Hierbei handelt es sich um das ‚Genetic-Screening', welches das Auffinden von genetischen Anomalien (z.B. SNiPs, Insertionen und Deletionen etc.), die sich durch Amplifizierung eines mutierten Gens sowie darauffolgender Detektion auf einem entsprechend beladenen Hybridisierungs-Biochip nachweisen lassen, beinhaltet. Das Genetic-Screening ist als Suche nach potenziellen Krankheitsgenen oder –mutationen bei einem einzelnen Individuum zu verstehen, und kann erst bei 100 %iger Assoziation der nachgewie-

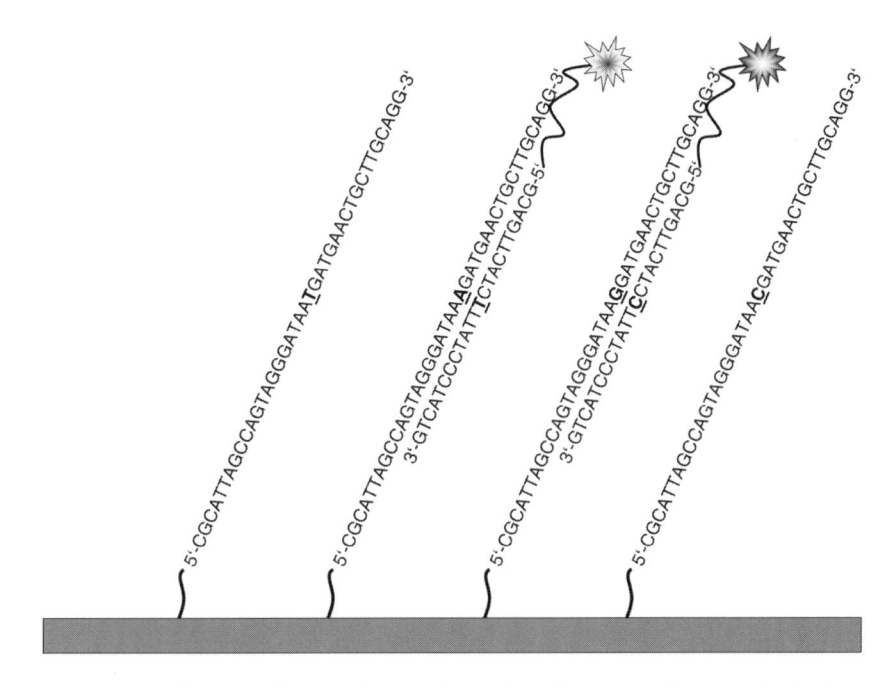

Abb. 6-6: Patienten-Biochips für das Genetic-Screening. Vorab amplifizierte einzelsträngige DNA-Patientenproben, die spezifische Allele repräsentieren, werden auf aktivierte DNA-Biochips gespottet und anschließend mit den erforderlichen fluoreszenz-markierten Oligonucleotiden hybridisiert. Positive Hybridisierungssignale weisen auf vorhandene genetische Veränderungen hin.

senen Genanomalie(n) mit einem spezifischen Krankheitsbild („Ja-Nein-Antwort') als diagnostischer Krankheitsbefund dienen. Nichtsdestotrotz werden immer häufiger bestimmte ‚Human Leukocyte Antigen' (HLA)-Punktmutationen spezifischen Krankheiten (z.B Zöliakie, Diabetes-Typ-1, Cystische Fibrose) zugeordnet. Ein Genetic-Screening lässt sich demnach für diese Krankheiten durchführen, wobei allerdings das Auftreten von biochemischen Markern (z.B. Auto-Antikörper) mithilfe der Immunchemie überwacht werden sollte. Hierbei müssen selbstverständlich ethische Gesichtspunkte beachtet werden, da ein genetisches Screening nicht überall erwünscht oder gar erlaubt ist.

Im Allgemeinen unterscheidet man bei dem Genetic-Screening mit Bezug auf die Microarrays zwei Hauptformate voneinander. Im ersten Microarray-Format werden SNP-Oligonucleotid-Biochips eingesetzt, bei welchen Sequenzvarianzen (SNiPs) innerhalb eines bestimmten Individuums nachgewiesen werden. Auf diesen SNP-Oligonucleotid-Biochips sind diverse synthetisch hergestellte Oligonucleotide gekoppelt, die jedmögliche krankheitsrelevante Punktmutation aufweisen und durch Hybridisierungsassays unter Verwendung der Individuum-spezifischen PCR-Amplifikate detektiert werden können (Abb. 6-5). Der Aufwand dieser SNP-spezifischen Biochips ist durch die hohe Anzahl verschiedener PCR-Ansätze und der darauffolgenden Fluoreszenz-Markierung gegeben. Sofern nur auf wenige Allele ‚gescreent' werden soll, lassen sich einige PCRs durchführen und Allel-spezifische SNP-Oligonucleotid-Biochips einsetzen. Vorteilhaft ist die Tatsache, dass die benötigten Biochips als auch die notwendigen PCR-Primer nicht zwangsläufig von dem Screening-Labor hergestellt werden müssen. Nach Erhalt der Patientenprobe ließe sich die Nucleinsäureisolierung und darauffolgende PCR automatisieren. Ein anderer Ansatz ist die Verwendung von Patienten-spezifischen Biochips, bei welchen bestimmte Gensegmente diverser Patienten auf den Biochips vorab gespottet wurden und mit den erforderlichen Fluoreszenzmarkierten Oligonucleotiden hybridisiert werden (Abb. 6-6). Bei diesen Patienten-Biochips muss nicht immer auf alle potenziellen ‚krankheitsnachweisenden' SNPs gescreent werden, sondern es sollten nur bei einem Verdachtsfall bestimmter Genanomalien bzw. eines diagnostizierten Krankheitsbildes eine Vielzahl unterschiedlicher Patientenproben mit wenigen Hybridisierungssonden überprüft werden. Nachteilig ist, dass die Patientenproben gesammelt und anschließend individuell auf die Patienten-Biochips gespottet werden müssen. Dieses ist wiederum mit einem hohen Kosten und Zeitaufwand verbunden.

In beiden Fällen weist ein positives oder negatives Hybridisierungsereignis auf die Anwesenheit bestimmter SNPs oder anderer Genanomalien hin. Die potenzielle Ausprägung einer davon abgeleiteten Krankheit ließe sich mit geeigneten diagnostischen Verfahren (z.B. dem Auftreten von Zöliakie-Auto-Antikörpern) überwachen. Dadurch ist sowohl der Arzt als auch der Patient gewappnet, und es kann frühzeitig mit einer Prophylaxe bzw. Behandlung begonnen werden.

7 Datenbank-Recherche und Patente

H.-J. Müller

7.1 Datenbank-Recherche

Die Daten-Recherche hinsichtlich bereits publizierter Microarray-Experimente und Homologievergleiche auf Nucleinsäure- und Protein-Basis ist ein sehr zeitintensiver Prozess, der bereits mit der biologischen Fragestellung des Microarray-Experimentes unmittelbar einhergeht. Glücklicherweise muss sich in der heutigen Zeit keiner mehr für diverse Wochen in einer staubigen Bibliothek einschließen und alle Journale durchforsten, um auf den aktuellen ‚Status Quo' der jeweiligen biologischen Fragestellung zu gelangen. Es genügt ein PC mit schnellem Internetzugang, wobei die Zuhilfenahme der diversen Suchmaschinen und Datenverwaltungsprogramme dem Experimentator nach Eingabe seiner Suchbegriffe den Abruf der aktuellsten Informationen ermöglicht. Als einführende Datenbank-Recherche über den aktuellen Forschungsstand der biologischen und medizinischen Forschung eignet sich die ‚PubMed' der ‚National Library of Medicine' (www.ncbi.nlm.nih.gov/PubMed/) sehr gut (Abb. 7-1: A). Durch Eingabe eines Suchbegriffs wie z.B. ‚Microarray' werden die entsprechenden Publikationen aufgerufen (Abb. 7-1: B). Verschiedene Suchbegriffe lassen sich unter anderem durch ‚AND' und/oder ‚OR' miteinander kombinieren, sodass eine immer engere Auswahl der relevanten Publikationen erhalten werden kann. Die PubMed bietet umfangreiche Möglichkeiten zur detaillierten Darstellung der erhaltenen Informationen (Abb. 7-1: C), wobei neben Sequenzinformationen auch das gesamte ‚Abstract' übermittelt wird (Abb. 7-1: D). Per Online-Bestellung lässt sich die vollständige Pubklikation, teilweise zu einem sehr hohen Preis, bestellen und ausdrucken. Manche Journale bieten diesen Service auch kostenlos an. Ausgehend von der PubMed-Web-Seite können auch diverse andere Datenbanken wie z.B. die MEDLINE, EMBL-Datenbank und GenBank kontaktiert werden.

Die ‚European Molecular Biology Laboratory' (EMBL)-Datenbank ist unter ‚www-db.embl-heidelberg.de/jss/SearchEMBL?compServ=x' zu erreichen, und bietet vielfältige Möglichkeiten die Nucleinsäure- oder Proteinsequenz zu analysieren (Abb. 7-2: A). Ein Doppelklick auf die ‚EMBL Nucleotide Sequence Database' führt zum ‚European Bioinformatics Institute' (EBI), bei welchem neben der Datenbanksuche auch eine umfassende Beschreibung der Datenbanknutzung und der Möglichkeit zur eigenen Sequenzveröffentlichung zu finden sind (Abb. 7-2: B). Ähnliche Hilfs-Tools lassen sich unter ‚www.ncbi.nlm.nih.gov/About/tools/index.html' bei der ‚National Center for Biotechnology Information' (NCBI) finden. Die NCBI-Datenbank ist unmittelbar mit dem PubMed assoziiert, aber eine direkte Datenbank-Recherche muss nicht immer zwangsläufig über die PubMed laufen, sondern kann über die ‚Tools-Seite' der NCBI geschehen (Abb. 7-2: C).

Zusätzliche Informationen über Microarray-Methoden und Protokolle sind auf den Web-Seiten der Microarray-Anbieter zu finden. Sehr hilfreich ist die Web-Seite von der Firma TeleChem-Arrayit (www.arrayit.com). Weiterhin bieten diverse deutschsprachige, naturwissenschaftlich orientierte Journale regelmäßig eine Übersicht über den Microarray- und HTS-Markt bzw. über deren methodischen ‚Status Quo'.

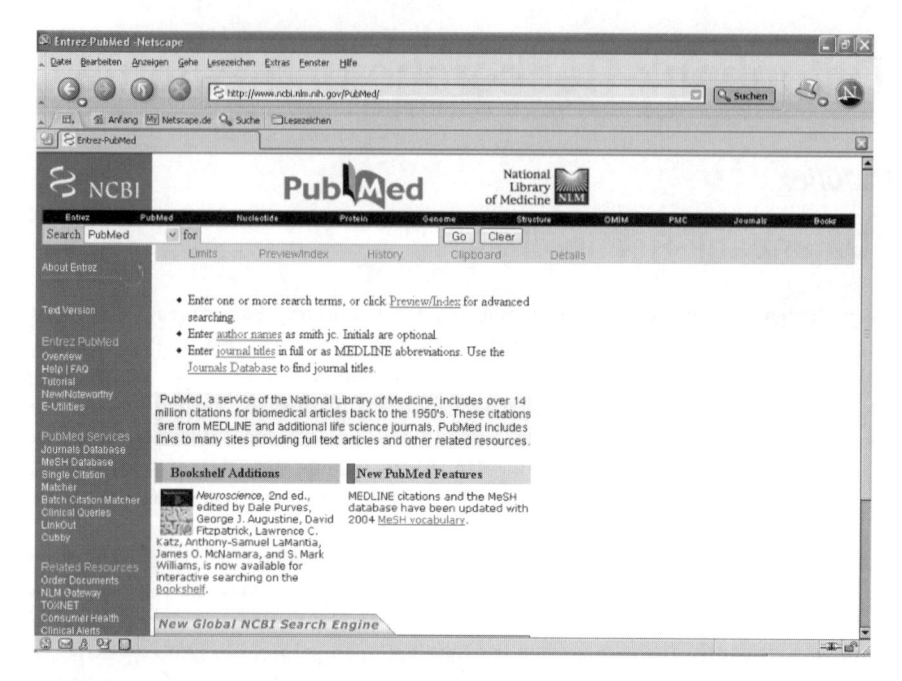

Abb. 7-1: Kostenlose Internet-Datenbank ‚PubMed' zum Auffinden biologischer und medizinischer Publikationen. A) Die Startseite ist unter www.ncbi.nlm.nih.gov/PubMed/ zu kontaktieren. **B)** Durch Eingabe eines Suchbegriffes (z.B. Microarray) lassen sich alle gefundenen Publikationen aufrufen. Als Beispiel wurde der Suchbegriff ‚Microarray' eingegeben und es wurden 5.5401 Zitate bzw. Publikationen gefunden. Damit die Suche etwas eingeschränkt wird, sollten mehrere Suchbegriffe durch ‚AND' oder ‚OR' verknüpft werden. **C)** In Abhängigkeit von dem ‚Display'-Menü lassen sich diverse Informationen aus den gefundenen Publikationen herausfiltern, wie es z.B. in Abbildung **D** für das Abstract gezeigt wird.

7.2 Patente

Nachdem in den obigen Kapiteln umfangreich über die Nutzung der Microarray-Applikationen geschrieben worden ist, stellt sich nun die Frage, ob die erforschten und beantworteten experimentellen Fragestellungen, oder die gegebenenfalls modifizierten und neuentwickelten Technologien, nicht durch Patente geschützt werden können bzw. müssen. Sofern es sich bei dem Experimentator um ein Mitglied einer kommerziell arbeitenden Institution handelt, wird die Patentierung der erhaltenen Resultate auf jeden Fall von vornherein in Betracht genommen. Selbst bei universitären Forschungseinrichtungen lassen sich die ‚professionalen' Abteilungs- oder Institutsleiter auch nicht die Butter vom Brot nehmen. Es ist heutzutage ‚Usus', seine gefundene Sequenz ‚oder auch nur die kleinste Variation einer bestehenden Technologie, patentieren zu lassen. Der eigentliche Erfinder (meist der Doktorand oder Postdoc) wird in der Regel als Erfinder auf der Patentschrift erwähnt, aber falls es eine sehr innovative und geldbringende Idee war, dann erhält der Patenteigentümer (die Firma, das Institut oder der ‚Prof') den Hauptanteil. Wie dem auch sei, bevor wir darangehen ein Patent anzumelden, müssen umfassende Recherchen durchgeführt werden, die wiederum an eine versierte und erfahrene Patentanwaltskanzlei übertragen werden sollten.

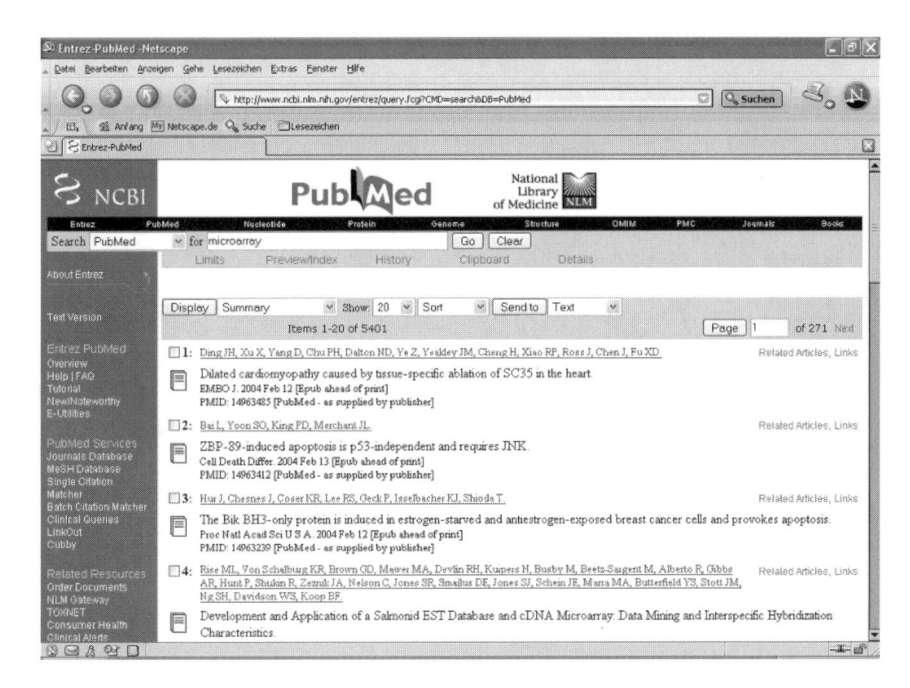

Abb. 7-1: B) Kostenlose Internet-Datenbank ‚PubMed' zum Auffinden biologischer und medizinischer Publikationen.

Abb. 7-1: C.) Kostenlose Internet-Datenbank ‚PubMed' zum Auffinden biologischer und medizinischer Publikationen.

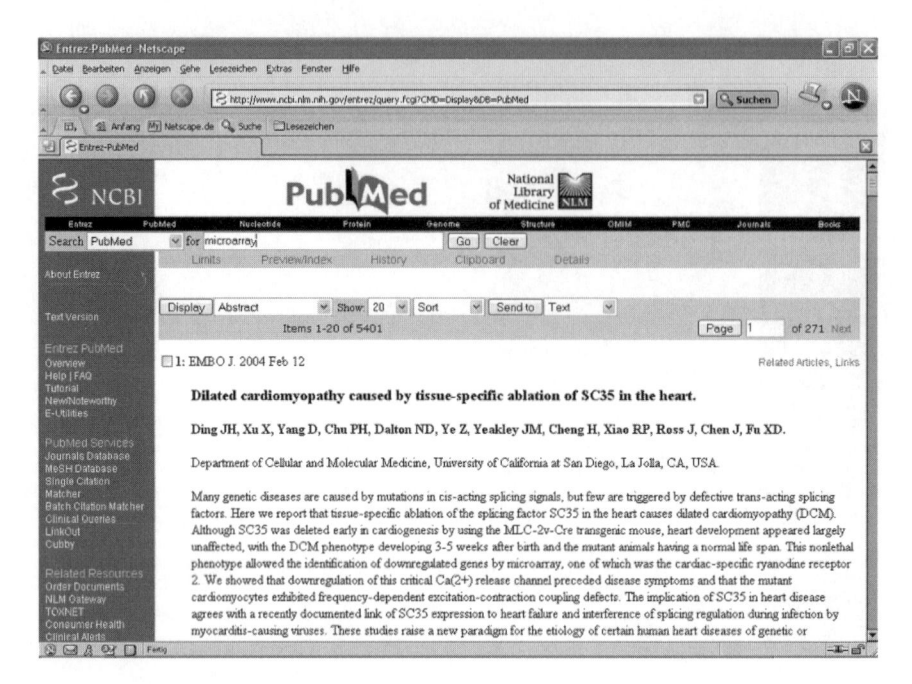

Abb. 7-1: D) Kostenlose Internet-Datenbank ‚PubMed' zum Auffinden biologischer und medizinischer Publikationen.

7.2.1 Patent-Recherche

Die Patentanwälte durchleuchten jede neue Erfindung daraufhin, ob es sich wirklich um eine innovative und patentierwürdige Erfindung handelt, und ob diese Erfindung gegebenenfalls mit anderen Patenten in Konfrontation steht. Bevor es aber zu einer hoffentlich erfolgreichen Patentanmeldung kommt, sollte der Experimentator nicht alles allein den Patentanwälten überlassen, sondern sich vorab schon mal mit den ihm zur Verfügung stehenden Patent-Datenbanken auseinandersetzen. Das spart Geld (manchmal auch Zeit), und fördert eine intensive Auseinandersetzung mit bestehenden Methoden. Diese ‚innerliche Reifung' der ‚visionären' Patentanmeldung und dessen notwendiger Argumentation gegenüber den Patentanwälten als auch Patentgutachtern, kommt dem Experimentator unmittelbar zugute, sobald er ‚seine' Erfindung schriftlich niederlegt und dem Patentanwalt überreicht. Allerdings muss betont werden, dass ein Patentanwalt nicht essentiell für die Patentanmeldung ist. Es ist jedem freigestellt die Patentanmeldung auch in Eigenregie durchzuführen. Hierfür ist aber ein umfassendes Wissen über die Anmeldungsanforderungen notwendig, die bei dem ‚Deutschen Patent- und Markenamt' (www.dpma.de/index.htm) als auch bei dem ‚Europäischen Patentamt' (Abb. 7-3: A) bzw. dem ‚Europe's Network of Patent Databases' (esp@cenet: http://de.espacenet.com/) erfragt werden können (Abb. 7-3: B). Als Suchbegriffe dienen auch hier spezifische Wörter wie z.B. ‚microarray' (Abb. 7-3: C), EP-Nummern von bereits erteilten Patentanmeldungen (z.B. EP1234567), Aktenzeichen und/oder die Namen der Erfinder. Darauffolgend können die relevanten Patente ausgesucht (Abb. 7-3: D), die interessierenden Seiten des Patents aufgerufen (Abb. 7-3: E) und abschließend ausgedruckt werden (Abb. 7-3: F).

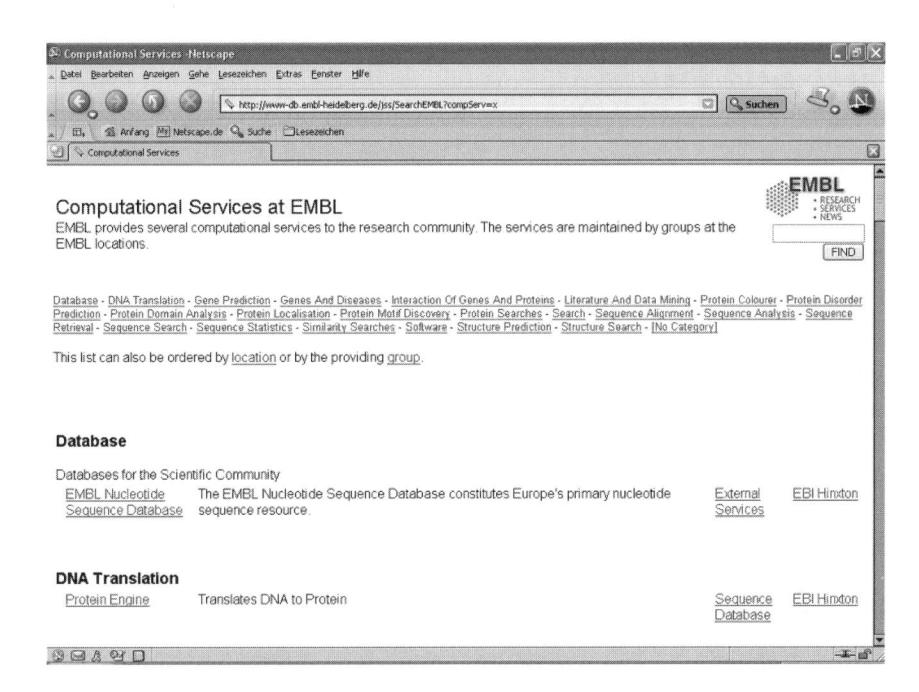

Abb. 7-2: ‚European Molecular Biology Laboratory' (EMBL)-Internet-Service. A) Ausgehend von der EMBL-Service-Startseite lassen sich diverse Hilfsprogramme öffnen, die z.B. bei der Sequenz- und Makromolekülanalyse hilfreich sind.

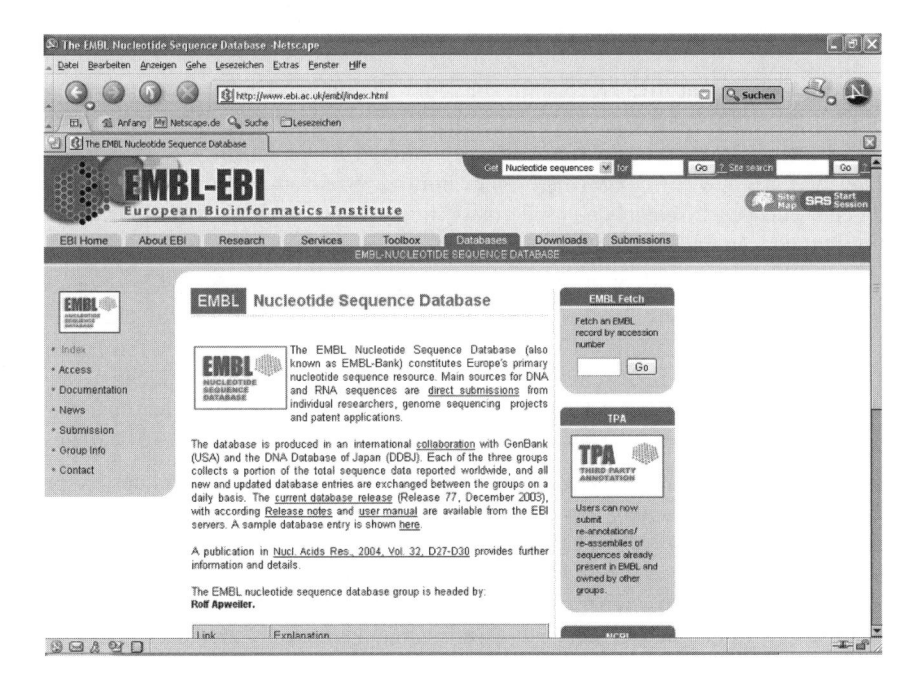

Abb. 7-2: ‚European Molecular Biology Laboratory' (EMBL)-Internet-Service. B) Auf der ‚European Bioinformatics Institute' (EBI) -WEB-Seite lassen sich Nucleotidsequenzen heraussuchen und publizieren.

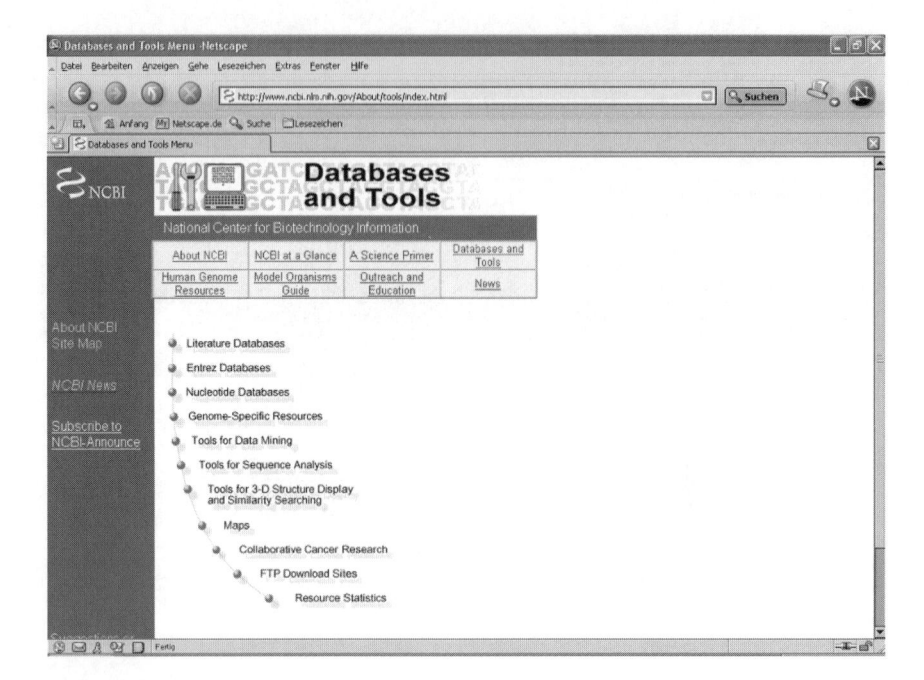

Abb. 7-2: ‚European Molecular Biology Laboratory' (EMBL)-Internet-Service. C) Der Informationsdienst der ‚National Center for Biotechnology Information' (NCBI) offeriert vielfältige Möglichkeiten unter anderem zum ‚Data-Mining', zur 3-D-Analyse und zu Sequenz- und Homologievergleichen.

Eine weiterführende Patent-Recherche sollte auf jeden Fall in den USA durchgeführt werden, da sehr viele US-Patente ihr europäisches oder weltweites Pendant besitzen. Als erster Startpunkt für die US-Patente eignet sich die Web-Seite des ‚United States Patent and Trademark Office' (PTO), welche unter www.uspto.gov/patft/index.html zu erreichen ist (Abb. 7-4: A). Auch hier lässt sich eine Suchbegriff eingeben (wiedermals ‚microarray' eingeben und die entsprechenden Patentschriften können herausgesucht werden (Abb. 7-4: B–D).

Patentanmeldungen, die bis zu 18 Monaten vor der Patent-Recherche von anderen Erfindern eingereicht wurden, sind für uns ‚Normal-Experimentatoren' nicht auffindbar, da diese in der Regel erst nach einer 18-monatigen Frist der Öffentlichkeit offengelegt werden. Sofern eines der nicht-offengelegten Patente die Patentierfähigkeit der eigenen Erfindung beinträchtig, kann dieses erst nach den Offenlegungsfristen erkannt werden. In Abhängigkeit der ‚anderen' Patentansprüche müssten die eigenen reduziert oder das eingereichte Patent gar zurückgenommen werden.

Nachdem nun eine recht umfassende Patentrecherche durchgeführt wurde, und der Experimentator immer noch der Überzeugung harrt, das seine Erfindung innovativ und einzigartig ist, sollte die Patentanmeldung durchgeführt werden. Hierbei ist es sehr wichtig, dass alle erdenklichen Anwendungen und Nutzungen der Erfindung in den so genannten ‚Claims' (Patentansprüchen) abgesteckt werden. Dieses ist der wichtigste Teil der gesamten Patentanmeldung, da in den Claims entschieden wird, was ein anderer nur unter Lizenzzahlungen durchführen darf, oder was andere abgucken können, ohne auch nur einen Cent zu zahlen. Die Expertise für das Erstellen eindeutiger und rechtsgültiger Claims liegt wiederum auf Seiten der Patentanwälte. Wer schon einmal eine Patentschrift gelesen hat, wundert sich über die monotone Aneinanderreihung von ‚wenn'

7.2 Patente · 175

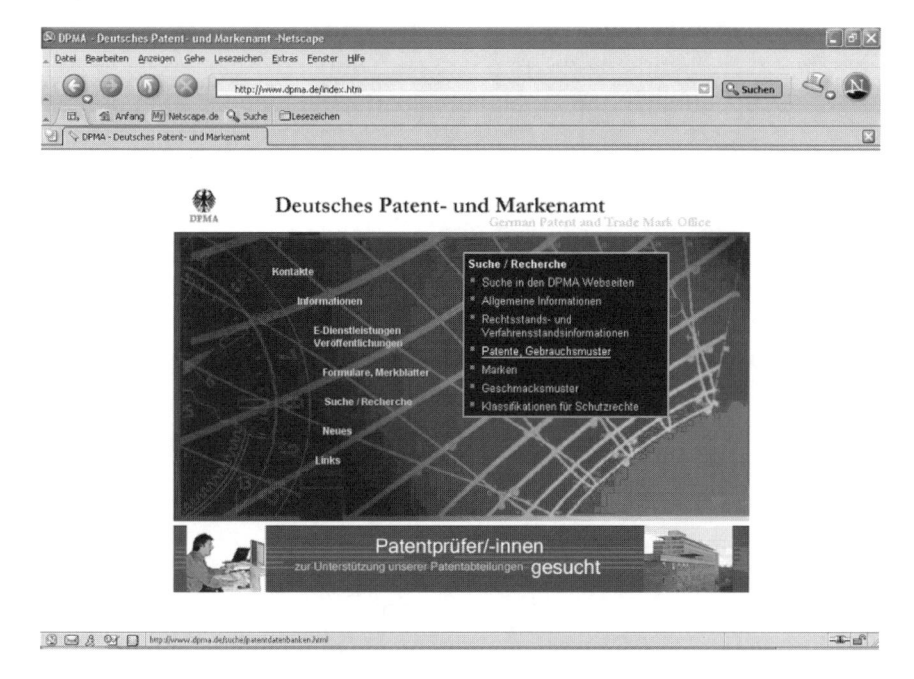

Abb. 7-3: Deutsches Patent- und Markenamt. A) Über das Deutsche Patent- und Markenamt erhält man kostenlosen Zugriff auf diverse Informationen rund um Patentanmeldungen, -recherchen und Markenschutz. **B)** Klickt man auf ‚Recherche' und dann auf ‚Patente, Gebrauchsmuster', so wird man an das ‚Europe Network of Patent Databases' weitergeleitet. In diesem Menü lässt sich ein Suchbegriff (z.B. Microarray, die Nummer einer Patentanmeldung oder ein Firmenname) eingeben und dieser in verschiedenen Patent-Datenbanken suchen. **C)** Wählt man das Europäische Patentamt als Datenbank, dann öffnet sich ein weiteres Menü, welches eine detailliertere Suche möglich macht. **D)** Anschließend werden nach Starten des Suchvorgangs alle gefundenen Patente aufgelistet. Durch anklicken einer EP-Nummer wird das jeweilige Dokument geöffnet, wobei die einzelnen Seiten der gesamten Patentschrift ausgewählt werden können (**E** und **F**).

und ‚dann', aber eine präzise Formulierung ist unverzichtbar, sodass auf die erfahrenen ‚Patentschreiber' zurückgegriffen werden sollte. Noch schwieriger wird es, wenn das Patent in englischer Sprache verfasst werden muss. ‚Lawyers English' ist genauso prickelnd und unverständlich wie die deutsche Amtssprache. Nichtsdestotrotz, die Patentanmeldung wird geschrieben und z.B. bei dem Deutschen Patent- und Markenamt eingereicht. Die Kosten belaufen sich im ersten Jahr auf ca. 15.000 Euro für die europäische Gesamtanmeldung, wobei Ihnen allerdings kein Patentanwalt die genauen Kosten im voraus mitteilen kann. Die Gebühren für das Patentamt halten sich eigentlich in überschaubaren Bereichen (100–2.000 Euro), aber der Großteil des Geldes geht für Gutachten, Prüfungen und den Patentanwälten drauf. Erstaunlicherweise sind die jährlichen Patentgebühren für die deutsche Anmeldung nicht so dramatisch hoch. Nach dem dritten Patentjahr werden jährliche Gebühren von ca. 100 Euro fällig, wobei im 20. Jahr ca. 2.000 Euro bezahlt werden müssen. Eine genaue Auflistung aller Kosten lässt sich auf der Web-Seite des Deutschen Patent- und Markenamtes (Abb. 7-3: A) und auf ihrer Service-Web-Seite ‚DPINFO' (https://dpinfo.dpma.de/) (Abb. 7-5) erfahren.

Nach erfolgter Patentanmeldung bzw. Einreichung eines ‚Antrages auf Erteilung eines Patents' erhält der Experimentator eine Bibliographie-Mitteilung, auf der alle relevanten Anmeldedaten

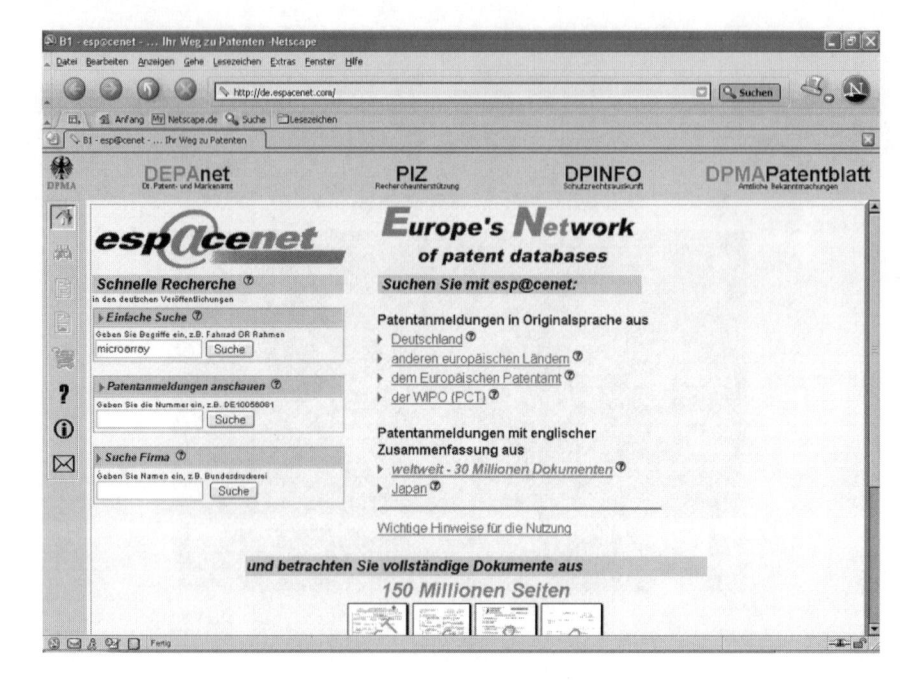

Abb. 7-3: B.

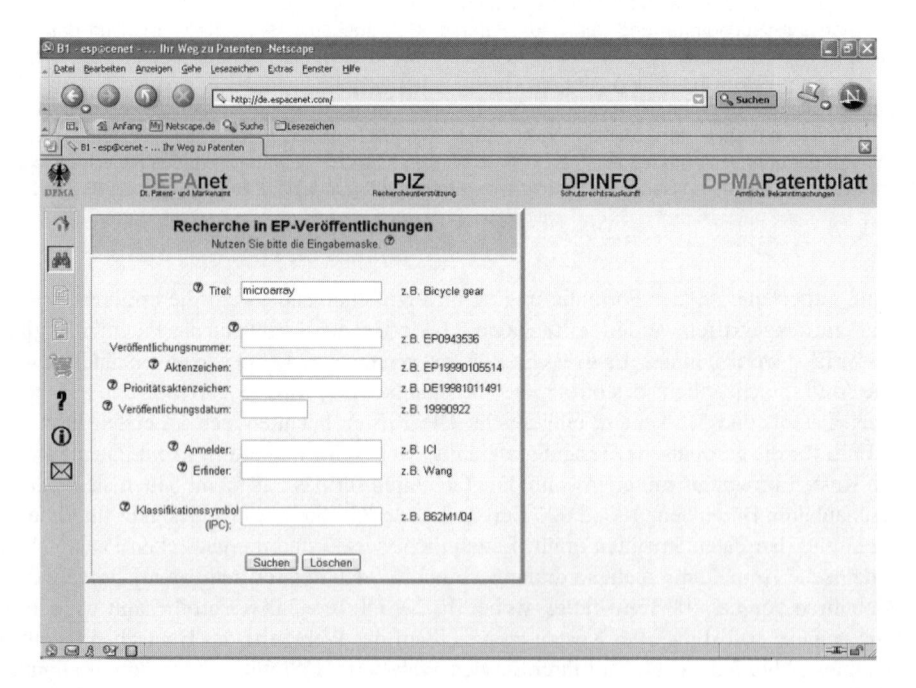

Abb. 7-3: C.

7.2 Patente · 177

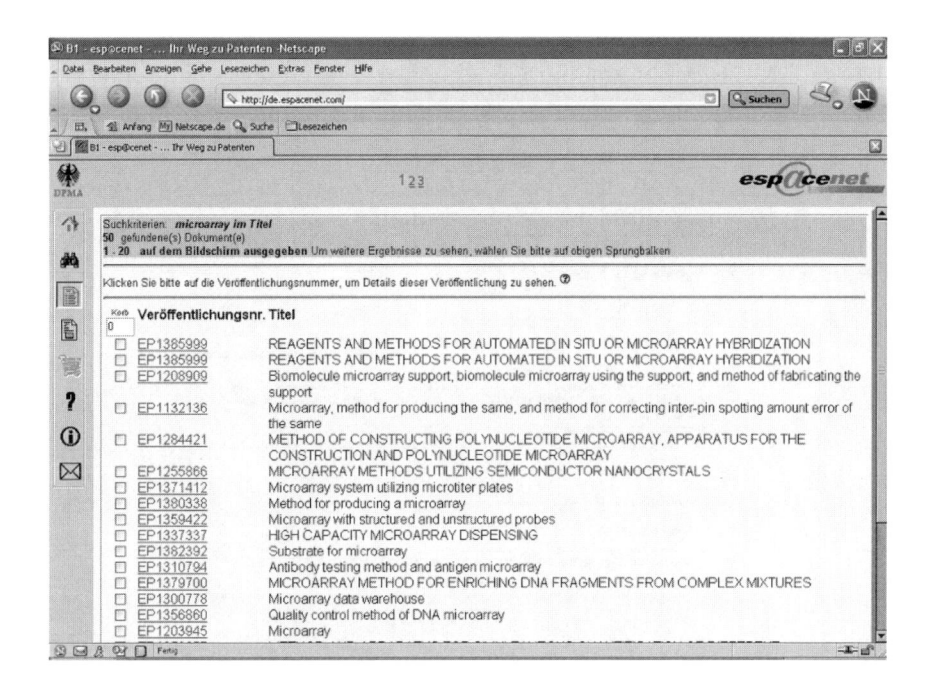

Abb. 7-3: D.

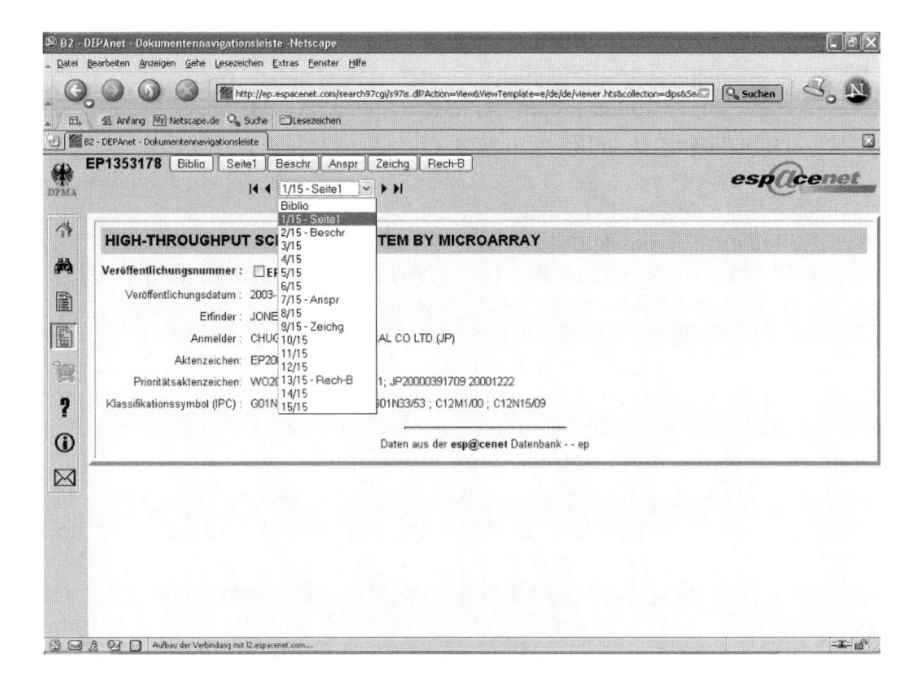

Abb. 7-3: E.

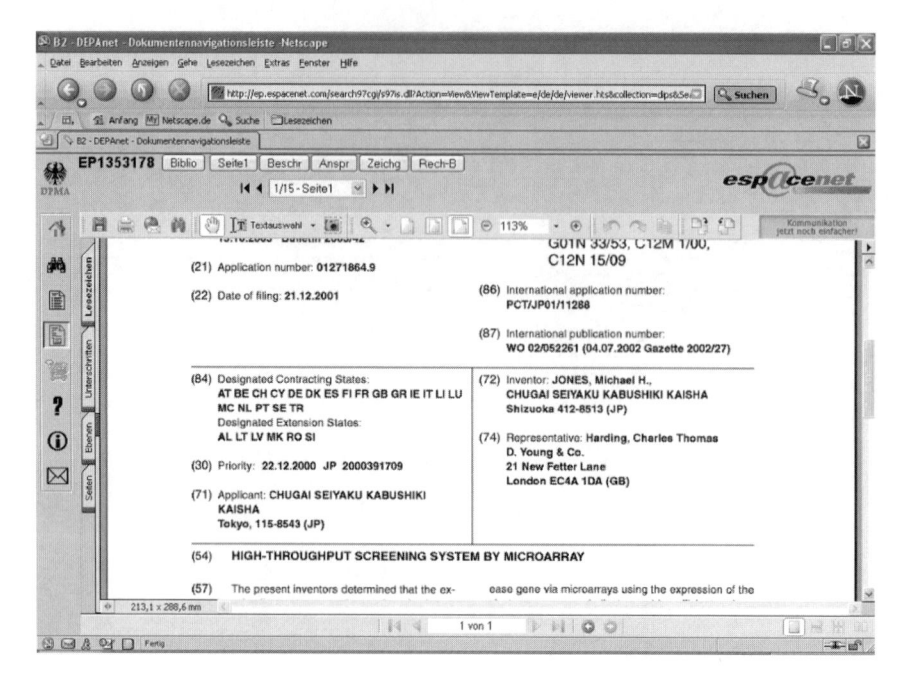

Abb. 7-3: F.

zusammengefasst sind. Wenn bestimmte Unterlagen fehlen, wird dieses ebenfalls erwähnt und angefordert. Neben dieser Antragseinreichung sollte auch gleichzeitig ein Prüfungsantrag nach §44 Patentgesetz gestellt werden, damit die Prüfung des Gegenstandes einer Patentanmeldung auf Patentfähigkeit automatisch erfolgen kann. Zusätzlich kann ein Rechercheverfahren beantragt werden, bei welchem die Ermittlung der öffentlichen Druckschriften, die für die Beurteilung der Patentfähigkeit der angemeldeten Erfindung in Betracht zu ziehen sind, von Seiten des Patentamtes nochmals durchforstet werden. Die Kosten hierfür liegen bei ca. 200 Euro. Sofern aber ein in der Materie verwurzelter und erfahrener Patentanwalt hinzugezogen wurde, muss darauf vertraut werden, dass die Patentfähigkeit nicht in Frage gestellt werden kann. Wenn dieses aber in Frage gestellt wird, dann erhält man ein Mängelbescheid mit den entsprechenden Anmerkungen, auf die wiederum geantwortet werden muss. Lässt sich die abweisende Argumentation der Patentprüfstelle durch stichhaltigere Erklärungen, Beispiele und Ergebnisse revidieren, dann steht der eigentlichen Patenschutzerteilung nichts mehr im Wege.

Generell sollte bei der Patentanmeldung von vornherein daran gedacht werden, welche Länder durch den Patentschutz einbezogen werden sollen. Im Allgemeinen wird ein weltweiter Patentschutz beantragt, welcher als so genannte PCT-Anmeldung erreicht werden kann. PCT steht für ‚US Patent Cooperation Treaty', die eine Agentur des ‚US Department of Commerce' ist. Die PCT-Anmeldung ist ein Verfahren, bei welchem in mehr als 100 Ländern der Patentschutz mit nur einer Patentanmeldung zu beantragen ist. Die Gebühren für das PCT-Verfahren sind Länderabhängig (z.B. für Europa, USA, Japan sind es ca. 2.000 Euro amtliche Kosten), wobei es unerheblich ist, ob nur fünf Länder ausgesucht werden oder die PCT-Anmeldung in allen Ländern eingereicht wird, da die Gebührenrechnung auf maximal fünf Länder beschränkt ist. Man kann sich immer noch später entscheiden, welche Länder ausgeschlossen werden, da die sekundären Kosten nun

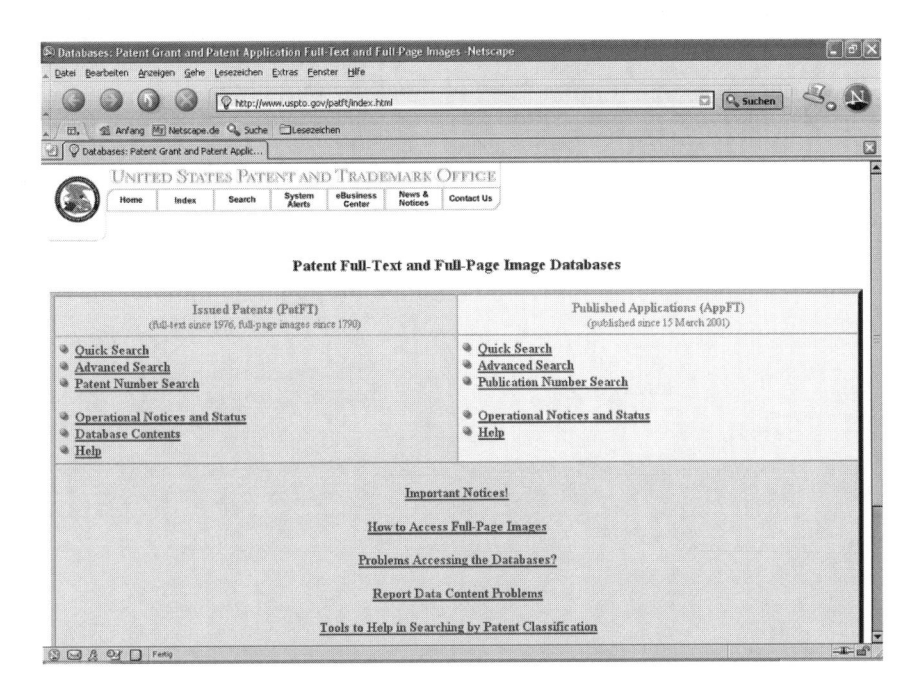

Abb. 7-4: United States Patent and Trademark Office. A) Ähnlich wie in dem oben beschriebenen Beispiel lassen sich auch hier diverse Suchbegriffe für die ‚Patent-Full-Text'-Suche eingeben. **B)** Klickt man auf ‚Quick Search' und nach Eingabe des Suchbegriffes nochmals auf ‚Search', dann erhält man alle gefundenen Patente, die seit 1978 erteilt worden sind **(C)**. Im Falle des Suchbegriffes ‚microarray' wurden 1.280 Patente gefunden, die diesen Terminus besitzen. **D)** Ein Doppelklick auf eine beliebige US-Patentnummer (z.B. 6,123,456) lässt die gesamte Patentschrift erscheinen.

dramatisch steigen. Für jedes Land muss eine Übersetzung in der jeweiligen Sprache eingereicht werden. Das kostet Zeit und Geld. Gegebenenfalls muss in verschiedenen Ländern ein Prüfungsantrag gestellt werden. Weitere Kosten entstehen durch die Zusammenarbeit des heimischen mit den ausländischen Patentanwälten, sodass deren Honorare nicht unwesentlich zu Buche schlagen. Abgesehen von den nicht ganz vorhersehbaren Zeitrahmen (wir sprechen von mehreren Jahren) summieren sich die Kosten teilweise auf sechsstellige Euro-Beträge. Wie dem auch sein, ein umfassender weltweiter Patentschutz bietet die Möglichkeit, bei einer innovativen Technologie aus einer finanziellen Mücke ein bombastisches Mammut zu generieren. Danach erscheinen uns die > 100.000 Euro als die sprichwörtlichen ‚Peanuts'. Das hört sich alles sehr gut an, aber wer von uns Molekularbiologen hat sich selbst nicht schon verflucht, weil er nicht auf die einfache Erfindung der PCR vor dem guten Herrn Mullis gestoßen ist? Auch bei der patentierten Erfindung gilt: Der frühe Vogel fängt den Wurm, ...und wenn er das nicht kundtut, dann weiß es keiner oder jemand anderes prahlt damit!

7.2.2 Patentrechtlich geschützte Technologien

Wer heute im Labor die Pipette schwingt, der verstößt vermutlich gegen irgendein ‚Pipetten-Schwing-Patent', solange keine Lizenzgebühr an den Patentinhaber gezahlt wird. Na ja, ganz so schlimm ist es noch nicht, aber im Prinzip gibt es kaum noch eine DNA- oder Protein-Sequenz

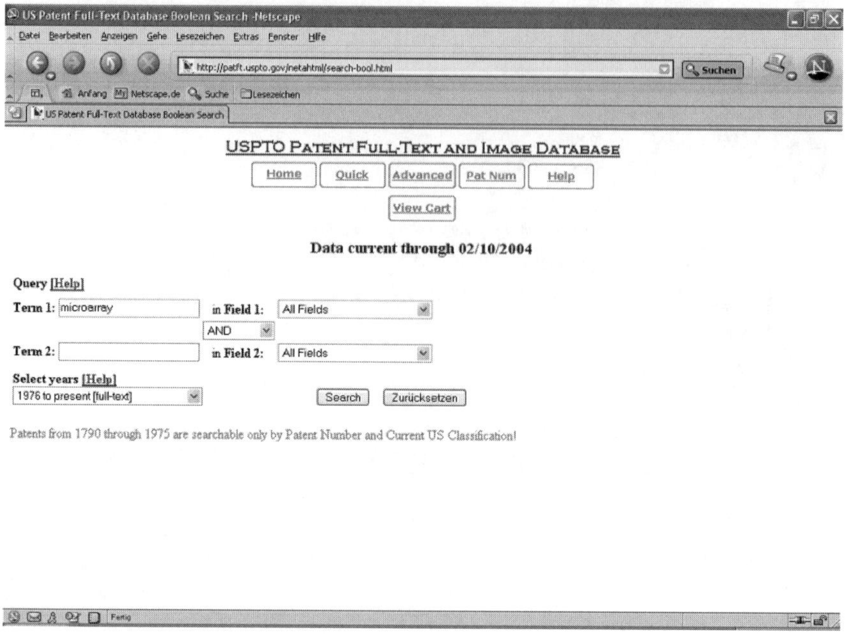

Abb. 7-4: B.

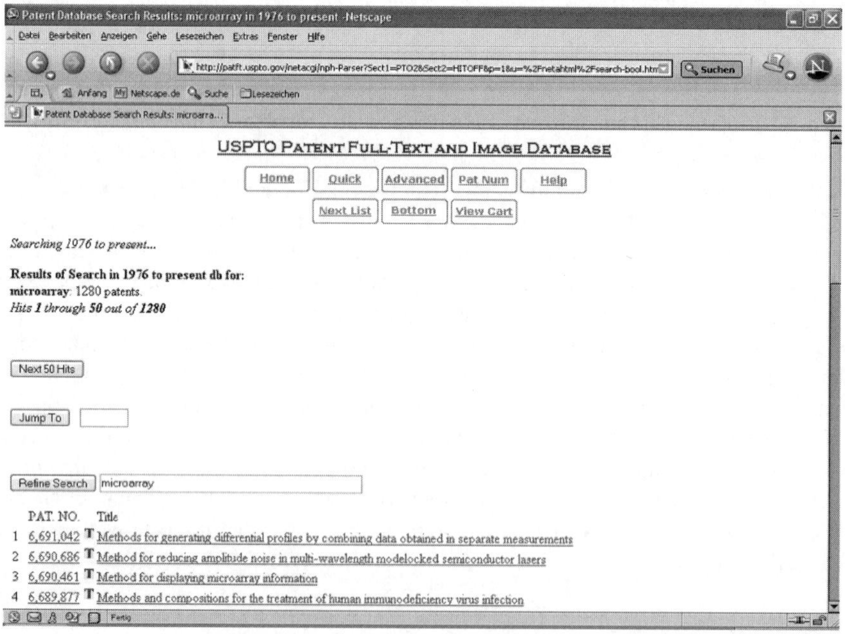

Abb. 7-4: C.

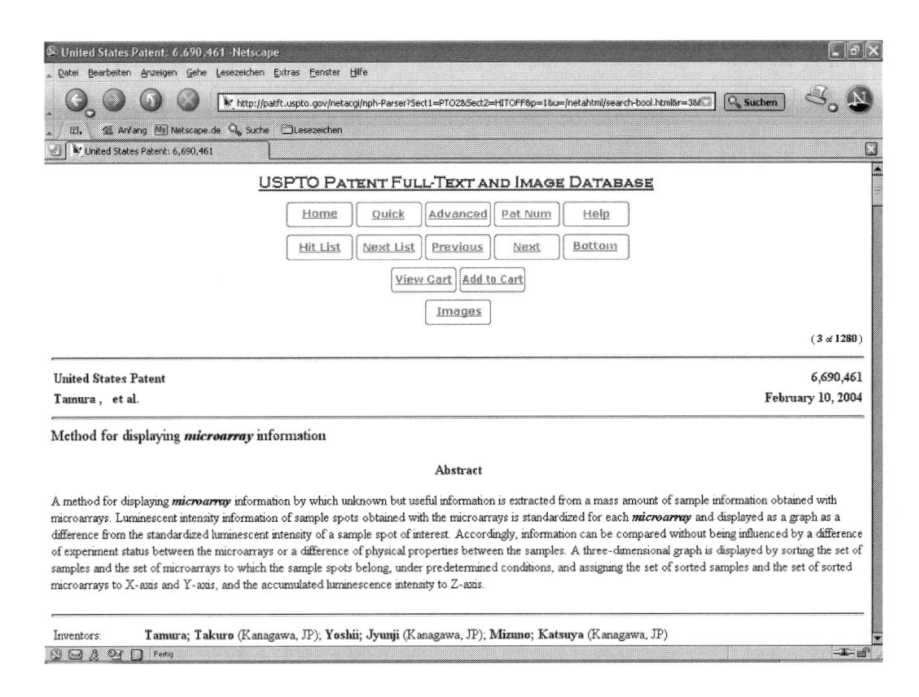

Abb. 7-4: D.

als auch biotechnologische Methode, die nicht bereits patentiert wurde. Im Falle der Microarrays ist die Patentlage sehr verwirrend, weshalb an dieser Stelle keine verbindliche Übersicht gegeben wird. Generell muss sich jeder Experimentator mit der Patentsituation seiner Microarray-Applikation auseinandersetzen. Jeder verstößt gegen das Patentrecht, sofern die Methodik, das Reagenz oder das Instrument einem Patentschutz unterliegt. Die bereits erwähnte Polymerase-Kettenreaktion (PCR) ist durch ‚La Roche' patentiert und die jeweilige Lizenzgebühr zur Nutzung dieser Technologie wird durch den erhöhten Kostenaufwand der PCR-Cycler und PCR-DNA-Polymerasen abgeführt. Selbst wenn man sich die Taq-DNA-Polymerase rekombinant exprimiert und einen PCR-Cycler bastelt, dann muss aufgrund des PCR-Methodik-Patentschutzes eine Lizenzgebühr bezahlt werden, sofern man eine Zyklus-vermittelte Amplifikation durchführt. Weitere erwähnenswerte Patente schützen den Gebrauch von Cyanine-markierten Nucleotiden, T7-Transkriptions- und Expressionssystemen, In-vitro-Translationskits, die RNA/DNA-Hybridisierung und Kopplung von Makromolekülen an eine feste Matrix (z.B. dem Biochip), um nur wenige zu nennen.

In der Regel wird die Patenlizenz durch den Erwerb lizensierter Anbieter an den Experimentator übertragen, aber für z.B. kommerzielle Nutzung wird die Lizenz entweder gar nicht, oder zu einem deutlich erhöhten Preis vergeben. Fragen Sie Ihren Anbieter, welche Nutzung die Lizenz beinhaltet. Falls wider besseren Wissens keine Lizenzgebühr abgeführt wird, dann ist es sehr zu empfehlen den Patenteigner vorab ausfindig zu machen, bevor er Sie anschreiben lässt. Diese Vorsicht muss von den kommerziellen Microarray-Nutzern zu Herzen genommen werden, da sie primär von den Patenteignern avisiert werden. Bei den universitären Experimentatoren werden in der Regel beide Augen zugedrückt.

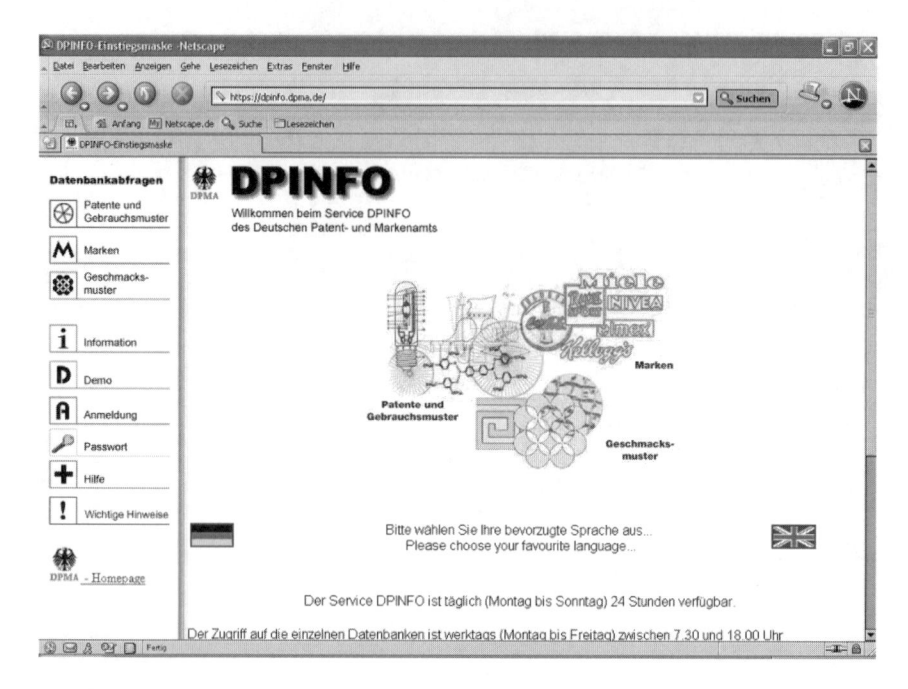

Abb. 7-5: DPINFO: Service des Deutschen Patent- und Markenamtes. Auf dieser Web-Seite stehen diverse kostenlose Informationen und ‚Online'-Dienste rund um die Warenzeichen- und Markenanmeldungen unter https://dpinfo.dpma.de/ zur Verfügung. Voraussetzung für die Nutzung des Services ist eine einmalige, kostenlose Registrierung, nach der ein Zugangscode per E-Mail versendet wird.

7.3 Marken und Warenzeichen

Die Thematik der Marken- und Warenzeichen-Anmeldungen und des Markenschutzes interessiert den universitären Experimentator in der Regel herzlich wenig. Allerdings ist dieses Thema nicht uninteressant, da ein Patentschutz für eine bestimmte Technologie oder eines spezifischen Gebrauchsgegenstandes ohne die Verwendung eines umfassenden und prägnanten Begriffs schlecht zu vermarkten ist. Also, warum nicht eine Wortmarke, ein Slogan oder ein Logo als eingetragenes Marken- und Warenzeichen schützen lassen? Auf der Service-Web-Seite ‚DPINFO' des Deutschen Patent- und Markenamtes kann die Anmeldung als auch Recherche geschützter Marken ‚online' durchgeführt werden (Abb. 7-5). Hierfür muss man sich registrieren lassen, und erhält anschließend per E-Mail einen kostenlosen Zugangscode. In Abhängigkeit der Klassifizierungskriterien können die gewünschten Wortmarken für jeweils weniger als 600 Euro angemeldet werden.

Literatur

PubMed: www.ncbi.nlm.nih.gov/PubMed/

EMBL-Datenbank: www-db.embl-heidelberg.de/jss/SearchEMBL?compServ=x

TeleChem Arrayit.com: www.arrayit.com

Deutschen Patent- und Markenamt: www.dpma.de/index.htm

Europe's Network of Patent Databases: http://de.espacenet.com/
United States Patent and Trademark Office: www.uspto.gov/patft/index.html
DPINFO: https://dpinfo.dpma.de/

8 Zukunftsaussichten

T. Röder

Dieses Kapitel kann man ganz einfach in einer einzigen Aussage zusammenfassen:

Die Zukunftsaussichten für nahezu alle Formen der Microarrays sind rosig!

Um noch einige, wenige Seiten zu füllen, können einige der Aspekte eher im Detail analysiert werden. Was die Zukunft bringt, ist leider oder Gott sei Dank, niemandem bekannt (also auch nicht uns). Nichtsdestotrotz sind einige Entwicklungen durchaus abzusehen. Dazu gehören einerseits die technischen Entwicklungen auf dem Gebiet der Microarray-Technologie, und andererseits die Anwendungsfelder, die sich in Zukunft erschließen werden.

8.1 Technische Entwicklungen

Alles wird schöner bunter und besser – so sollte es auch mit den Microarrays sein. Erwartete Entwicklungen laufen mit einer teils atemraubenden Geschwindigkeit ab. Lediglich dort, wo der Experimentator es konkret braucht, offenbart sich, dass technologische Fortschritte oft mit einem Schneckentempo vorangehen. Welche Entwicklungen sind auf dem technischen Gebiet in nächster Zukunft zu erwarten? Hier können auf den unterschiedlichen Feldern ganz unterschiedliche Fortschritte gemacht werden. Bei den DNA-Microarrays werden wir sicherlich folgende Entwicklungslinien sehen:

- Eine zunehmende Standardisierung der Microarrays, die eine maximale Reproduzierbarkeit garantieren wird.
- Eine Maßschneiderung der Microarrays auf spezifische Fragestellungen.
- Eine Anpassung an neuartige Auslesesysteme, und letztlich die Entwicklung neuartiger DNA-Arrays, die einen schnellen und preiswerten Einsatz in der Diagnostik ermöglichen.

Neben der Herstellung von DNA- Microarrays wird ein Hauptaspekt auf der Evolution der Microarray-Lesegeräte liegen. Hierbei werden einige Entwicklungslinien sicherlich parallel verfolgt werden. Derzeit dominiert die optische Detektion das Feld der Lesegeräte. In nächster Zukunft wird sich das auch nicht ändern, da noch einiges Entwicklungspotenzial in diesem System, bestehend aus Lesegerät und Detektionssystem, steckt. Der Einsatz alternativer Markierungen ist hierbei von ganz entscheidender Bedeutung. Besonderes Potenzial muss man hierbei den Quantum-Dots und der Markierung mit Lanthaniden zugestehen, die beide sehr gute Fluoreszenz-Eigenschaften aufweisen. Photobleaching und ‚Übersprechen' der Detektionskanäle sollten somit der Vergangenheit angehören. Ein ganz entscheidender Vorteil dieser alternativen Markierungsformen liegt in den besonderen optischen Eigenschaften dieser Systeme. Sie weisen sehr große Stokes'sche-Shifts auf, haben ein sehr enges Emissionsspektrum und lassen sich über große Längenwellenbereiche anregen (siehe Abschnitt 3.4). Das ermöglicht das experimentelle Multitasking, indem vier, fünf oder noch mehr verschiedene Proben mit jeweils unterschiedlichen Markierungen eingesetzt werden. Letzteres erfordert allerdings auch noch optimierte Lesegeräte, die auf diese

Problematik besonders angepasst sind. Eine große Anzahl genau getunter Emissionsfilter kombiniert mit einem Breitband Exzitationsfilter bilden das Rückgrat derartiger Lesegeräte. Durch die besonderen optischen Eigenschaften können die Hintergrundprobleme (zumindest die systemimmanenten) auf ein Minimum reduziert werden. Man wird sicherlich Geräte zur Verfügung haben, die eine sehr große Empfindlichkeit mit einem stark ausgedehnten Dynamischen Bereich kombinieren (auch wenn das durch eine intelligente Software-Lösung erfolgt), die es dem Experimentator ermöglicht das gesamte Spektrum der Antworten in einem einzigen Experiment abzulesen.

Alternativ zu den optischen Auslesemöglichkeiten werden sich sicherlich ganz andere Auswerteprinzipien etablieren. Eine bereits begonnene Entwicklungslinie bedient sich der Möglichkeiten der Mikrochip-Herstellung und -Technologie. Hierbei handelt es sich allerdings um die ‚echten' Chips aus der Mikroelektronik. Es besteht die Möglichkeit, auf einem Mikrochip einen Microarray elektrisch adressierbarer Felder zu etablieren, auf denen jeweils eine DNA-Population gebunden ist. Diese kann dann mit Sonden hybridisiert werden, welche die elektrischen Eigenschaften ändern (z.B. Ferritin-markierte DNA), ein Parameter der leicht zu quantifizieren ist. Das Potenzial dieses Design ist nicht zu überschätzen, denn es basiert auf gut etablierten Methoden aus der Halbleiterelektronik. Die Möglichkeit, die Hybridisierungsereignisse online aufzuzeichnen, ist für viele Anwendungen derart bestechend, dass es sich sicherlich durchsetzen wird.

Und was ist mit den Proteinchips? Auf dem Gebiet wird es sicherlich die rasantesten Entwicklungen geben, da die Technologie und die Anwendung derzeit noch in den Kinderschuhen steckt. Allgemeine Entwicklungslinien sind hierbei nicht so einfach fest zu machen, denn jedes Protein erfordert seine maßgeschneiderte Applikation. Es wird sicherlich eine Vielzahl (wenn gar eine Unzahl) von Verbesserungen bezüglich der Kopplung relevanter Proteine an die Biochips geben. Für bestimmte Proteinfamilien sollten sich dafür standardisierte Applikationen ergeben, die letztendlich reproduzierbare und valide Ergebnisse liefern. Ein Hauptproblem, das den Einsatz der Protein-Microarrays noch hemmt, sind die extrem hohen Kosten, die mit der Produktion der Proteinarrays oft verbunden sind. Das sollte sich durch eine breitere Anwendung auf ein vernünftiges Maß reduzieren lassen. Im Laufe der Zeit werden die zur Verfügung stehenden Proteinfamilien sicherlich immer zahlreicher werden, ebenso wie die damit verbundenen Protein-Microarrays.

Ein weiterer Bereich, der sich stürmisch entwickelt, und selbiges in Zukunft auch weiter führen wird, ist die Immundiagnostik. Mithilfe entsprechender Protein-Microarrays kann der Immunstatus eines Patienten in sehr kurzer Zeit sehr detailliert ermittelt werden. Das wird in unterschiedlichsten Feldern wie der Infektionsbiologie und der Allergologie von stetig wachsender Bedeutung sein.

Ob der Siegeszug der Microarray-Technologie allerdings das zentrale Feld der Pharmakologie erreichen wird, bleibt abzuwarten und ist sicherlich mit einiger Skepsis zu bewerten. Die pharmakologisch wichtigsten Moleküle sind im Allgemeinen membranständig (Rezeptoren und Konsorten) und damit eigentlich für einen Microarray ungeeignet. Noch schlimmer sieht es in Bezug auf die ständig wachsende Familie der Zell-gestützten Assays aus, die in der pharmakologischen Forschung immer größere Bedeutung gewinnen. Hier ist eine Microarray-Applikation mit der heutigen Technologie schwer vorstellbar, aber auch in diese Richtung wird geforscht und entwickelt. Die konkurrierenden Mikrotiterplatten haben auf diesem Feld einiges voraus. Allerdings werden die im Mikrotiterformat erhaltenen Aspekte für die Entwicklung der Zell-spezifischen Microarrays von Bedeutung sein. Auf dem Gebiet der Protein-Microarrays scheint es in nahezu allen vorstellbaren Bereichen entscheidende Fortschritte zu geben. Entwicklungen, die einen erhöhten Automatisierungsgrad ermöglichen, sind schon vorhanden.

8.2 Anforderungsprofile

Nachdem wir einige der möglichen technischen Entwicklungslinien aufgezeigt haben, ist es nun an der Zeit, die Anforderungsprofile, d. h. die Wünsche der Nutzer zu formulieren. Ein Unterfangen, das sicherlich gleichbedeutend mit der Beschreibung der Entwicklungen auf diesem Gebiet ist. Von absolut zentraler Bedeutung wird in diesem Zusammenhang die Diagnostik sein. Rein wissenschaftliche Applikationen werden natürlich auch ständig weiterentwickelt, allerdings kann das richtige Geld nur im Bereich der Diagnostik verdient werden. Was soll in Zukunft alles mithilfe der Microarrays analysiert werden? Die Identifizierung kritischer Parameter in Expressionsstudien stellt hierbei sicherlich einen der Hauptaspekte dar. Biopsie-Material wird verwendet werden, um über die Bestimmung der Expressionsprofile, genaue Informationen über die zugrunde liegende Erkrankung zu erhalten. Hier fließen natürlich die Erkenntnisse (z.B. Typisierungen von Krebszellen) aus der biomedizinischen Grundlagenforschung ein. In Zukunft werden sicherlich einfache und schnelle Verfahren mit hohem diagnostischen Wert ermöglichen zu entscheiden, welcher Krebstypus vorliegt, und welche Behandlungskonzepte notwendig sind (Abb. 8-1).

Die Miniaturisierung der notwendigen Probenmenge wird auch dazu führen, dass Behandlungseffekte frühzeitig evaluiert werden können. Eine Option, die dem behandelnden Arzt ganz neue Möglichkeiten in Bezug auf die Wahl der Behandlung eröffnet. Allgemein gesagt besteht die Möglichkeit eine noch nie zur Verfügung stehende Informationsmenge für die Therapie zu nutzen, und somit die Behandlung auf die Bedürfnisse des Patienten optimal anzupassen. Neben den

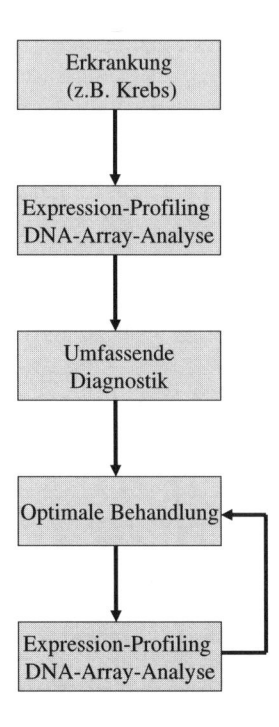

Abb. 8-1: Flussdiagramm der diagnostischen Möglichkeiten unter Einbeziehung der Microarray-Technologie. Sie ermöglicht ein abgestimmtes Vorgehen, welches es zulässt, dass in jedem Schritt sofort kontrolliert und gegebenenfalls korrigiert werden kann.

nahezu unendlichen Möglichkeiten, die eine intelligente Heranziehung der Expressionsanalyse für unterschiedliche Bereiche der Diagnostik und Kontrolle der Behandlung eröffnet, können andere Microarray-Applikationen diese Informationen supplementieren. Hierbei ist natürlich die Genotypisierung von absolut zentraler Bedeutung (Abb. 8-2).

Eine einfache Genotypisierung, die bei Menschen aller Altersstufen möglich ist, wird als das Aufspüren klinisch relevanter genetischer Variationen definiert. Biochips, mit deren Hilfe die wichtigsten Variationen abgefragt werden können, sind sicherlich demnächst allgemein verfügbar. Relevant sind derartige Untersuchungen aber natürlich primär in der Präimplantations-Diagnostik. Da es scheint, dass diese ‚unfrohe' Form der Fortpflanzung immer bedeutender wird, ergeben sich ausgesprochen gute Geschäftsaussichten. Ähnliches wird technisch sicherlich auch demnächst für die Diagnostik an ‚normal' gezeugten Embryonen möglich sein, da der Materialbedarf minimal sein wird. Allerdings müssen die damit verbundenen ethischen Probleme diskutiert werden. Nicht alles, was diagnostisch möglich ist, sollte auch gemacht werden. Neben der Aufklärung der ‚ernsthaften' genetischen Defekte, geht es vor allem um die ‚Fein-Genotypisierung'. Stichworte wie die individuelle, maßgeschneiderte Medizin stehen dabei im Vordergrund. Relativ einfach durchzuführen wird sicherlich die Ermittlung von Prävalenzen für bestimmte Erkrankungen sein, wie es z.B. das ‚Asthma bronchiale' darstellt. Eine Reihe von SNiPs wurde bereits und werden auch in Zukunft mit der Prävalenz für bestimmte Erkrankungen korreliert werden (Karjalainen 2002). Aus diesem

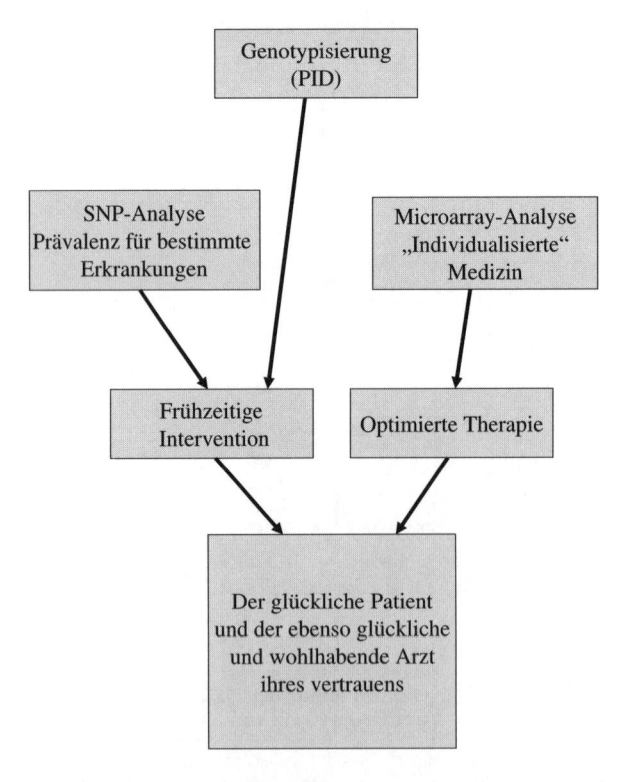

Abb. 8-2: Flussdiagramm der Möglichkeiten, die durch die Genotypisierung eröffnet werden. Die Kombination aus frühzeitiger und individuell angepasster Therapie sollte eine optimale Prophylaxe für den Patienten ermöglichen.

Grund kann jeder Patient (oder Träger der genetischen Veränderung) erfahren, für welche Erkrankungen er eine Prädisposition besitzt, um geeignete Präventivmaßnahmen zu ergreifen (sofern es sie gibt). Es wird sicherlich eine Unzahl derartiger Analysen geben, die den geneigten Arzt in die Lage versetzen, den Patienten auf genomischer Ebene gläsern werden zu lassen. Ob das Wissen um die eigene ‚Anfälligkeit' Fluch oder Segen für den Einzelnen darstellt, lässt sich schwerlich beantworten. Eine umfangreiche, nahezu allumfassende Diagnostik ist allerdings nicht befriedigend. Sie muss von entsprechenden Interventionsmöglichkeiten, d.h. angepassten und effektiven Therapien begleitet werden. Wenn dem so ist, kann sich diese Entwicklung dann doch als segensreich erweisen. Wenn sich Erkrankungen klinisch manifestieren, ist es oft schon zu spät für eine sinnvolle und erfolgreiche Behandlung. Hingegen können frühzeitig eingeleitete Behandlungen den Ausbruch einer Erkrankung verhindern oder wesentlich herauszögern. Wie die Zukunft letztendlich aussehen wird, und welche technologisch möglichen Ansätze tatsächlich realisiert werden, hängt sicherlich zum überwiegenden Anteil von den finanziellen Möglichkeiten der Gesundheitssysteme ab.

Ein anderer Ansatz ist erforderlich, wenn individuelle Unterschiede bei der medikamentösen Behandlung berücksichtigt werden sollen. Die individualisierte Medizin wird in den Fällen relevant, in denen Pharmaka bei bestimmten Patientengruppen wirksam sind, hingegen bei anderen jegliche Wirksamkeit vermissen lassen oder nicht das Optimum ihrer potenziellen Wirkung entfalten. Hier können Microarray-Assays (wahrscheinlich eine Kombination aus Genotypisierung, Expressionanalysen und intelligenter Protein-Microarray-Analyse) Aufschluss über das potenzielle Target-Repertoire des einzelnen Patienten liefern. Auch in diesem Fall sind derartige Untersuchungen, die in einem komplexen Wissen über die Ausstattung des Patienten liefern, nur dann sinnvoll, wenn sie auch therapeutisch nutzbar sind. Das bedeutet, dass Alternativstrategien zur Verfügung stehen müssen, die es dem Arzt ermöglichen, Nutzen aus der Information zu ziehen, und einen maßgeschneiderten Therapieplan zu entwerfen.

Diesen sehr umfangreichen Auslassungen folgend, sieht die Zukunft der Microarray-Technologie ziemlich rosig aus. Sie wird einen erheblichen Anteil an dem ‚diagnostischen Markt' gewinnen und somit einen ganz enormen Informationsgewinn für den behandelnden Arzt ermöglichen. Durch entsprechende Therapiemöglichten begleitet, ist dem Patienten und dem Gesundheitssystem dann wirklich geholfen.

8.3 Der Schluss vom Schluss

Ganz zum Schluss noch einige Worte über den ‚normalen' biomedizinischen Wissenschaftler. Die Microarray-Analyse wird in viele Bereiche der biomedizinischen Forschung Einzug halten, und dort auch von sehr großer Bedeutung sein. Aus diesem Grund wird jeder Experimentator mit dem Problem des Handlings sehr großer Datenmengen konfrontiert sein, und lernen müssen, damit sinnvoll umzugehen. Microarray-Analysen werden sich als integraler Bestandteil der meisten Forschungsprojekte etablieren und wiederum essentiell für eine halbwegs akzeptable Publikationsmöglichkeit der Forschungsarbeit sein. Diese Entwicklung wird allerdings zur Folge haben, dass es keine sinnvollen Publikationen geben wird, die allein von der Microarray-Analyse leben. Nichtsdestotrotz werden durch diese Technologie Möglichkeiten eröffnet, die bis vor kurzem undenkbar gewesen wären.

Literatur

Karjalainen, J., Hulkkonen, J., Pessi, T., Huhtala, H., Nieminen, M.M., Aromaa, A., Klaukka, T., Hurme, M. (2002) The IL1A genotype associates with atopy in nonasthmatic adults. J Allergy Clin Immunol. 110: 429-434.

9 Appendix

Viele Puffer werden in konzentrierter Form als Stammlösung angesetzt, wobei die jeweiligen Verdünnungen der verschiedenen Ausgangssubstanzen unmittelbar vor dem Experiment hergestellt werden. Die einzelnen Konzentrationen bzw. die Menge der zu verwendenden Stammlösung lässt sich durch folgende Formel einfach berechnen:

$$\frac{\text{Gewünschte Konzentration (M oder \%)}}{\text{Vorhandene Konzentration (M oder \%)}} \times \text{Endvolumen (ml)} = \text{zu entnehmendes Volumen}$$

Als Beispiel sollen 100 ml des unten aufgeführten 10× PBS-Puffers hergestellt werden. Zur Verfügung stehen die unten aufgeführten Stammlösungen, woraus sich das zu entnehmende Volumen errechnen lässt:

- 3,0 M NaCl-Lösung: 1,37 M/3,0 M × 100 ml = 45,66 ml
- 1,0 M KOH-Lösung: 89,8 mM/1.000 mM × 100 ml = 8,98 ml
- 2,0 M NaH_2PO_4-Lösung: 113 mM/2.000 mM × 100 ml = 5,65 ml

Es müssen die errechneten Volumina aus den Stammlösungen entnommen und mit A. bidest (39,71 ml) auf 100 ml aufgefüllt werden.

9.1 Allgemeine Puffer

- 1× DNA-Denaturierungslösung: 1,5 M NaCl, 0,5 M NaOH
- 1× DNA-Neutralisierungslösung; 1,5 M NaCl, 0,5 M Tris-HCl (pH 7,2), 1,0 mM EDTA (pH 8,0)
- 10× PBS (Phosphate buffered saline): 1,37 M NaCl; 89,8 mM KOH; 113 mM NaH_2PO_4
- SDS-Extraktionspuffer: 10 mM Tris-HCl (pH 7,4), 20 mM EDTA, 1,0 % (w/v) SDS
- 20× SSC: 3 M NaCl, 0,3 M tri-Natriumcitrat, pH 7,0
- 1× TBS (Tris buffered saline): 10 mM Tris-HCL, 170 mM NaCl, 3,4 mM KCl, pH 7,4
- TBS-Tween: 0,1 % Tween-20 in TBS
- 1× TE: 10 mM Tris-HCl (pH 8,1), 1 mM EDTA

9.1.1 Spotting- und Waschpuffer

- PBS-TX100: 1× PBS + 1,0 % v/v Triton-X-100
- PBST: 1× PBS + 0,05 % v/v Tween 20
- DNA-Waschlösung: 2× SSC, 0,1 % SDS

9.1.2 Blocklösungen

- Blocklösung-MIPU: 1× PBST + 3,0 % w/v Milchpulver (fettarm); immer frisch ansetzen!
- Blocklösung-MIPU-Azid: 1× PBST + 0,02 % Na-Azid + 3,0 % w/v Milchpulver (fettarm); immer frisch ansetzen!
- Blocklösung-BSA: 1× PBST + 2,0 % w/v BSA
- Blocklösung-Gel: 1× PBST + 0,5 % w/v Gelatine
- Aldehyd-Blocklösung: 1× PBS + 0,25 % $NaBH_4$ + ETOH (Endkonzentration 25 %)

9.1.3 Hybridisierungslösungen

- 50× Denhardt's-Lösung: 1,0% (w/v) Ficoll, 1,0% Polyvinylpyrrolidon, 1,0% BSA
- Lösung I (65°C Hybridisierungstemperatur): 6,0× SSC, 0,5% SDS, 5× Dehnhardt's-Lösung (0,5 g Ficoll, 0,5 g Polyvinylpyrrolidin, 0,5 g Rinder Serumalbumin, ad 10 ml A. bidest).
- Lösung II (65°C Hybridisierungstemperatur): 10% SDS, 7,0% PEG 8000
- Lösung III (42°C Hybridisierungstemperatur): 50% Formamid, 6,0× SSC, 0,5% SDS, 5× Dehnhardt's-Lösung

9.2 Formeln zur Berechnung der Annealing-Temperatur von Oligonucleotiden

9.2.1 Formel für Oligonucleotide bis 15 Basen

- $T_m = 4 \times (G+C) + 2 \times (A+T)$

9.2.2 Formel für Oligonucleotide von 20 bis 70 Basen

- $T_m = 81,5 + 16,6(\log_{10}[J^+]) + 0,4(\%G+C) - (600/\text{Anzahl der Basen}) - 0,63(\%FA)$

Abkürzungen: A = Adenosin, C = Cytidin, FA = Formamid, G = Guanosin, J = Konzentration monovalenter Kationen, T = Thymidin, T_m = berechneter Schmelzwert

9.3 Mol-Angaben und Berechnungen

9.3.1 Definition des Mols

Das Mol ist die SI-Basiseinheit der Stoffmenge (Einheitszeichen: mol). Es wird definiert als diejenige Menge einer Substanz, die so viele Teilchen (Atome, Moleküle, etc.) enthält, wie Atome in 12 g des Kohlenstoffisotops ^{12}C enthalten sind. Die Anzahl der in einem mol enthaltenen elementaren Einheiten wird als Avogadro-Konstante N_A bezeichnet, wobei $N_A = 6,022169 \times 10^{23}$/mol (gerundet: $6,0 \times 10^{23}$/mol) ist.

mol-Bereiche

- $1,0 \, \text{mol} = 10^3 \, \text{mmol}$ $(1,0 \, \text{mmol} = 10^{-3} \, \text{mol})$
- $1,0 \, \text{mmol} = 10^3 \, \mu\text{mol}$ $(1,0 \, \mu\text{mol} = 10^{-6} \, \text{mol})$
- $1,0 \, \mu\text{mol} = 10^3 \, \text{nmol}$ $(1,0 \, \text{nmol} = 10^{-9} \, \text{mol})$
- $1,0 \, \text{nmol} = 10^3 \, \text{pmol}$ $(1,0 \, \text{pmol} = 10^{-12} \, \text{mol})$
- $1,0 \, \text{pmol} = 10^3 \, \text{fmol}$ $(1,0 \, \text{fmol} = 10^{-15} \, \text{mol})$
- $1,0 \, \text{fmol} = 10^3 \, \text{amol}$ $(1,0 \, \text{amol} = 10^{-18} \, \text{mol})$

9.3.2 Definition der molaren Masse und Molarität

Die Masse eines chemischen Elementes oder einer chemischen Verbindung, die 1,0 mol ($\sim 6,0 \times 10^{23}$) Atome bzw. Moleküle enthält, wird als ‚molare Masse' (M) bezeichnet. Der Zahlenwert der molaren Masse eines chemischen Elementes oder einer chemischen Verbindung ist gleich der relativen Atommasse bzw. der relativen Molekülmasse (M_r). Daraus ergibt sich:

- M_r = Masse (m)/Molekülanzahl (n) = g/mol

Als molare Konzentration oder Molarität (M = mol/l) einer Lösung wird die in mol gemessene Stoffmenge des gelösten Stoffes in einem Liter (l) Lösung bezeichnet. Zwischen Molarität einer Lösung und molarer Masse des gelösten Stoffes besteht folgende Beziehung:

- Molarität × molare Masse = Masse des gelösten Stoffes (g)/Volumen der Lösung (l)

Molaritäts-Bereiche

- $1{,}0\,M = 10^3\,mM$ ($1{,}0\,mM = 10^{-3}\,M$)
- $1{,}0\,mM = 10^3\,\mu M$ ($1{,}0\,\mu M = 10^{-6}\,M$)
- $1{,}0\,\mu M = 10^3\,nM$ ($1{,}0\,nM = 10^{-9}\,M$)
- $1{,}0\,nM = 10^3\,pM$ ($1{,}0\,pM = 10^{-12}\,M$)
- $1{,}0\,pM = 10^3\,fM$ ($1{,}0\,fM = 10^{-15}\,M$)
- $1{,}0\,fM = 10^3\,aM$ ($1{,}0\,aM = 10^{-18}\,M$)

Beispiel-Rechnung: Molarität

Das durchschnittliche relative Molekulargewicht eines Nucleotides innerhalb einer Nucleinsäure beträgt $M_r = 333$ bei einem Einzelstrang und $M_r = 666$ bei einem Doppelstrang. Bei einem 1.000 Basen langen Einzelstrang entspricht die molare Konzentration von 1,0 M = 333.000 g/l. Im Falle eines 1.000 bp großen Doppelstranges, gelöst in einem Liter, sind für eine 1,0 M Lösung 666.000 g der dsDNA erforderlich.

- 1,0 M = 666.000 g/l = 666 g/ml = 0,666 g/μl = 0,666 mg/nl = 0,666 μg/pl
- 1,0 mM = 666 g/l = 0,666 g/ml = 0,666 mg/μl = 0,666 μg/nl
- 1,0 μM = 0,666 g/l = 0,666 mg/ml = 0,666 μg/μl

9.3.3 pmol-Mengenangaben für Nucleinsäuren

pmol-Mengenangaben für ssDNA

- 10 pmol einer 10 Basen ssDNA = 0,033 μg
- 10 pmol einer 15 Basen ssDNA = 0,05 μg
- 10 pmol einer 20 Basen ssDNA = 0,066 μg

pmol-Mengenangaben für dsDNA

- 1,0 pmol 100 bp dsDNA = 0,07 μg
- 1,0 pmol 500 bp dsDNA = 0,33 μg
- 1,0 pmol 1.000 bp dsDNA = 0,66 μg

Beispiel-Rechnung: pmol-Mengenangaben

Als Beispiel dient eine 1,0 mM Lösung eines 1.000 bp großen DNA-Doppelstrangs aus der 0,5 pmol als Template für eine 100 µl PCR eingesetzt werden soll:

- 1,0 mol = 666.000 g
- 1,0 pmol = 666.000 g / 10^{12} = 0,66 µg
- 0,5 pmol = 0,33 µg

Es werden 0,33 µg des 1.000 bp großen DNA-Doppelstrangs für eine 100 µl PCR benötigt. Eine 1,0 mM Lösung entspricht 0,666 mg/µl. Daraus folgt:

- 0,666 µg geteilt durch 0,33 µg = 2,018
- 1,0 µl geteilt durch 2,018 = 0,4955 µl

Für die PCR müssen demnach $\sim$ 0,5 µl aus der 10 mM Lösung für den 100 µl-Ansatz eingesetzt werden.

9.3.4 Definition der Einheit ‚Dalton'

Ein Dalton (Da) ist eine Atommasseneinheit, die ungefähr der Masse eines Wasserstoffatoms ($1,660 \times 10^{-24}$ g) entspricht. Das mittlere Molekulargewicht einer Aminosäure beträgt M = 110. Ein Protein bestehend aus 500 Aminosäuren besitzt somit ein Molekulargewicht von $\sim$ 55.000. Dieses Molekulargewicht wird bei Proteinen in der Einheit ‚Dalton' angegeben, sodass ein Protein mit einem relativen Molekulargewicht von M_r = 55.000 ebenfalls 55.000 Dalton bzw. 55 kDa aufweist.

- 1,0 M = 55.000 g/l = 55 g/ml = 0,55 g/µl = 0,55 mg/nl = 0,55 µg/pl
- 1,0 mM = 55 g/l = 0,55 g/ml = 0,55 mg/µl = 0,55 µg/nl
- 1,0 µM = 0,55 g/l = 0,55 mg/ml = 0,55 µg/µl
- 1,0 mol = 55.000 g = $6,0 \times 10^{23}$ Proteinmoleküle
- 1,0 mmol = 55 g = $6,0 \times 10^{20}$ Proteinmoleküle
- 1,0 µmol = 55 mg = $6,0 \times 10^{17}$ Proteinmoleküle
- 1,0 pmol = 55 µg = $6,0 \times 10^{14}$ Proteinmoleküle

9.3.5 pmol-Mengenangaben für Proteine und Peptide

pmol-Mengenangaben für Peptide

- 10 pmol eines 10 Aminosäuren Peptides = 11 µg = $6,0 \times 10^{15}$ Peptidmoleküle
- 10 pmol eines 30 Aminosäuren Peptides = 33 µg = $6,0 \times 10^{15}$ Peptidmoleküle
- 10 pmol eines 50 Aminosäuren Peptides = 55 µg = $6,0 \times 10^{15}$ Peptidmoleküle

pmol-Mengenangaben für Proteine

- 1 pmol eines 250 Aminosäuren Proteins = 27,5 µg = $6,0 \times 10^{14}$ Proteinmoleküle
- 1 pmol eines 500 Aminosäuren Proteins = 55 µg = $6,0 \times 10^{14}$ Proteinmoleküle
- 1 pmol eines 1.000 Aminosäuren Proteins = 110 µg = $6,0 \times 10^{14}$ Proteinmoleküle

Beispiel-Rechnung: Anzahl der Proteinmoleküle pro Spot

Als Beispiel dient eine 10 mM Lösung eines 500 Aminosäuren Proteins aus der jeweils 0,1 µl pro Microarray-Spot auf einem Biochip aufgebracht werden soll. Für die Auswertung des Proteinarrays ist die gespottete absolute Molekülanzahl zu errechnen.

- 1,0 M = 55.000 g/l
- 10 mM = 550 g/l = 0,55 mg/ml = 0,55 µg/µl

Pro Spot werden 0,1 µl verwendet, sodass jeweils 0,055 µg Protein aufgetragen werden. Daraus folgt:

- 1,0 pmol = 55 µg = $6,0 \times 10^{14}$ Proteinmoleküle
- 0,055 µg = 0,001 pmol = $6,0 \times 10^{11}$ Proteinmoleküle

Vorausgesetzt, dass alle Proteine in den 0,1 µl auf dem Biochip gebunden werden, dann sollten $\sim 6,0 \times 10^{11}$ Proteinmoleküle innerhalb des Spots vorhanden sein.

9.4 Kalkulation der Microarray-Spot-Fläche

Die Fläche eines Microarray-Spots errechnet sich aus dem Quadrat des Spot-Radius (r^2) und der Kreiszahl $\pi = 3,141$). Bei einem Spot-Durchmesser von 100 µm ergibt sich folgende Fläche:

- r = 1/2 Spot – Durchmesser = 50 µm
- Spot-Fläche = $\pi \times r^2 = 3,141 \times (50 \mu m)^2 = 7.853 \mu m^2$

9.5 Kalkulation der Microarray-Spot-Dichte

9.5.1 Spot-Dichte bezogen auf Center-To-Center-Distanz

Die Spot-Dichte eines Microarrays ist abhängig von dem Spot-Durchmesser und der Center-to-Center-Distanz (CTC). Üblicherweise wird die Spot-Dichte auf einem cm^2 bezogen. Es gilt folgende Formel:

- Spot-Dichte = $100 \times (1000/CTC)^2$

Eine CTC von 150 µm würde eine Spot-Dichte von 4.444 Spots pro cm^2 ergeben. Dies bedeutet wiederum, dass der Spot-Durchmesser nicht größer als 100 µm sein darf, damit eine ausreichende Distanz zwischen den einzelnen Spots vorhanden ist.

9.5.2 Spot-Dichte bezogen auf Anzahl der absoluten Spots pro cm^2

Eine andere Kalkulation der Spot-Dichte lässt sich durch die absolute Spot-Anzahl pro cm^2 berechnen, wobei die absolute Anzahl der Spots nicht innerhalb eines cm^2 verteilt sein muss. Wurden z.B. 5.000 Spots auf 0,6 cm^2 gespottet, dann beträgt die

- Spot-Anzahl pro cm^2: 5.000 Spots/0,6 cm^2 = 8.333 Spots pro cm^2.

9.6 Kalkulation der Fluorophore- oder Target-Dichte

Als Hinweis darauf, wieviele der fluoreszierenden bzw. der zu spottenden Moleküle maximal pro Spot gebunden werden können, sollte folgende Berechnung herangezogen werden:

- Die Konzentration einer Fluorophore- oder Target-Stammlösung (z.B. FITC) beträgt 1,0 mM. Das heißt, es sind $1,0 \times 10^{-3}$ mol/l $= 6,0 \times 10^{20}$ Moleküle/l oder $6,0 \times 10^{14}$ Moleküle/µl.
- Es sollen 100 nl einer 1 : 100.000 Verdünnung pro Spot aufgetragen werden. Daraus folgt, dass aus $6,0 \times 10^{14}$ Moleküle/µl eine Verdünnung von $6,0 \times 10^{9}$ Moleküle/µl hergestellt wird und letztendlich $6,0 \times 10^{8}$ Moleküle in 100 nl pro Spot für die Beladung zur Verfügung stehen.
- Unter Rücksichtnahme der ‚Labelling'-Effektivität und der potentiellen Interaktion zwischen Fluorophor-markierten Liganden und gebunden Interaktionspartnern könnten weniger als 10 % der eingesetzten Fluorophore bzw. der gespotteten Moleküle tatsächlich pro Spot nachgewiesen werden ($= 6,0 \times 10^{7}$ Moleküle).

Will man die Minimalanzahl der Fluorophore auf die gesamte Fläche eines Spots berechnen, so ergibt sich bei einem Spot-Durchmesser von 100 µm^2:

- r $= {}^{1}/_{2}$ Spot $-$ Durchmesser $= 50$ µm
- Spot-Fläche $= \pi \times r^2 = 3,114 \times (50\,\mu m)^2 = 7.785\,\mu m^2$
- $6,0 \times 10^{7}$ Moleküle/$7.785\,\mu m^2 = 7.707$ Moleküle pro µm^2
- Bei einer Auflösung von 10 µm müssten demnach mindestens 78.000 Moleküle nachweisbar sein.

Firmenverzeichnis

Im nachfolgenden sind die Kontaktadressen verschiedener Anbieter molekularbiologischer Produkte aufgeführt (Stand März 2004). Für die Vollständigkeit und Richtigkeit der angegebenen Adressen wird keine Gewähr übernommen.

- Affymetrix UK Ltd.,Voyager, Mercury Park, Wycombe Lane, Wooburn Green, High Wycombe HP10 0HH, United Kingdom, Tel. +44 (0) 1628 552500, Fax +44 (0) 1628552585, supporteurope@affymetrix.com, www.affymetrix.com
- Agilent Technologies Deutschland GmbH, Hewlett-Packard-Str. 8, D-76337 Waldbronn, Tel. 07243-602665, Fax 07243-602561, www.agilent.com/chem/DNA
- Alopex GmbH, Fritz-Hornschuch-Str. 9, D-95326 Kulbach, Tel. 09221-690378-0, Fax 09221-690378-55, info@alopexgmbh.de, www.alopexgmbh.de
- Ambion Inc., Tel. 0800 181 3273, Fax 0800 182 3576, www.ambion.com, eurotech@ambion.com
- Amersham Biosciences, Munzinger Str. 9, D-79111 Freiburg, Tel. 0761-4903-490, Fax 0761-4903–405, cust.servde@amersham.com, www.amershambiosciences.com
- Applied Biosystems GmbH, Brunnenweg 13, 64331 Weiterstadt, Tel. 06150-1010, Fax 06150-10 11 01, www.appliedbiosystems.com
- ATTO-TEC GmbH, Postfach 100864, D-57008 Siegen, Tel.: 0271-2385322, Fax: 0271-2385320, reichwein@atto-tec.de,www.atto-tec.de
- Axon Instruments Inc. c/o Biozym Scientific GmbH
- BD Clontech, BD Biosciences Clontech, Tullastraße 4, 69126 Heidelberg, Tel: (06221)34 17-260, Fax: 06221-3417-115, tech, www@clontech.de,www.clontech.de
- Biacore International SA, Jechtinger Strasse 8, 79111 Freiburg, Tel. 0761-4705-0, www.biacore.com
- BioCat GmbH, Im Neuenheimer Feld 535, 69120 Heidelberg, Tel. 06221-585844, www.biocat.de
- BIOMOL GmbH, Waidmannstr. 35, 22769 Hamburg, Tel.: (0800) 2 46 66 51, Fax: (0800) 2 46 66 52, info@biomol.de
- Bio-Rad Laboratories GmbH, Heidemannstrasse 164, 80939 München, Tel. 089-31884-177, Fax 089-31884-123, Bioanalytik@bio-rad.com, www.discover.bio-rad.com
- Biozym Scientific GmbH, Postfach, D-31833 Hess. Oldendorf, Tel. 05152-9020, Fax 05152-9020, support@biozym.com, www.biozym.com
- Ciphergen Biosystems GmbH, Hannah-Vogt-Strasse 1, 37085 Göttingen, Tel. 0551-306630, Fax 0551-3066320, www.ciphergen.com
- Clondiag Chip Technologies GmbH, Löbstedter Str. 103-105, D-07749 Jena, Tel. 03641-59470, Fax 03641-594720, clondiag@clondiag.com, www.clondiag.com
- Corning Costar GmbH, Am Kümmerling 21-25, 55294 Bodenheim, Tel. 06135-9215-0, Fax 06135-5148
- Corning GmbH, Abraham-Lincoln-Str. 30, 65189 Wiesbaden, Tel. 0611-7366-300, Fax 0611-7366-333
- Dynal Biotech GmbH, Postfach 710190, 22161 Hambrug, Tel. 040-361573-0, Fax 040-361573-30, decustserv@dynalbiotech.com, www.dynalbiotech.com
- G. Kisker GbR, Postfach 1329, 8543 Steinfurt, Tel: +49 2551-864310, Fax: +49 2551-864312, contact@kisker-biotech.com
- GeneMachines, 935 Washington St., www.genemachines.com

- GeneScan Europe, Freiburg, Tel. +49-(0)761-5038131, www.genescan.com
- Genetix GmbH, Humboldtstr. 12, D-85609 Dornach bei München, Tel. 089-94490-275, Fax 089-94490-276, www.genetix.com
- Greiner Bio-One GmbH,, Maybachstr. 2, D-72636 Frickenhausen, Tel. 07022-948-0, Fax 07022-948-514, info@de.gbo.com, www.gbo.com/bioscience
- Infineon Technologie AG, BioScience, Otto-Hahn-Ring 6, D-81739 München, Tel. 089-23420900, Fax 089-234 53 207, biochips@infineon.com, www.infineon.com/bioscience
- Invitrogen Ltd. 3 Fountain Drive, Inchinnan Business Park, Paisley, PA4 9RF, eurotech@invitrogen.com, www.invitrogen.com
- Jerini AG, Invalidenstrasse 130, D-10115 Berlin, Tel.: 030-97893300, Fax: 030-97893105, info@jerini.com, www.jerini.com
- LaVision BioTec, Meisenstr. 65, D-33607 Bielefeld, Tel. 0521-2997710, Fax 0521-2997701, info@lavisionbiotec.com, www.lavisionbiotec.com
- Macherey-Nagel GmbH & Co. KG, Postfach 10 13 52, 52313 Düren, Tel. 02421-969 270, Fax 02421-969 279, tech-bio@macherey-nagel.de, www.mn-net.com
- Memorec Biotec GmbH, Stöckheimer Weg 1, D-50829 Köln, Tel. 0221-950480, Fax 0221-9504848, business@memorec.com, www.memorec.com
- Miltenyi Biotec GmbH, Friederich-Ebert-Str. 68, D-51429 Bergisch-Gladbach, Tel. 02204-8306 830, Fax 02204-8306 235, www.miltenyibiotec.com
- MWG Biotech AG, Anzinger Straße 7a, D-85560 Ebersberg, Tel. 08092-8289-0, Fax 08092-21084, info@mwgdna.com, www.THE-MWG.com
- Nunc GmbH & Co. KG, Hagenauer Strasse 21a, 65203 Wiesbaden, Tel. 0611-186 74-0, Fax 0611-186 74-74, info@nunc.de, www.nunc.de
- Peqlab Biotechnologie GMBH, Carl-Thiersch-Str. 2b, D-91052 Erlangen, Tel. 09131-6107020, Fax 09131-6107099, www.peqlab.de
- PerkinElmer Life and Analytical Sciences, Ferdinand-Porsche-Ring 17, D-63110 Rodgau-Jügesheim, Tel. 0800-1810032, Fax 0800-1810031, www.perkinelmer.com
- PicoRapid Technologie GmbH, Fahrenheitstr. 1, D-28359 Bremen, Tel. 0421-2208330, Fax 0421-2208333, info@picorapid.de, www.picorapid.de
- Protein Forest: www.proteinforest.com
- Qbiogene GmbH, Waldhoferstrasse 102, 69123 Heidelberg, Tel. 06221-82 57 20, Fax 06221-82 57 21, info@qbiogene.de
- Qiagen GmbH, Max-Volmer-Strasse 4, 40724 Hilden, Tel. 02103-29-12350, Fax 02103-29-22350, techservice-de@de.qiagen.com, www.qiagen.com
- Quantum Dot Corporation, Hayward, CA, USA, www.qdots.com
- Roche Diagnostics GmbH, Roche Molecuar Biochemicals, 68298 Mannheim, Fax 0621-759 40 83, www.roche.com
- Schleicher & Schuell BioScience GmbH, Postfach 1160, D-37582 Dassel, Tel. 05561-791415, Fax 05561-791583, www.schleicher-schuell.de
- Schott Nexterion, Tel: 06131/66-1597, info.nexterion@schott.com
- Scienion, info@scienion.de
- Sigma-Aldrich Chemie GmbH, Eschenstraße 5, D-82024 Taufkirchen, Tel.: 06721-185624, www.sigmaaldrich.com
- Stratagene Europe, California Building, Hogehil Weg 15, P.O. Box 12085, NL-1100 AB Amsterdam, Tel. 00 800 7000 7000, Fax. 00 800 7001 7001, techservices@stratagene.com, www.stratagene.com
- Tecan Deutschland GmbH, Theodor-Storm-Str. 17, D-74564 Crailsheim, Tel. 07951-94170, Fax 07951-5038, info.de@tecan.com, www.tecan.com

- Zeptosens, Fax: +41/61/7 26 81 71, info@zeptosens.com, www.zeptosens.com
- Zyomyx, Inc., 26101 Research Road, Hayward CA 94545, USA, Tel: 510 266 7500, Fax: 510 784 2569, www.zyomiyx.com

WEB-Links

Nützliche Microarray-Web-Seiten

Bio-Bench-Helper: http://biobenchelper.hypermart.net/tech/biochip.htm
Bio Davidson: www.bio.davidson.edu/courses/genomics/chip/chip.html
Brown Lab: http://brownlab.stanford.edu/publications.html
EMBL-EBI ArrayExpress: www.ebi.ac.uk/arrayexpress/
European Bioinformatics Institute:
www.ebi.ac.uk/Microarray/MicroarrayExpress/Microarrayexpress.html
Leming Shi: www.gene-chips.com/
Leung, Y. F. Microarray-Software: http://ihome.cuhk.edu.hk/~b400559/arraysoft.html
deRisi Lab: www.microarrays.org/index.html
MIAME-Standard: www.mged.org/Workgroups/MIAME/miame.html
Pat Brown: http://cmgm.stanford.edu/pbrown/protocols/1_slides.html
PepChip® Kinase: www.pepscan.nl/index5.htm
PeptGen: www.hiv.lanl.gov/content/hiv-db/PEPTGEN/PeptGenSubmitForm.html
PeptideCutter: http://us.expasy.org/tools/peptidecutter/
PeptideMass: http://us.expasy.org/tools/peptide-mass.html
ProtScale: http://us.expasy.org/cgi-bin/protscale.pl
Rascher Lab: www.bsi.vt.edu/ralscher/gridit/
www.microarray.org
www.tigr.org/tdb/microarray

Datenbanken

EMBL-Datenbank: www-db.embl-heidelberg.de/jss/SearchEMBL?compServ=x
Europe's Network of Patent Databases: http://de.espacenet.com/
Gene Expression Omnibus: www.ncbi.nlm.nih.gov/geo/
Microarray Gene Expression Data Society: www.mged.org
Stanford Microaray Database: http://genome-www5.stanford.edu/

Recherche-Web-Seiten

Deutsches Patent- und Markenamt: www.dpma.de/index.htm
DPINFO: https://dpinfo.dpma.de/

Genomics Glossaries & Taxonomies: www.genomicglossaries.com

Google: www.google.de

MGED: www.mged.org/

PubMed: www.ncbi.nlm.nih.gov/PubMed/

United States Patent and Trademark Office: www.uspto.gov/patft/index.html

PCR-Web-Seiten

PCR-Jump-Station: www.highveld.com/pcr.html

Sachverzeichnis

α-Helix, 17, 74
β-Faltblatt, 17, 74
K_D-Wert, 74
Überprüfung, 149
Übersprechen, 91
E. coli-S30-System, 27
E. coli, 74
E. coli-S30-System, 27
Pfu-DNA-Polymerase, 148
Pwo-DNA-Polymerase, 148
16-Bit-Konverter, 54, 89
2D-Gele, 21, 74
2D-Proteom-Biochip, 53, 74
3-(Trichlorosilyl)propyl-Methacrylat, 50, 74
3-Aminopropyltrimethoxysilan, 29, 74
3D-Biochip, 33, 74
3D-Microarrays, 50, 74
5'-Aminogruppe, 73

aadUTP, 145
Absorption, 54, 78
Abstract, 169
AC-Servo-Motoren, 107
Acrylamidschicht, 50, 74
Acrylatgruppen, 50, 74
AD-Board, 54, 89
Adenin, 16, 74
Affennebennierenzellen, 28, 74
Affimetrix, 70
Affymax, 70
Agarose, 32, 74
Agilent-Festphasen-Verfahren, 72
Aldehyd-Gruppe, 29, 74
Aldehyd-Oberfläche, 30, 74
Alexa-Familie, 54, 81
aliphatische Gruppe, 29, 74
alkalische Hydrolyse, 61
Alkalische Phosphatase, 99, 155
alkalischer Verdau, 145
Alkyl-Ketten, 35, 74
Amino-Allyl-Derivate, 59
Amino-Allyl-dUTP, 145
Amino-Allyl-Gruppen, 145
Amino-Gruppe, 73
Aminoacetat, 50, 74
Aminoacyl-tRNA, 17, 74

Aminosilan-Gruppe, 29, 74
Aminosilan-Oberfläche, 29, 74
Ammoniumbicarbonat, 41, 74
amphiphil, 50, 74
amplified RNA, 59
Amplifikat, 64
Amplifizierung, 64
Analog-To-Digital-Konverter, 54, 89
Analyse, 163
Analyse-Software, 164
Annealing-Temperatur, 192
Anomalie, 166
Anregungslicht, 54, 78
Anregungswellenlänge, 54, 90
Anti-Blooming, 91
Antikörper, 30, 74
Antikörper-Biochips, 43, 74
Antikörper-Screening, 43, 74
Appendix, 191
Arbeitsablaufplan, 159
Argon, 54, 84
aRNA, 59, 66
aRNA- Vervielfältigung , 59
Array, 2
Arrayer, 106
Aspartat, 29, 74
ATDK, 54, 89
Atomkern, 54, 77
Auswertung, 163
Auto-Antikörper, 167
Autoklavieren, 144
Außenluftmenge, 140
Avogadro-Konstante, 192

Baculovirus-Expressionssystem, 28, 74
Bakterielle Proteinexpression, 28, 74
Beleuchtung, 140
Belichtungszeit, 124
Besetzungsinversion, 54, 84
Beugungsgitter, 54, 76
Biacore, 47, 74
bidirektionaler Datenaustausch, 161
BigPharma, 10
binäres Signal, 54, 89
Bindungsaffinität, 38, 74
Bindungsassaykosten, 165

Bindungsspezifität, 39, 74
Bindungstest, 39, 74
Biochemical pathways, 135
Biochip, 2
Biochip-Oberfläche, 29, 74
Biomoleküle, 38, 74
Biosensoren, 47, 74
Bit-Format, 54
Bit-Map, 89
Bleichen, 54, 81
Blocklösungen, 191
Blooming, 91, 94
Blut-Ampullen, 165
Blut-Filterkarten, 165
Blutprobe, 165
Bohrsche Atommodell, 54, 77

Calciumfluorid, 54, 78
CapFinder, 63
CapFinder-Primer, 63
cccDNA, 27
CCD, 54, 90
cDNA-Bibliothek, 148
cDNA-Population, 63
cDNA-Synthese, 144
Center-to-Center-Distanz, 195
Charge coupled devices, 54, 90
Checkliste, 119
Chelator, 24, 74
Chemilumineszenz, 28, 74, 98
Chemokine, 50, 74
Chinese Hamster Cells, 28, 74
CHO, 28, 74
Ciphergen, 47, 74
Claims, 174
Cluster-Analyse, 121, 133
CMOS, 54
CMV, 28, 74
CNBr-Kopplung, 29, 74
Colour-Switch, 121
Complementary metal oxide semiconductor, 54
complementary RNA, 59
Contact-Spotting, 108
Contact-spotting, 39, 74
COS, 28, 74
cRNA-Synthese, 59, 67
Cy3, 54, 80

Cy3-dUTP, 57
Cy5, 54, 80
Cyanine-3, 54, 80
Cyanine-5, 54, 80
Cystische Fibrose, 167
Cyto Megalo Virus, 28, 74
Cytokine, 49, 74
Cytosin, 16, 74

Da, 194
Dalton, 194
Dark pixel, 91
Dark-counts, 90
Data-Mining, 118
Daten-Extraktion, 164
Datenbank, 119
Datenbank-Recherche, 169
Dead pixel, 91
Defect clusters, 91
Degradation, 143
Degradomics, 42, 74
Dehnhardt-Lösung, 150
Dehydration, 30, 74
Dehydrationsreaktion, 73
deionisiertes H_2O, 152
DELFIA-System, 54, 100
Dendrimere, 54, 95
Department of Commerce, 178
DEPC, 144
Depletion, 145
Desinfektionsmittel, 143
Detektions-Antikörper, 155
Detektoren, 54, 90
Detergenz, 25, 74
Deutsches Patent- und Markenamt, 172
Dextranfäden, 47, 74
Diabetes-Typ-1, 167
Diagnostik, 165
Diethylpyrocarbonat, 144
Digoxigenin, 56
Diodenlaser, 54, 84
Dioxetane, 54, 99
Dispenser-Nadel, 112
Dissektion, 143
Dissoziationskonstante, 38, 74
DMF, 41, 74
DMSO, 41, 74
DNA-Array-Synthese, 71

DNA-Elektrophorese, 65
DNA-Hybridisierungslösung, 146
DNA-Markierung, 56
DNA-Microarray, 55, 70
DNA-Sonden, 56
DNA/DNA-Hybridisierung, 56
Doppelbindungen, 79
Dot-Blot, 28, 74
Dot-Blot-Analyse, 155
Drug-Target, 10, 158, 165
Drug-Target-Screening, 10, 164
Dunkelstrom, 54, 92
Dynamic Range, 54, 91, 124
Dynamischer Bereich, 54, 91, 124

E-Niveau, 54, 78
EBI, 119, 169
Eigenfluoreszenz, 32, 74
Einfrier-Auftau-Zyklen, 143
Einheit Dalton, 194
Einleitung, 1
Electrospray ionization, 23, 74
elektromagnetische Strahlung, 54, 76
Elektromotoren, 107
Elektron, 54, 77
elektrophile Gruppen, 32, 74
elektrostatische Wechselwirkung, 29, 74
Elementarteilchen, 54, 76
Elongationsfaktor, 17, 74
EMBL Nucleotide Sequence Database, 169
Emission, 54, 78, 81
Emissionsfilter, 54, 87
Emissionsparameter, 81
Emissionsspektren, 81
endoplasmatisches Reticulum, 18, 74
Energie, 54, 77
Enhancer-Lösung, 54, 100
Entwicklungskandidat, 12
Enyzmtest, 40, 74
Epitop, 36, 74
Epoxy-Ringstrukturen, 32, 74
Erkrankung, 10
Erststrang-cDNA, 66
Eukaryoten, 17, 74
Eukaryotische Proteinexpression, 28, 74
Europäisches Patentamt, 172
Europe's Network of Patent Databases, 172
European Bioinformatics Institute, 119, 169

European Molecular Biology Laboratory, 169
Europium, 100
Evaporation, 152
Excitations-Wellenlänge, 54, 90
Exonucleaseaktivität, 65, 148
Experiment-Design, 120
Expressionsdaten, 133
Expressionsplasmid, 28, 74
Expressionsprofil-Stammbaum, 133
Expressionsstärken, 130
Expressionssystem, 26, 74
Expresssionsmuster, 120
Extinktion, 81
Extraktionssystem, 158
Exzitations-Filterrad, 54, 90
Exzitationsfilter, 54, 86

Farbwahrnehmung, 54, 76
FDA, 137
Federal Drug Administration, 137
Feucht-Kammer, 150
FIA, 165
Ficoll-Gradient, 24, 74
Flüssigchromatographie, 23, 74
Flüssigchromatographiegeräte, 158
Flüssigstickstoff, 143
Flagging, 124
Flaschenhals, 162
Flourescence-Immuno-Assay, 165
Fluoreszenz, 54
Fluorit, 54, 78
Fluorophor, 54, 78
Fluorophor-Bleichen, 54, 81
Flussspat, 78
Flying-Objective, 54, 87
Formamid, 150
Formel für Oligonucleotide, 192
Frequenz, 54, 77
Functional proteome, 52, 74
Fusionsschwanz, 28, 74

G-Niveau, 54, 77
Galvonometer, 54, 87
Gammastrahlen, 54, 76
GAMP, 157
Gelfiltration, 25, 74
Genanomalie, 167

Gendefekt, 12
Gene Expression Omnibus, 119
Genetic-Screening, 165
Genexpression, 15, 74
Genexpressionsmuster, 134
Genfamilie, 133
Genom, 19, 74
Genomics, 20, 74
Genotypisierung, 188
Genregulation, 19, 74
GEO, 119
Gesamt-RNA, 144
Gewebemikrodissektion, 53, 74
Global background subtraction, 127
globale Hintergrundsubtraktion, 127
GLP, 13, 157
Glutamin, 29, 74
Glycerin, 39, 74, 153
GMP, 13, 157
Gold-Oberfläche, 40, 74
Golgi-Apparat, 18, 74
Good Laboratory Practice, 13
Good Manufacturing Practice, 13
Google, 45, 74
Graffinity, 53, 74
Grenzwert, 164
Grenzwert-Ermittlung, 164
Grid, 115, 124
Grundniveau, 54, 77
GST-Tag, 37, 74
Guanin, 16, 74

Halbleiter-Nanokristalle, 62
Haptene, 56
Hauptquellen der RNasen, 144
Heat map, 133
Helium, 54, 84
HeNe-Laser, 54, 84
HEPES, 145
Heringssperm-DNA, 146
High throughput screening, 157
Hintergrund, 125
Hintergrundkorrektur, 125
Hintergrundsubtraktion, 127
His-Tag, 37, 74
Histidin-Tag, 35, 74
HLA, 167
hochaffine Bindung, 39, 74

Hochdruck-Flüssigchromatographie, 23, 74
Hochdurchsatz-Screening, 157
Hochleistungs-Schwebstofffilter, 138
Horseradish Peroxidase, 54, 94
Hot pixel, 91
House-keeping-Gene, 128
HPLC, 23, 74
HRP, 54, 94
HTS, 157
HTS-Labor, 158
HTS-Systeme, 158
Human Genome Project, 20, 74
Human Leukocyte Antigen, 167
Hybridisierung, 146, 149
Hybridisierungskassette, 155
Hybridisierungslösungen, 192
Hybridisierungspuffer, 149
Hybridisierungssignal, 124
Hybridisierungssignalverstärkung, 62
Hybridisierungssonden, 55
Hybridisierungstemperaturen, 150
Hydrogel, 50, 74
HydroGel-coated Slides, 50, 74
hydrophile Matrix, 48, 74
Hydroxyl-Gruppe, 29, 74
Hydroxylamin, 146

Image Analysis-Software, 118
Imaging-Detector, 54, 90
Iminbindung, 73
Immunopräzipitation, 28, 74
In vitro-Diagnostik, 165
in-situ-Hybridisierung, 62
In-vitro-Translation, 27, 74
Infineon, 51, 74
Infrarot, 54, 76
Initiationscodon, 16, 74
Initiationsfaktor, 17, 74
Inkjet-Drucker, 72
Inkjet-Technologie, 72, 112
Inkubationsbedingungen, 155
Ionenkonzentration, 146
Ionisierungsmethoden, 23, 74
ISO, 157
isoelektrische Fokussierung, 21, 74
Isopropanol, 41, 74
IVD, 165

JOE, 54, 81

K_D-Wert, 39
kDa, 194
Keilriemen-Spotter, 107
Kinasepuffer, 156
Kinasierung, 155
Kleinlabor, 157
Klinische Chemie, 165
Kohlenstoffverbindung, 29, 74
kollimiert, 54, 84
Kompartimente, 143
Konfiguration, 120
Konformation, 17, 74
Konjugierte Doppelbindungen, 54, 79
Kontamination, 138
Kontaminationsquellen, 143
Konverter, 54, 89
Kostenfaktor, 165
Kr-Ar-Laser, 54, 84
Krankheitsbefund, 167
Krankheitsgene, 166
Krypton, 54, 84

Labor-Equipment, 136
Laboranforderungen, 136
Laborautomation, 158
Laborautomationssoftware, 160
Laborinformations- und
    Management-System, 160
Lanthanide, 185
Laser-Sicherheitsklassen, 54, 85
Laser-System-Aufbau, 54, 86
Laserlicht, 54, 83
Lasersplitter, 54, 86
Leitstrukturen, 12
Leuchtende Fluorophore, 78
Licht, 76
Lichtemission, 54, 78
Lichtenergie, 54, 76
Ligand, 30, 74
Light Amplification by Stimulated Emission
    of Radiation, 54, 84
LIMS, 160
Linear Encoder, 108
Liquidhandling, 161
local background, 125
lokale Hintergrundkorrektur, 127
Luftfeuchtigkeit, 140
Luftpartikel, 138

Lumineszenz, 54, 78
Lysispuffer, 155

mAB, 43, 74
MAGE-ML-Format, 119
Magnetbeads, 144
Makromolekül, 17, 74
MALDI, 23, 74
Marken, 182
Markierungssysteme, 54, 94
Marktreife, 10
Massenspektrometrie, 23, 74
Matrix assisted laser desorption ionization,
    23, 74
Maximalwert, 128
mechanisches Microspotting, 109
Medikament, 10, 164
Medikamenten-Zielmolekülsuche, 10
Meerettich-Peroxidase, 54, 94
Mega-Prime-Kit, 67
Membranprotein, 25, 74
Membranrezeptor, 10
MessageAmp-Kit, 147
Methanol, 41, 74
Metrigenix, 52, 74
MGED, 119
MGX 4D Microarrays, 52, 74
MIAME-Standard, 119
Micro-Stepper-Motoren, 107
Microarray, 2
Microarray Gene Expression Data Society,
    119
Microarray-Imager, 90
Microarray-Maske, 50, 74
Microarray-Puffer, 152
Microarray-Scanner, 54, 86, 116
Microarray-Software, 117
Microarray-Spotter, 105
Microarray-Standard, 119
Microfluidkammer, 48, 74
Microspotting, 109
Microstruktur, 74
Mikrostruktur, 50
Mikrowatt, 54, 84
Milchpulver, 153
Mineral, 54, 78
Minisequencing, 9
MMLV, 63

Modifikation, 17, 74
mol-Angaben, 192
mol-Berechnungen, 192
molare Masse, 192
Molarität, 192
Molekülarrays, 53, 74
Moloney murine lymphocyte virus, 63
monochromatisch, 54, 76
monoklonale Antikörper, 43, 74
MonoQ, 24, 74
mRNA, 16, 74, 144
mRNA-Isolierung aus Eukaryoten, 144
MSMS, 23, 74
Multi-Prime-Labeling, 65
multifaktorielle Krankheiten, 12
Mutationsanalyse, 9
Mutliplex-Screening, 50, 74

Na-Azid, 153
Nachjustierung, 124
Nachweis mit Antikörpern, 154
NanoDrop Spektrophotometer, 149
Nanopartikel, 54, 96
Nanopipetting, 112
National Center for Biotechnology Information, 169
National Library of Medicine, 169
Natriumborohydrid, 32, 74
NCBI, 119, 169
Nebenwirkung, 10
Neon, 54, 84
NHS-Ester, 145
nicht-hierarchische Analyse, 134
Nickel-Chelat-Affinitätschromatographie, 28, 74
Nitrozellulose, 32, 74
Non-contact-spotting, 39, 74, 108
Normalisierungsmethoden, 128
Normalization, 127
Nucleinsäure-Microarrays, 54
nucleophile Addition, 29, 74

offener Leserahmen, 16, 74
Oligo(dT)-Oligonucleotid, 63
Oligo(dT)-Primer, 144
Oligonucleotid-Microarrays, 54
On Chip-Synthese, 70
Open reading frame, 16, 74, 144

Optical Encoder, 108
Oregon, 54, 81
ORF, 144
organische Lösungsmittel, 41, 74
Organosilan-Linker, 29, 74
Oszillator, 54, 84

Pankreas, 143
Partikelemission, 138
Partikelkonzentration, 138
Patent, 169
Patent Cooperation Treaty, 178
Patentansprüche, 174
Patenteigentümer, 170
Patentgesetz, 178
Patentschrift, 170
Patentschutz, 178
Patientenprobe, 165
PBS-MIPU, 153
PBS-TX100, 153
PBST, 153
PCR, 63
PCR-Cycler, 63
PCT, 178
Pepstatin, 25, 74
Peptid-Phosphorylierung, 156
Peptidarrays, 40, 74
Peptidbindung, 17, 74
Peptidomics, 43, 74
Peptidscale, 40, 74
PerkinElmer Life and Analytical Sciences, 50, 74
Peroxidase, 54, 94
Phagen-Promotoren, 27
Pharmacogenomics, 20, 74
pharmakologische Prüfung, 12
pharmazeutische Industrie, 164
Phenol-Methode, 144
Phosphatatom, 42, 74
Phosphate buffered saline, 152
Phospho-Imager, 159
Phosphoamidit, 72
Phosphoreszenz, 54, 78
Photobleaching, 54, 81
Photolithografische Festphasensysnthese, 70
Photolithographie, 50, 74
Photomaske, 50, 74

Photomultiplier-Tube, 54, 88
Photon, 54, 76
Photosensor, 54, 90
Phototoxizität, 54, 81
Piezo-Dispenser-Technologie, 112
Pin, 109
Pixel, 124
Plancksche Wirkungsquantum, 54, 77
Plasmid-Transfektion, 28, 74
Plattengripper, 162
pmol-Mengenangaben, 193, 194
PMSF, 25, 74
PMT, 54, 88
Point effects, 91
Poly-L-Lysin-Beschichtung, 151
Poly-L-Lysin-Biochip, 36, 74
Polyacrylamid, 32, 74
Polyadenylierung, 144
polychromatisch, 54, 76, 90
Polyethyleneglycol, 50, 74
polyklonale Antiseren, 43, 74
polymere Membranstruktur, 32, 74
Polysaccharide, 27
Population Inversion, 54, 84
Positionstransducer, 54, 87
posttranslationale Modifikation, 18, 74
Prä-Amplifizierung, 146
Präimplantations-Diagnostik, 188
Präzision, 107
Prüfungsantrag, 178
Pre-Objective, 54, 87
primäre Amine, 30, 74
primärer Amine, 30, 74
Primärstruktur, 17, 74
Primer-Extension-Reaktion, 9
Print-Head, 107
Prisma, 54, 76
Probenaufbereitung, 161
Probenauftrag, 153
Probendurchsatz, 162
Prokaryoten, 17, 74
Promotor, 28, 74
Proofreading, 148
Proofreading-Aktivität, 65
Protease A, 42, 74
Protease-Peptidchips, 43, 74
Protease-Screening, 42, 74
Proteasen, 24, 74

Proteaseninhibitor, 24, 74
Protein Forest, 52, 74
Protein-Biochip, 29, 74
Protein-Microarray-Experiment, 151
Protein-Microarrays, 15, 74
Protein-Spotting, 154
Proteinabbild, 20, 74
Proteinarray-Blocklösung, 153
Proteinarray-Blockprozedere, 154
Proteinarray-Protokolle, 151
Proteinarray-Puffer, 152
Proteinarray-Waschprozedere, 154
Proteinarray-Waschpuffer, 153
Proteinarrays, 45
Proteinausbeute, 26, 74
Proteinchemie, 24, 74
Proteinchip, 29, 74
Proteindenaturierung, 33, 74
Proteinexpression, 15, 74
Proteinfaltung, 17, 74
Proteininteraktionen, 38, 74
Proteininteraktionspartner, 30, 74
Proteinkinase, 24, 74
Proteinkinase-Array, 155
Proteinkinase-Screening, 41, 74
Proteinkonzentration, 152
Proteinkopplung, 29, 74
Proteinreinigung, 24, 74
Proteom, 20, 74
Proteom-Biochip, 52, 74
Proteomearrays, 52, 74
Proteomics, 20, 74
PTO, 174
PubMed, 45, 74, 169
Purin, 16, 74
Pyrimidin, 16, 74

Quadrat, 124
Quantenelektrodynamik, 54, 77
Quantenphysik, 54, 76
Quantifizierung, 124, 149
Quantum-Dots, 54, 62, 96
Quartärstruktur, 18, 74
Quencher, 43, 74

Röntgenkassette, 156
RACE, 63
Radio-Immuno-Assay, 165

Radioaktive Markierung, 57
Radioaktivität, 54, 99
Radiowellen, 54, 76
Random-Hexamer-Primer, 68
Random-Labeling-Primer, 68
Random-Primer, 144
Random-Priming, 68
Rapid amplification of complementary ends, 63
Raumtemperatur, 140
RBS, 27
Reader, 54, 86
reaktive Gruppe, 35, 74
Real-Time-PCR, 54, 81
Recherche, 169
Reflektor, 54, 84
refraktiver Index, 48, 74
Regenbogen, 54, 76
Reinheitsklassen, 138
Reinigungsprozedur, 24, 74
Reinigungsstrategie, 25, 74
Reinraum-Systeme, 139
Reinraum-Technologie, 137
Reinraumtechnik, 138
Rekombinante Proteinexpression, 26, 74
Replika-Experiment, 121
Resonanz-Fluoreszenz, 54, 78
Resonator, 54, 84
Retikulozytenlysat, 27, 74
Reverse Transkriptase, 57
Rhodamine, 54, 81
RIA, 165
Ribosomen, 16, 74
Ribosomenbindungsstellen, 16, 17, 74
richtungsorientierte Bindung, 38, 74
Ring-and-Pin, 111
RNA-Amplifikation, 66
RNA-Hybridisierungsproben, 60
RNA-Isolierung, 143
RNA-Polymerase, 28, 74
RNA-Sonden, 59
RNA/DNA-Hybridisierung, 56
RNase, 143
RNase-H, 145
rRNA, 145
rRNA/cDNA-Hybride, 145

S30 System, 74

Sättigungseffekt, 65
SAM, 33, 74
Samarium, 54, 100
Scanner, 54, 86
Scanner-Funktion, 54, 86
scattered blot, 129
Schiff'sche Basen, 30, 73, 74
Schockfrierung, 143
Screening-Labor, 167
sekundäre Markierung, 57
sekundärer Antikörper, 155
Sekundärprozess, 62
Sekundärstruktur, 17, 74, 145
SELDI-Proteinchiptechnologie, 45, 74
Self organizing map, 134
Self-assembled monolayer, 33, 74
Self-Quenching-Aktivität, 54, 100
Sensorchip, 48, 74
Sequenzierung, 54, 81
Servo-Motoren, 107
SH-Seitenketten, 35, 74
Shine-Dalgarno-Sequence, 28, 74
Sicherheit, 149
Signal-to-noise-ratio, 125
Signalkaskade, 18, 74
Signaltransduktion, 41, 74
Signaltransduktionsketten, 135
Simian Virus, 28, 74
Single Nucleotide Polymorphisms, 3
Small molecule drugs, 54, 74, 158
SMD, 54, 74, 158, 164
SNP, 3
SNP-Oligonucleotid-Biochip, 167
SNR, 125
Solid Pins, 110
SOM, 134
Sonden-Markierung, 56
Sondenherstellung mithilfe der cDNA-Synthese, 145
Spacerarm, 29, 74
Spektralfarben, 54, 76
Spektrum, 54, 76
spezifische Aktivität, 26, 74
Splitted-Pins, 110
spontane Emission, 54, 78
Spot-Dichte, 195
Spot-Durchmesser, 124
Spot-Erkennung, 124

Spot-Fläche, 195
Spot-Zuordnung, 126
Spotter-Nadeln, 109
Spotting-Durchsatz, 159
Spotting-Programm, 124
Spotting-Prozess, 124
Spotting-Puffer, 191
Spotting-Technik, 108
SPR Sensor System, 47, 74
Stainless steel-Pins, 152
Stammbaumanalyse, 133
Standardabweichung, 157
Startcodon, 16, 74
Stepper-Motoren, 107
stimulierte Emission, 54, 84
Stokes'sche Regel, 54, 78
Stokes'sche Shift, 54, 78
Stopcodon, 16, 74
Strep-Tag, 37, 74
Succinimidyl-Ester, 59
Suchmaschine, 169
supercoiled DNA, 27
SuperProtein Substrate, 51, 74
supramolekulare Hydrogele, 50, 74
Surface enhanced laser desorption
 ionisation, 45, 74
Surface Plasmon Resonance, 47, 74
SV40, 28, 74
Synexpressions-Gruppen, 133

T4-RNA-Ligase, 63
T7-RNA-Polymerase, 66
Tagged image file format, 89
Tandemmassenspektrometer, 23, 74
Taq-DNA-Polymerase, 148
Target, 10
Teilchencharakter, 54, 76
TeleChem-Arrayit, 50, 169
Temperatur, 140
Temperaturspreizung, 140
Template Switch, 64
Template-DNA, 63
Terawatt, 54, 84
Terbium, 54, 100
Terminale-Transferase, 63
Terminologie, 2
Tertiärstruktur, 17, 74
Test-zu-Test-Varianz, 157

Thiole, 27
Tiff, 54, 89
Time of flight, 23, 74
Time-Resolve-Fluorescence, 54, 99
Tissue Microarrays, 53, 74
Tissue-specific microdissection, 52, 74
TNT-System, 27
Totvolumina, 162
toxikologische Prüfungen, 12
TR-FIA, 54, 100
Tracking-Software, 124
Transcriptomics, 20, 74
Transkriptomanalyse, 131
Translatieren, 18, 74
Translationssystem, 27, 74
TRF, 54, 99
Triplett, 16, 74
Triton-X-100, 153
tRNA, 145
Trypsin, 42, 74
TSA, 54, 62, 94
Tyramid-Konjugate, 54, 94
Tyramide-Signal-Amplification, 54, 62, 94

Ultra-HTS, 158
ultraviolette Strahlung, 54, 76
Ultrazentrifugation, 24, 74
Umlenkspiegel, 54, 87
Umluft, 140
United States Patent and Trademark Office,
 174
Untereinheiten, 18, 74
Uracil, 16, 74
uropium, 54
US-Federal Standard 209, 138
UV-Strahlung, 54, 76

VDI 2083-Richtlinie, 138
Verarbeitungsprozess, 162
Verbrauchsmaterial, 136
Verschmutzung, 138
Verstärkungsmethoden, 62
Verwandschaftsanalyse, 133
Very Large Scale Immobilized Polymer
 Synthesis, 70
Viskosität, 39, 74, 152
VLSIPS, 70
Vorsichtsmaßnahme, 143

Wärmestrahlung, 54, 76
Warenzeichen, 182
Waschpuffer, 191
Weizenkeim, 27, 74
Weißlicht, 54, 90
Wellencharakter, 54, 76
Wellenlängen, 54, 76
Western-Blot, 28, 74, 155
Wheat germ, 27, 74
Wirkspezifität, 12
Wirkstoff, 164
Wirkstoff-Design, 12
Wirkstoffkandidaten, 12
Wissenschaftliche Fragestellung, 7
Workflow-Management, 159
Workflow-Plan, 159
Wortmarke, 182

Zöliakie, 167
zeitverzögerte Emission, 54, 99
Zellaufschluss, 155
Zelldebris, 24, 74, 155
Zellkompartiment, 49, 74
zentrales Dogma, 16, 74
Zentrallabor, 165
Zielmolekül, 10, 164
Zukunftsaussichten, 185
Zuluftgeschwindigkeit, 140
Zwei-Photonen-Fluoreszenz, 54, 78
zweidimensionale Gelelektrophorese, 21, 74
Zweitstrang-Synthese, 147
Zyomyx, 49, 74